青海森林资源40年动态变化研究

QING HAI SEN LIN ZI YUAN SI SHI NIAN DONG TAI BIAN HUA YAN JIU

张更权　刘建军　等　编著

青海人民出版社

图书在版编目（CIP）数据

青海森林资源 40 年动态变化研究 / 张更权等编著
. -- 西宁：青海人民出版社，2020. 12
ISBN 978-7-225-06134-4

Ⅰ. ①青… Ⅱ. ①张… Ⅲ. ①森林生态系统 — 研究 —
青海 Ⅳ. ①S718.55

中国版本图书馆 CIP 数据核字（2020）第272415 号

青海森林资源 40 年动态变化研究

张更权　刘建军　等　编著

出 版 人　樊原成
出版发行　青海人民出版社有限责任公司
　　　　　西宁市五四西路 71 号　邮政编码:810023　电话:（0971）6143426（总编室）
发行热线　（0971）6143516／6137730
网　　址　http://www.qhrmcbs.com
印　　刷　青海德隆文化创意有限责任公司
经　　销　新华书店
开　　本　787mm×1092mm　　1/16
印　　张　16
字　　数　310 千
插　　页　8
版　　次　2021 年 5 月第 1 版　2021 年 5 月第 1 次印刷
书　　号　ISBN 978-7-225-06134-4
定　　价　95.00 元

青海云杉（大通县东峡林场）

川西云杉（玛可河林业局）

紫果云杉（黄南州麦秀林场）

大果圆柏（囊谦县白扎林场）

红杉（玛可河林业局）

祁连圆柏（都兰县都兰林场）

油松（尖扎县坎布拉林场）

红桦（互助县北山林场）

白桦（大通县宝库林场）

小叶杨（兴海县大河坝林场）

云桦混交林（黄南州麦秀林场）

胡杨（格尔木市）

青杨（西宁市北山绿化区）

华北落叶松（黄南州麦秀林场）

小檗（乐都县下北山林场）

百里香杜鹃（门源县仙米林场）

高山柳（民和县杏儿林场）

金露梅（湟中县群加林场）

红果枸杞（乌兰县乌兰林场）

鬼箭锦鸡儿（门源县浩门林场）

盐爪爪（海西州大柴旦）

白刺（都兰县都兰林场）

梭梭（德令哈市怀头他拉镇）

中国沙棘（大通县东峡林场）

城市森林（贵德县城）

高速路林（西宁）

青杨农田林网（共和县沙珠玉乡）

柠条（共和县沙珠玉乡）

人工圆柏林（祁连县祁连林场）

1988 年，全省森林资源复查（图为果洛州一个调查小组骑马途中）

爬山涉水（调查队员在途中）

调查队员认真
测量树木年轮

解析木

初设固定样地（1978 年）

前　言

　　森林是陆地生态系统的主体，是人类赖以生存和可持续发展的基石，是自然资源的重要组成部分。森林在维护生态平衡和国土安全体系中处于重要地位，是生态文明建设的重要载体。习近平总书记指出，森林是陆地生态的主体，是国家、民族最大的生存资本，是人类生存的根基，关系生存安全、淡水安全、国土安全、物种安全、气候安全和国家外交大局。党的十八大提出，建设生态文明，把森林覆盖率提高、生态系统稳定性增强、人居环境明显改善列入全面建成小康社会和全面深化改革开放的目标。党的十九大明确提出，加快生态文明体制改革，建设美丽中国。党的十八大以来，在习近平生态文明思想指引下，生态文明建设改革不断深化，绿水青山就是金山银山的理念深入人心，积极探索生态优先、绿色发展为导向的高质量发展新路子，加大森林资源保护和培育力度，实现了我国森林面积和蓄积持续"双增长"，成为同期全球森林资源增长最快的国家。

　　青海森林资源是青海自然资源和青藏高原森林生态系统的重要组成部分，特别是占比达 90% 以上的天然林资源，发挥着调节气候、涵养水源、保持水土、防风固沙、防灾减灾和保护生物多样性等多种生态功能。本书依托全省 1979—2018 年共 8 次森林资源连续清查，以及 1976 年森林资源"四五"清查和 2006 年、2015 年 2 次森林资源规划设计调查成果数据，结合大量林业发展规划、专题报告等文献资料，首次系统分析了 1979—2018 年 40 年间青海森林资源的动态变化，对青海森林资源发展趋势进行了初步预测，提出了发展森林资源的对策建议，以期为全省森林资源培育经营和科学管理提供科学依据。通过森林资源动态变化充分反映了青海林业生态建设的成果，对确立森林在生态建设中的主体地位，全面提升森林资源经营管理水平，牢固树立绿水青山就是金山银山的理念，促进林业高质量发展和国家公园示范省建设具有十分重要的意义。

通过对青海森林资源8次连续清查数据分析表明，从1979—2018年的40年间，青海森林面积、蓄积持续增长，森林面积由180.31万公顷增加到419.75万公顷，净增239.44万公顷；乔木林面积从18.89万公顷增加到42.14万公顷，净增23.25万公顷；森林覆盖率由2.50%提高到5.82%，提高3.32个百分点；森林蓄积由1715.42万立方米增加到4864.15万立方米，净增3148.73万立方米。全省森林质量不断提升，乔木林单位面积蓄积量达到115.43立方米/公顷，高于全国平均水平；林龄结构趋于稳定，乔木林的幼中龄林和近成过熟林面积比例为50.24%和49.76%，蓄积比例为35.73%和64.27%，森林资源具有较大的增长潜力；林种结构从用材林为主转变为特用林和防护林占绝对优势，用材林占比从69.76%下降到1.14%，特用林和防护林从30.19%上升到98.76%，青海森林在生态环境建设中的地位和生态服务功能不断增强。

本书共分八章，第一章简要介绍了研究的背景、研究内容、研究路线和研究方法；第二章介绍了与青海森林资源相关的地形地貌、气候、土壤、水文和植被等基本概况，以及森林资源现状；第三章简要回顾了青海开展的历次森林资源调查情况；第四章从森林资源时间尺度分析了青海1979—2018年的40年间，森林资源的数量、质量、结构变化及时间尺度变化特点；第五章从森林资源空间尺度分析了各区域、林区、流域和重点生态功能区的森林资源分布，以及各市州森林资源动态变化情况及其变化特点；第六章初步阐述了政策、经济和科技等因素对青海森林资源变化的影响；第七章利用动态模型对青海森林面积、蓄积和森林覆盖率的发展趋势进行了预测；第八章总结了森林资源动态变化的结论，围绕保存量、促增量、提质量、增效益提出了发展建议。

本书主要以森林资源连续清查和森林资源规划设计调查数据为主，进行宏观分析评价和动态预测，参考并借鉴了相关研究论著和资料。编写工作得到了国家林业和草原局西北森林资源监测中心、青海省林业和草原局、青海省林业草原规划院、青海省林业工程咨询中心和青海省林业工程监理中心等单位领导、专家的大力支持和指导，在此一并表示衷心的感谢！

本书内容时间跨度长，资料翔实，可供广大林业工作者参考。但由于编写人员水平有限，仍存在疏漏和不足之处，敬请读者批评指正。

编　者

2020年8月

目　录

第一章　绪　论

第二章　研究区基本概况

第三章　森林资源调查历史沿革

第四章　森林资源时间尺度变化

第五章　森林资源空间尺度变化

第六章　森林资源变化驱动因素

第七章　森林资源动态预测

第八章 研究结论与发展建议

第一章　绪　论

第一节　研究背景

　　青海是我国乃至亚洲重要的生态功能区和淡水供给地，南有"中华水塔"三江源，北有"中国西部重要生态安全屏障"祁连山，东北为"中国内陆最大咸水湖"青海湖，西部横亘"万山之祖"昆仑山、"世界自然遗产"可可西里及中国"聚宝盆"柴达木盆地，有着"江河之源、万山之宗"的美誉。青海也是世界高海拔地区生物多样性最集中的地区，在全国生态安全格局中具有举足轻重的地位，承担着三江源国家公园和祁连山国家公园体制试点的艰巨任务。习近平总书记在青海视察时强调，"青海最大的价值在生态、最大的责任在生态、最大的潜力也在生态"。还鲜明指出："青海生态地位十分重要，无法替代；青海又地处青藏高原，生态就像水晶一样，弥足珍贵而又非常脆弱；保护好三江源，保护好'中华水塔'，是青海义不容辞的重大责任，来不得半点闪失"。青海森林作为青藏高原高寒森林生态系统的重要组成部分，不仅在涵养水源、防风固沙方面发挥着重要作用，在水土保持、农田防护、保护草场等方面也发挥着不可替代的作用，是全国乃至东南亚的生态安全屏障。

　　森林资源的数量多少、质量优劣和动态变化状况都是通过测量、测树、3S等技术手段，系统地收集、处理森林资源有关信息而获得，是制定林业方针政策，编制林业区划、规划、计划，指导林业生产，合理经营和科学管理森林资源的依据。中华人民共和国成立后，为适应开发林区和发展经济的需求，我国于1951—1962年开展了颇具规模的森林资源调查。到1973年，全国林业调查工作会议决定建立森林资源调查三级体系，即为了解全国和各省（区、市）宏观森林资源现状和动态的森林资源连续清查（简称一类调查），为满足森林经营方案、林业区划、规划设计和总体设计的森林资源规划设计调查（简称二类调查），以及为开展造林绿化、森林抚育等而进行的作业设计调查（简称三类调查）。1973—1976 年，全国开展了第一次森林资源清查（简称"四五"清查），但由于此次调查并没有全面执行一个技术规定，且全国各地开展时间有早有晚，因此不能很好地反映森林资源的变化。1977—1981 年，全国建立了以固定样地抽样调查为基础的森林资源连续清查体系，全国开始全面执行一个技术规定，统一技术要求和技术标准。

青海森林资源实地调查开始于 1952 年，历时 10 年，初步摸清了森林资源分布、面积蓄积以及主要树种资源情况。1975—1976 年（"四五"期间），全省进行了一次较完整而系统的森林资源清查。1979 年，青海省正式建立了森林资源连续清查体系，1988 年进行了森林资源连续清查体系的第一次复查，到 2018 年，共开展了 7 次复查。全省全域范围二类调查于 2004 年启动，2006 年完成；第二次二类调查始于 2014 年，2015 年完成。青海现已开展了 8 次一类调查和 2 次二类调查，这些清查和调查成果为编制林业区划和发展规划等提供了科学依据。

森林资源是林业发展的基础，掌握森林资源的动态变化规律和发展趋势，对森林经营的科学决策和高质量发展具有十分重要的现实意义。到目前为止，对青海森林资源变化的研究较少。原青海省林业勘察设计院等以"四五"清查数据为基础，对青海森林资源消长变化进行了分析（周鸣歧、陆文正,1982；青海省林业勘察设计院,1986；高元洪等,1988）。《青海森林》（《青海森林》编辑委员会,1993）和《青海森林资源》（《青海森林资源》编写组,1988）均采用了 1975—1976 年的森林资源清查成果。董旭根据 2006 年青海二类调查对全省森林资源现状分析认为青海省森林资源处于弱持续状态，森林资源地带性分布明显，但不均匀；森林类型多，但生产力低；森林林龄结构合理，但异质性差（董旭,2009）。本书首次基于森林资源清查体系和森林资源规划设计调查体系研究了青海 1979—2018 年森林资源时空变化规律。

第二节　研究内容

本书分为六个部分：

第一部分包括第一章绪论和第二章研究区基本概况。主要介绍研究背景、研究内容、研究路线和研究方法，从自然地理和社会经济简要介绍了青海省的基本概况；重点依据第九次全国森林资源清查青海省森林资源清查成果（2018），从森林起源、林种、龄组、树种和权属5个方面分析了森林资源的结构现状，简述了青海5种森林资源类型（针叶林、阔叶林、针阔混交林、灌木林和经济林）的基本概况，围绕单位面积蓄积量、生长量、株数和平均郁闭度、平均胸径、树高级、树种7个方面分析评价了森林资源质量，总结了青海森林资源的主要特点，以及森林资源经营管理现状。

第二部分为青海森林资源调查历史沿革。系统梳理了青海全省12次森林资源调查基本情况，包括1952—1962年的森林资源普查、1975—1976年的森林资源"四五"清查、1979—2018年的8次一类调查和2006年、2015年的2次二类调查，总结了历次森林资源清查的技术差异。

第三部分为青海森林资源的时空变化。涵盖第四章森林资源时间尺度变化和第五章森林资源空间尺度变化。运用全省8次森林资源连续清查成果，分析了青海森林资源40年来的时空变化规律，包括面积、蓄积等数量变化，单位面积蓄积量、生长量、株数、平均郁闭度、平均胸径等质量变化，以及乔木林结构、起源、林种和森林资源权属的动态变化，系统总结了青海森林资源时间尺度变化特点。运用第二次青海森林资源规划设计调查成果（2015），分析了全省各行政区域、林区、流域和重点生态功能区的森林资源空间分布；采用1976年森林资源"四五"清查作为基数和2次青海森林资源规划设计调查成果，运用3次森林资源全面调查数据分析各市州森林资源动态变化和森林资源空间尺度变化特点，分析了全省各市州森林资源的动态变化，包括林地面积、林木蓄积和森林面积、蓄积、起源的动态变化，系统总结了青海省森林资源空间尺度变化特点。

第四部分包括第六章森林资源变化驱动因素分析。从政策、经济和科技3个方面分析了其对森林资源变化的影响，重点阐述了政策驱动因素，特别是各项林业重大工程对森林资源消长变化产生的巨大推动作用。

第五部分为第七章森林资源动态预测。介绍了森林资源动态预测的主要方法，在对比分析的基础上，结合实际确定了青海森林资源的预测方法，采用灰色系统理论GM(1,1)模型和复利公式2种方法对青海省森林面积、蓄积和森林覆盖率的发展趋势进行了预测，并对这2种方法的预测结果进行对比分析；利用马尔科夫模型对青海省森林未来结构进行了预测。

第六部分为第八章研究结论与发展建议。归纳总结了本书研究结论，提出了森林资源的发展建议。

第三节 研究路线

本研究基于青海森林资源一类调查（1979—2018 年）和森林资源"四五"清查（1975—1976 年）、森林资源二类调查（2006 年和 2015 年）的数据资料，分析森林资源动态变化，预测未来的发展趋势，从政策、经济、科技等方面分析森林资源变化的驱动因素，同时提出发展建议。研究路线见图 1-1。

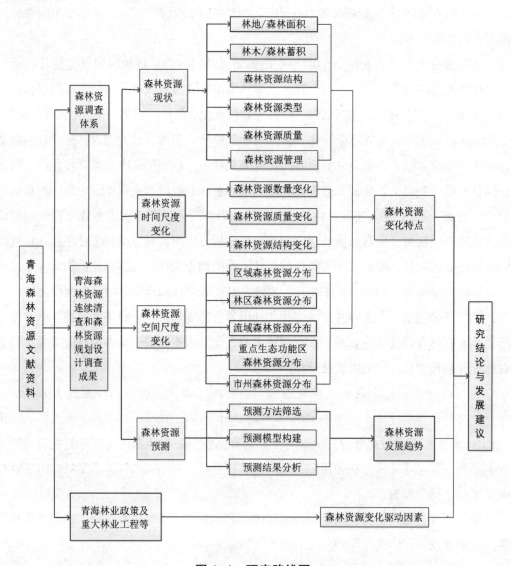

图 1-1 研究路线图

第四节 研究方法

一、方法概述

本次研究的主要方法包括文献研究法、调查研究法，以及对比分析、动态分析等统计分析方法。

（一）文献研究法

收集全省森林资源调查成果，包括自建立森林资源连续清查体系以来的历次森林资源连续清查成果和森林资源规划设计调查成果，获取林地和森林的面积、蓄积等相关数据，以及林分起源、林种结构、龄组结构、树种组成等信息，采用 Excel 等工具进行数据整理。通过查阅文献和官方网站，收集整理青海自然地理和社会经济概况，全省林业发展规划和林业重点工程建设规划、专项规划等资料，获取森林资源保护和发展的历史进程、相关政策、实践活动、经验教训、发展方向等信息，分析其对森林资源变化产生的影响。

（二）调查研究法

通过森林资源连续清查和森林资源规划设计调查获得不同时期的森林资源数据，包括面积、蓄积等统计数表，根据森林资源动态变化研究的内容，按照集合性、整体性和相关性原则，对获得的这些数据进行归一化处理，得到相应的基础数据用于森林资源动态变化分析研究和评价。

（三）对比分析法

通过对全省各清查期的林地面积、林木蓄积、森林面积、森林蓄积和森林资源结构、森林资源质量等调查数据的归一化整理，比较分析全省森林资源主要因子在各清查期的分布情况。同时，通过对青海森林资源规划设计调查成果的整理，分析森林资源主要因子在各行政区、林区、流域和生态功能区及市州的分布情况。

（四）动态分析法

本研究基于全省 8 次森林资源连续清查成果，对全省各清查期林地面积、林木蓄积、森林面积、森林蓄积，以及森林资源结构、森林资源主要质量指标的动态变化过程进行分析，定量与定性相结合地评价森林资源在时间和空间尺度上的动态变化特点。

（五）模型预测法

通过森林资源动态预测主要方法的对比分析，并基于全省森林资源调查成果，筛选出符合青海实际的森林资源预测方法，构建相关的预测模型，分析预测未来森林面积、蓄积和森林覆盖率的发展趋势。

二、数据处理

（一）林地分类

在《林地分类》（LY/T1812—2009）标准中，规定林地是"用于林业生态建设和生产经营的土地和热带或亚热带潮间带的红树林地，包括郁闭度 0.2 以上的乔木林以及竹林、灌木林地、疏林地、采伐和火烧迹地、未成林造林地、苗圃地、森林经营单位辅助生产用地和县级以上人民政府规划的宜林地"，包括 8 个一级地类。2008 年前的森林资源连续清查中，将土地分为"林业用地"和"非林业用地"进行统计，2008 年后的森林资源连续清查改称为"林地"和"非林地"。青海第八次森林资源连续清查采用了新的《国家森林资源连续清查技术规定（2014）》，该标准将林地划分为 8 个二级地类，分别是乔木林地、灌木林地、竹林地、疏林地、未成林造林地、苗圃地、迹地和宜林地，在此之前的森林资源连续清查中划分了地类有林地，由乔木林地、红树林和竹林组成。

在《第三次全国国土调查技术规程》（TD/T1055—2019）中规定，林地是指"生长乔木、竹类、灌木的土地，及沿海生长红树林的土地，包括迹地，不包括城镇、村庄范围内的绿化林木用地，铁路、公路征地范围内的林木，以及河流、沟渠的护堤林"。土地利用现状分类中将一级地类的林地分为乔木林地、竹林地、红树林地、森林沼泽、灌木林地、灌丛沼泽和其他林地（包括疏林地、未成林地、迹地和苗圃地等林地）等 7 个二级地类。

为了既保持历次森林资源连续清查数据的连续性，又体现最新的技术标准和未来分析评价的连贯性，结合青海森林资源连续清查实际，本研究按乔木林地、灌木林地、其他林地（包括疏林地、未成林地、迹地和苗圃地）和宜林地进行分析评价。

（二）森林面积

森林面积的含义随着技术和标准的变化而发生改变，清查体系初建时，森林面积指有林地面积和灌木林地面积之和；在第二次清查（1988 年）和第三次清查（1993 年）中则包含了林网树占地面积和四旁树占地面积；第四次清查（1998 年）又只包括有林地面积、灌木林地面积和四旁树占地面积；第五次清查（2003 年）、第六次清查（2008 年）和第七次清查（2013 年）调整为包括有林地面积和国家特别规定灌木林地面积；第八次清查（2018 年）确定为乔木林地面积、竹林地面积和特殊灌木林地面积之和。

为了统一标准，便于分析青海省历次清查森林面积的变化情况，对历次清查的数据进行整理汇总，前 4 次清查（1979 年、1988 年、1993 年和 1998 年）由于尚未进行特别规定灌木林地（特殊灌木林）的划分，森林面积统一由有林地面积和灌木林地面积组成，后 4 次清查（2003 年、2008 年、2013 和年 2018 年）的森林面积由有林地面积（2018 年为乔木林地面积）和特别规定灌木林地面积（特殊灌木林）组成。

（三）乔木林面积和蓄积

乔木林面积在第八次（2018 年）森林资源清查前为有林地面积。在全省连续清查体系初建（1979 年）和第四次（1998 年）、第五次（2003 年）、第七次（2013 年）森林资源清查的林分面积中未统计经济林面积，而其他 4 次森林资源清查的林分面积中则包含经济林面积。

乔木林蓄积在第七次森林资源清查（2013 年）前皆指林分蓄积，在第八次森林资源清查（2018 年）时则是指乔木林地类的总蓄积。在第八次森林资源清查期对经济林进行了蓄积调查，这以前均未有经济林的蓄积数据。

（四）乔木林树种（组）划分

为了分析森林资源中乔木林树种结构的动态变化，本次依据《青海省森林资源消长变化分析》(青海省林业勘察设计院,1986)、《青海森林》(《青海森林》编辑委员会,1993)中对青海省主要树种组的划分对各个清查期的树种进行归并，详见表 1-1，一些未包含在表中的树种主要出现在近期几次清查中，由于面积较小且无法追溯早期清查的数据，故未做单独分析。

表 1-1 青海省乔木林优势树种组划分

优势树种组	所含主要树种
云杉	青海云杉、青杆、紫果云杉、川西云杉、冷杉
圆柏	祁连圆柏、大果圆柏、细枝圆柏
桦树	白桦、红桦、糙皮桦
杨树	山杨、冬瓜杨、青杨
油松	油松、华山松、落叶松

（五）灌木林地面积

1979—1993 年期间，灌木林地指以培育灌木为目的或分布在乔木生长界限以上，以及专为防护用途，覆盖度大于 40% 的灌木林；在 1994 年以后，覆盖度标准变为 30%。青海从第五次森林资源清查（2003 年）起开始划分国家特别规定的灌木林地和其他灌木林地，在第八次森林资源清查（2018 年）时更名为特殊灌木林地和一般灌木林地。

本次研究将 2003 年前全部列为一般灌木林地，2003 年后分特殊灌木林地和一般灌木林地
统计分析。

（六）其他林地面积

1. 疏林地面积

在 1979—1993 年期间的所有森林资源清查中，疏林地指郁闭度 0.1 ~ 0.3 的林地，
经济林和竹林不划疏林地；而在 1994—2013 年期间的所有森林资源清查则指附着有乔
木树种、郁闭度在 0.10 ~ 0.19 之间的林地，经济林和竹林仍不划疏林地；2014—2018
年清查期内，疏林地郁闭度标准未变，达到成林年限的乔木经济树种可区划疏林地，竹
林不划疏林地。本次按原统计不变归入其他林地进行分析。

2. 未成林地面积

在第二次森林资源清查（1988 年）时，未成林造林地划分标准从"造林成活率达
到合理造林株数 25% 以上，尚未郁闭的、有成林希望的新造林地"调整为"造林成活
率大于或等于合理造林株数 41%，尚未郁闭但有成林希望的新造林地（一般指造林后不
满 3 ~ 5 年或飞机播种后不满 5 ~ 7 年的造林地）"；在第四次森林资源清查（1998 年）
时，划分标准再次调整为"造林成活率大于或等于合理造林株数 80%"。本次仍按原统
计不变归入其他林地进行分析。

3. 迹地面积

"迹地"作为二级地类，是在 2014—2018 年的第八次森林资源清查期间开始划分的，
包括"采伐迹地""火烧迹地"和"其他迹地"，其中"其他迹地"为新增地类，指灌
木林经采伐、平茬、割灌等经营活动或者火灾发生后，覆盖度达不到 30% 的林地；而"采
伐迹地""火烧迹地"在历次清查期间均作为三级地类进行调查和统计。本次统一作为
迹地面积按原统计不变归入其他林地进行分析。

（七）宜林地面积

在 2014—2018 年的第八次森林资源清查期间，"宜林地"为二级地类，是指"经
县级以上人民政府规划用于发展林业的土地，包括造林失败地、规划造林地和其他宜林
地"；而在 2004—2013 年的第六、第七次森林资源清查期间的划定标准是"经县级以
上人民政府规划为林地的土地，包括宜林荒山荒地、宜林沙荒地和其他宜林地"，且在
此期间新增了"无立木林地地类"二级地类下的"其他无立木林地"，在 2014—2018
年清查期间又将其归入了宜林地中。在第五次森林资源清查（2003 年）前将宜林荒山
荒地、采伐迹地、火烧迹地和宜林沙荒地统一称为无林地，其中的宜林荒山荒地包括未

达到有林地、疏林地、灌木林地、未成林造林地的林地；宜林沙荒地指造林可以成活的固定、半固定沙丘和沙地。

本次研究将历次森林资源清查的无林地和宜林地进行归一化处理为宜林地，具体为：在 1979—2003 年期间为宜林荒山荒地和宜林沙荒地面积之和；在 2004—2013 年期间为宜林荒山荒地、宜林沙荒地、其他宜林地和其他无立木林地面积之和；在 2014—2018 年期间为造林失败地、规划造林地和其他宜林地面积之和。

（八）起源和林种

由于第一次清查未对起源结构分优势树种（组）、龄组和林种，也未对林种结构分起源、龄组和优势树种（组），故动态变化分析只用了第二次（1988 年）至第八次（2018 年）清查期的数据。

青海仅在 1979 年有 0.01 万公顷薪炭林，之后便再无薪炭林划分，因此未单独进行分析。

最新森林资源清查技术规定了乔木经济林包括在乔木林中，但青海历次清查期内对经济林的统计都有差异，只有 2009—2018 年期间将乔木经济林和灌木经济林统计到乔木林（有林地）和灌木林中，其余年度的经济林包含在乔木林或有林地中，没有单独统计，鉴于乔木经济林的面积变化并不连贯，且面积较小，故未单独分析乔木经济林的变化情况。经济林蓄积只在第八次清查期进行了调查，故未纳入动态分析。

第二章　研究区基本概况

第一节　自然地理

一、地理位置

青海省位于我国西北部内陆腹地，雄踞世界屋脊青藏高原的东北部，是我国第一级地势阶梯的重要组成部分。青海省地理位置介于东经 89° 24′ ~ 103° 04′，北纬 31° 36′ ~ 39° 12′ 之间，全省东西长 1240.63 千米，南北宽 844.53 千米。全省地表表面积为 72.91 万平方千米，占全国总面积的 1/13，列全国各省、市、自治区的第四位。青海省北部和东部同甘肃省相接，西北部与新疆维吾尔自治区相邻，南部和西南部与西藏自治区毗连，东南部与四川省接壤。

青海地域辽阔，境内山脉纵横，峰峦重叠，湖泊众多，峡谷、盆地遍布。青海是长江、黄河、澜沧江的发源地，故被称为"江河源头"，又称"三江源"，素有"中华水塔"之美誉。青海湖是我国最大的内陆咸水湖，柴达木盆地以"聚宝盆"著称于世。青海是农业区和牧区的分水岭，兼具了青藏高原、内陆干旱盆地和黄土高原 3 种地形地貌，汇聚了大陆季风性气候、内陆干旱气候和青藏高原气候的 3 种气候形态。青海生态地位独特，生态责任重大，是全球大气和水量循环影响最大的生态调节区、全国和亚洲地区重要的生态屏障、北半球气候变化的启动区及调节区、全球高海拔地区重要的湿地生态系统、高原生物种质资源基因库。

二、地形地貌

青海省地形复杂、地貌多样，全省地势总体呈西高东低、南北高中部低的态势，西部地区海拔高，向东倾斜，呈梯形下降，东部地区为青藏高原向黄土高原过渡地带。全省平均海拔 4058.4 米，最高点位于昆仑山脉布喀达坂峰，海拔 6851 米，最低点位于民和县下川口村，海拔 1647 米，两者高差达 5204 米。地貌以山地为主，兼有平原、丘陵和台地，基本特征为"五分山地、三分平地、二分丘陵"。全省地貌类型复杂，大致可分为祁连山地、柴达木盆地和青南高原三大类型。

1. 祁连山地

祁连山地位于青藏高原的东北部，东至乌鞘岭，南临柴达木盆地北缘和湟水谷地北缘，西至当金山口与阿尔金山遥遥相对，北靠河西走廊，由一系列北西西—南东东走向的平行山脉与谷地或盆地组成。跨内外流 2 个水系，由西北倾向东南。东西长约 750 千米，南北宽约 300 千米，总面积约 10.8 万平方千米。海拔高度大部分在 4000 米，西南部可达 5000 米以上，少数山头终年积雪。祁连山地有青海湖盆地、西宁盆地、门源盆地、哈拉湖盆地和木里—红仑盆地等盆地，以及黄河、黑河、大通河、湟水等谷地。谷地海拔由 1650 米递增到 3000 米以上。湟水、黄河两岸地势平坦，气候温和，灌溉方便，是人工林的主要分布地区。大通河流域以及拉脊山南北坡，是次生林的集中分布地段。森林类型有寒温性针叶林、温性针叶林和暖温性落叶阔叶林。

2. 柴达木盆地

柴达木盆地位于省域西北部，四周被阿尔金山、祁连山和东昆仑山及其支脉所环抱，是一个封闭的第三系湖积盆地。东西长约 850 千米，南北宽约 300 多千米，面积约 25 万平方千米，约占全省总面积的 1/3。有高山、戈壁、风蚀残丘、平原和盐沼 5 个地貌类型，盆地腹部海拔 2600 ~ 3200 米，是我国地势最高的内陆山间大盆地。该区域气候干旱、风蚀严重、土壤含盐较高，有片状柽柳 (*Tamarix*)、梭梭 (*Haloxylon*)、白刺 (*Nitraria*) 灌木林分布。在东部山地，有以祁连圆柏 (*Sabina przewalskii*) 为优势的原始森林分布。西部和西北部因气候过于干燥，多大风，水源贫乏，多形成沙地和雅丹地貌，呈盐质荒漠景观。

3. 青南高原

青南高原位于青海省南部，即东昆仑—布尔汗布达山之南，东面和西面分别同四川和西藏两省（区）接壤。东西长约 1100 千米，南北宽约 380 千米，总面积约 35.2 万平方千米，是全省最大的地貌单元。主要由昆仑、阿尼玛卿、唐古拉 3 个山地和黄河、长江、澜沧江源头 3 个高平原，以及巴颜喀拉山原等 7 个地貌小区组成。地势高亢，5000 米以上的高山常年积雪，冰川和现代冰川都发育良好。高原西部的可可西里山一带，多为内陆湖盆或浑圆丘状低山，各江河源头地势开阔平缓，河流切割不显著。因气候寒冷，地势高，局部有永冻层，形成高寒草原或草甸。高原东南部因长江、澜沧江深切，形成高山峡谷，成为季风的通道，气候湿润，是本区原始针叶林的主要分布地区。黄河上段高原台地发育良好，河谷两侧海拔较低，气候温和，土地肥沃，在沿河山地分布原始林和灌木林，是青海重要林区之一。森林类型以寒温性针叶林为主，北部有少量暖温性落叶阔叶林和温性针叶林。

三、气候

青海省地处青藏高原，属典型高原大陆性气候，具有日照时间长、辐射强；冬季漫长、夏季凉爽；气温日较差大，年较差小；降水量少，地域差异大，东部雨水较多，西部干燥多风；缺氧、寒冷等气候特征。年平均气温受地形的影响，总体呈现为北高南低。全省 1961—2015 年气象数据统计表明：境内各地区年平均气温 –5.1 ~ 9.0℃，气温随海拔渐次升高而降低，冬季绵长，春夏秋三季时间很短，这期间没有较明显的分界。1 月（最冷月）平均气温 –17.4 ~ –4.7℃，7 月（最热月）平均气温 5.8 ~ 20.2℃，多数地区在 15℃以下，许多地方甚至不足 10℃，不少地方一日之内经历"早春、午夏、晚秋、夜冬"4 个季节。全省年降水量总的分布趋势由东南向西北递减，呈东多西少、南多北少的格局，多年平均降水量 350 毫米，降水分布不均，年际变化大，主要集中于 6 ~ 9 月，此间降水量约占全年总降水量的一半以上。无霜期东部农业区为 3 ~ 5 个月，其他地区仅 1 ~ 2 个月，三江源部分地区无绝对无霜期。全省太阳辐射强，日照时间长，平均年辐射总量达 5862 ~ 7411 兆焦耳 / 平方米，比我国同纬度的东部地区高 1600 兆焦耳 / 平方米以上。全年日照时数在 2336 ~ 3341 小时之间，自东南向西北递增，大部分地区超过 2600 小时。

受青藏高原高海拔的地形和热力、动力作用的制约，青海省平均气温低，地域差异大，全省年均温比我国东部同纬度地区低 8 ~ 20℃，气温随海拔的增高而降低的规律非常突出，年平均气温分布呈南北低、中部和东南部高的情形，青南高原西部地区与祁连山木里地区为青海省的 2 个冷区，年平均气温接近 –6℃，无森林分布；东部湟水、黄河谷地属全省的暖区，年平均气温 3 ~ 8.7℃，成为温性森林的集生地。在黑河、大通河、黄河、玛可河、子曲河两岸，阳光普照，雨热同期，最暖月（7 月）平均气温大于 12℃，年降水量在 400 毫米以上，是森林生长的适宜区。而江河源头及高山，最暖月平均气温低于 10℃，森林极少。黄河和湟水下段低山区及柴达木盆地，光热条件好，但年降水量小于 400 毫米，限制了林木的生长和发育。青南高原地表光照充足、雨量充沛，但最暖月平均气温不足 10℃，地表根本无森林生长。另外，干旱、风沙、霜冻、冻土及生理干旱等自然灾害，对育苗、造林更新和森林的生长发育极为不利。青海森林大都集中分布在东部弧形湿润带上，但因南北距离过大，纵跨纬度7°40′，森林带上的气候也存在着地域差异，大致可分为温干、温润、温湿3个地段。温干段系指柴达木盆地东部；温润段系指从祁连山至黄河上段的广大地区，是森林分布的主要地段；温湿段系指大渡河和澜沧江上游各林区。

四、土壤

青海省土壤受地形、气候、成土母质和植被的综合影响，种类繁多，分布较为错综复杂，有明显的水平和垂直分布规律性，具有鲜明的区域特征。从地域分布上看，可按栗钙土、荒漠土和高山土3个土壤带分为3个土壤大区，即东部河湟流域黄土丘陵栗钙土区、柴达木盆地荒漠土区和青南高原高山土区。

（一）东部河湟流域黄土丘陵栗钙土区

主要包括湟水流域、大通河流域中上段和黄河流域自河卡以下地段，地形起伏大。土壤类型以栗钙土和森林土为主，各支沟上部有黑钙土和小面积的山地森林土，在高大山脉主体的两侧有高山草甸土和高山灌丛草甸土，在河谷台地上还有灌淤土、沼泽土、潮土等。栗钙土是种植人工林的主要土壤之一，在本区针阔混交林的林冠下分布着山地褐色针叶林土。

（二）柴达木盆地荒漠土区

分布于柴达木盆地和茶卡—共和盆地的边缘山地，土壤类型以灰棕漠土为主，还有盐土、碱土、风沙土、盐渍沼泽土等。其中，灰棕漠土为温带漠境的地带性土壤，多为砾质戈壁，大部分荒漠灌丛分布于此。在戈壁下沿有断续分布的流动、半流动沙丘，统称为风沙土。在盆地中央和西北部的广大地区为盐沼和盐壳，属盐漠地带，寸草不生。盆地东部有较大面积的棕钙土和小面积的栗钙土，盆地中的人工林也多分布在此类土壤上。在盆地东部各林区，主要有青海云杉和祁连圆柏。

（三）青南高原高山土区

分布于东昆仑山—西倾山以南的广大区域，以及祁连山地的中西部。受寒冻作用影响，土层很薄且含大量石砾和粗砂。高山土壤类型主要有高山灌丛草甸土、高山草甸土、高山石质寒漠土、高山草原土、沼泽土等。高山灌丛草甸土所占面积在所有土壤中最大，广泛分布在高原面和东部山地，形成了高原地带性土壤。高山草原土和高山寒漠土多分布在青海省西南部的可可西里一带，以及海拔4500～4800米以上的山脊附近。沼泽土则多分布在各大江河源头。此外，本区东部和南部还分布着小面积的森林土壤。

青海森林土壤类型主要有：（1）高山灌丛草甸土。广泛分布在各林区乔木线以上地带，在高原面上的沟谷和山地也有分布，常与高山草甸土镶嵌，土壤颜色深暗，棕色至黑色，向下变浅。海拔高度通常在3200～4200米，最高可达4500米，一般发育在阴坡和半阴坡的冷湿地段，植被类型为密集高寒灌丛。（2）山地褐色针叶林土。主要分布在大通河、湟水、黄河和隆务河各林区，是青海省的主要森林土壤类型，颜色由深褐色到棕褐色到棕色，逐渐变浅。通常分布在海拔2000～3600米，并且一般呈断续的窄带状分布于山的阴坡和半阴坡。（3）山地棕色暗针叶林土。主要分布在玉树、果洛各林区的阴坡，与川西、藏东的棕色暗针叶林土成连续分布，海拔高度3300～4100米。（4）山地灰褐色森林土。是在干旱和半干旱条件下发生的土壤，主要分布在柴达木盆地东部各林区和祁连山中段，海拔高度2600～3600米。（5）山地暗褐土。主要分布在青海省境东北部的祁连山东段、大通河、湟水等林区海拔较低的山地阴坡，海拔高度2000～3200米。

五、水文

青海省水系发达，河流众多，大小湖泊星罗棋布，高山峰顶冰雪覆盖，冰川广布，冰雪融水成为众多河流、湖泊、地下水的水源。青海因全国最大的咸水湖——青海湖，世界著名的内陆盐湖——察尔汗盐湖分布在境内，而广受关注。全省集水面积在500平方千米以上的河流达380条。全省年径流总量为611.23亿立方米，水资源总量居全国第15位，人均占有量是全国平均水平的5.3倍，黄河总径流量的49%、长江总径流量的1.8%、澜沧江总径流量的17%、黑河总径流量的45.1%从青海流出，每年有596亿立方米的水流出青海。地下水资源量为281.6亿立方米；全省面积在1平方千米以上的湖泊有242个，水域面积1.34万平方千米，居全国第二。

按河川径流的循环形成，青海省内河流分为内、外流两大区域，以乌兰乌拉山—布尔汗布达山—日月山—大通山一线为分水岭，此线以南为外流区，占全省总面积的48.2%，分属黄河、长江和澜沧江三大水系；此线以北为内流区，占全省总面积的51.8%，分属可可西里盆地、柴达木盆地、茶卡—沙珠玉盆地、哈拉湖盆地、青海湖盆地和祁连山地六大水系。

青海省森林资源绝大部分分布在外流河流域。青海省外流水系集水面积34.7万平方千米，占全省面积的48.2%，而该区域的有林地面积约占全省的92%，是较温暖湿润、生境条件较好、适合林木生长的地区。在外流河水系中，森林主要分布在黄河及其支流和长江、澜沧江两岸，其中以黄河流域分布最多，有黄河上段、黄河下段、隆务河、湟水和大通河五大林区，有林地约占外流水系有林地面积的81%；澜沧江流域次之，有江西、娘拉、扎、觉拉和吉曲林区，有林地约占外流水系有林地面积的11%；长江流域分布最少，仅有大渡河上游的玛可河、多可河林区和通天河的东仲林区，有林地约占外流水系有林地面积的8%。内陆水系集水面积37.4万平方千米，占全省面积的51.8%，而该区域的有林地面积仅约占全省的8%，由于受季风影响较小，温度较低，较干旱，生境条件较差。森林主要分布在黑河、石羊河流域及柴达木盆地东缘山区，以黑河流域为主，有林地约占内流水系有林地面积的57%。

六、植被

据不完全统计，全省维管植物约2483种，分属114科、577属。其中，蕨类植物30种，8科，16属；裸子植物41种，5科，9属；被子植物2412种，101科，552属。与全国相比，青海省植物所含的科占全国的32.3%，属占全国的18.1%，种只占全国的9.1%，植物种类资源相对较少。全省植被以自然植被为主，植被的生态特征既有荒漠旱生型，也有高原高寒型。植被水平分布总的趋势是从东南向西北种类逐渐减少，植被景观也依次相应呈现出森林、草原和荒漠3个基本类型。垂直分布受各山体所处的位置、地貌形态、水热条件等不同的影响而类型多样，随着气候干旱性的增强，越向西垂直结构越简化，各垂直带也逐渐抬高。青海省的植被跨青藏高原、柴达木温带荒漠和东北部温带草原3个植被区域，总体具有高寒和旱生的特点。

1. 青藏高原高寒植被是在独特的高原气候条件下产生的，形成了特殊的水平地带性和垂直地带性。在水平分布上，北半部以温带草原和温带荒漠为主，南半部则发育着高寒草甸和高寒草原，由西北向东南总体可划分为荒漠、草原、草甸、森林4个地带；在垂直分布上，不同地区有所不同，如祁连山东部植被垂直（由下而上）分布有荒漠草原、草原、山地草甸、寒温性针叶林、高山草甸、高山灌丛和稀疏垫状植被。

2. 温带荒漠区域主要是指柴达木盆地，是超旱生植被的集中地带。植物区系以亚洲荒漠植物亚区的喀什亚地区区系为主，盆地西部可可西里地区为帕米尔、昆仑、西藏地区的羌塘亚地区区系。其中，荒漠灌丛是特殊的森林，组成荒漠灌丛的植物大都属于盐生、旱生或超旱生的属种，如梭梭属（*Haloxylon*）、麻黄属（*Ephedra*）、盐爪爪属（*Kalidium*）、合头草属（*Sympegma*）、驼绒黎属（*Ceratoides*）、白刺属（*Nitraria*）、柽柳属（*Tamarix*）和猪毛菜属（*Salsola*）等。草本荒漠植物种有骆驼蓬属（*Peganum*）、白麻属（*Poacynum*）、芦苇属（*Phragmites*）以及盐角草属（*Salicornia*）等。盆地东部山地有祁连圆柏和少量青海云杉呈不连续分布，由于气候干燥、多风，林分稀疏、树干低矮，盆地周围山地有零星或块状

分布的山生柳 (*Salix oritrepha*)、杜鹃 (*Rhododendron spp.*) 等灌木林，其余地方大部分为高山草甸或高山草原植被。

3. 温带草原区面积不大，主要包括黄土覆盖区、祁连山地和共和盆地，植物区系以青藏高原植被亚区的唐古特地区区系为主，西倾山部分地区为横断地区区系。植被以旱生为主，多为中国—喜马拉雅成分，也有中亚和蒙古成分，并以北温带成分为主，组成成分比较复杂。从植被群落来看，主要是由长芒草 (*Stipa bungeana*)、蒿类等组成的草原植被，分布在青海南山山麓至黄河、湟水河谷一线。祁连山东部、西倾山和河湟两岸海拔 2100 ~ 2900 米以上的山地，有桦树、山杨 (*Populus davidiana*) 组成的阔叶林和青海云杉、青杆 (*Picea wilsonii*) 和祁连圆柏等组成的寒温性针叶林，河湟下游少数林区还有油松 (*Pinus tabuliformis*)、华山松 (*Pinus armandii*) 等组成的温性针叶林和针阔混交林。森林带以上是以山生柳和杜鹃属等木本植物为主组成的高寒灌木植被带，分布海拔最高可达 4000 米，再向上即为高山寒漠草原植被，这些植被与南部青藏高原主体部分的植被类型颇为相似。

全省植被覆盖面积 55.98 万平方千米，种植土地面积 0.70 万平方千米，林草覆盖面积 55.28 万平方千米。从地区分布看，种植土地主要分布在西宁市和海东市，占全省种植土地面积的 52.54%；林草覆盖面积海西州、玉树州居全省前两位，占全省林草覆盖面积的 70.05%。全省荒漠与裸露地面积为 10.97 万平方千米，主要分布在青海西部地区。其中，海西州荒漠与裸露地面积最大，占全省荒漠与裸露地面积的 77.16%；西宁市荒漠与裸露地面积最小，占全省荒漠与裸露地面积的 0.08%。

青海省森林植被按水平分布，主要集中分布在东经 96° ~ 103°、北纬 31° ~ 39° 之间，主要江河及其支流的河谷两岸。森林分布海拔大多在 2500 ~ 4200 米，以寒温性常绿针叶林亚型为主，其次为落叶阔叶林植被型（多为原始林破坏后的次生类型）。可分为山地森林和荒漠灌丛两类：山地森林主要分布在祁连山、西倾山、阿尼玛卿山、巴颜喀拉山和唐古拉山等山系，自东北至西南依次分布在祁连、大通河、湟水、黄河上段、隆务河、黄河下段、玛可河、玉树、柴达木等林区，这些山地森林约占全省森林面积的 90%，活立木蓄积占 97%，是长江、黄河、澜沧江重要的水源涵养林；荒漠灌丛主要分布在柴达木盆地和海南台地的半干旱沙地上，主要为柽柳、梭梭、沙拐枣 (*Calligonum zaidamense*)、麻黄、枸杞 (*Lycium chinensis*)、白刺等荒漠灌丛植被，构成青海省天然的防沙屏障。

从不同区域来看，在南部高寒湿润河谷区，海拔 3200 ~ 4200 米的原生森林植被群系主要有：大果圆柏 (*Sabina tibetica*) 林，镶嵌于玛可河、多可河、澜沧江两岸较干燥阳坡和林缘上界；川西云杉 (*Picea balfouriana*) 林，分布于玉树以南的澜沧江上游和果洛的玛可河流域；紫果云杉 (*Abies recurvata*) 林，集中分布于黄南藏族自治州的隆务河和果洛藏族自治州的玛可河、多可河等流域；在大渡河上游的玛可河林区，海拔 3200 ~ 3800 米分布有鳞皮冷杉 (*Abies squamata*) 林，海拔 3850 ~ 4200 米分布有红杉 (*Larix potaninii*) 林，此外，还有小片紫果冷杉 (*Abies recurvata*)、鳞皮云杉 (*Picea retroflexa*) 作为伴生树种，混生于云杉、冷杉各群系中；在东北部黄土高原海拔 2800 米以下的河谷分布有青杆林和温性针叶林类型的华山松林、油松林等，一些海拔 2600 米以上的山地还有巴山冷杉 (*Abies fargesii*)；在北部气候较干燥的祁连山地，大通河、湟水及黄河两岸，海拔 2700 ~ 3800 米一带分布有青海云杉林、祁连圆柏林；在柴达木盆地，有大面积的盐生灌丛，以多枝怪柳灌丛、白刺灌丛为主。荒漠植被型则以梭梭、膜果麻黄 (*Ephedra przewalskii*)、沙拐枣等灌丛为主。

从植被的不同类型来看，落叶阔叶林中，白桦 (*Betula platyphylla*) 林普遍分布于全省各林区，亦常作为山杨林的伴生树种；山杨林仅分布于黄河河曲以北各林区，红桦 (*Betula.albosinensis*) 林在各林区分布于海拔 3800 米以下；河曲以北的黄河河谷滩地还分布有青甘杨 (*Populus przewalskii*) 林；东北部黄土高原的黄河南岸的孟达林区分布有辽东栎 (*Quercus liaotungensis*) 林，但破坏比较严重；柴达木盆地托拉海河两岸尚存一片胡杨（*Populus euphratica*）林。灌丛植被型常在高山成密闭群落，主要群系有：杜鹃灌丛，分布于林缘上界或林地，在南部海拔 4000 米左右的山坡呈水平带状分布；鬼箭锦鸡儿 (*Caragana jubata*) 灌丛、金露梅 (*Potentilla fruticosa;P. fruticosa var. pumila;P. parvifolia*) 灌丛、山生柳灌丛，都广泛分布于山地；小檗 (*Berberis circumserrata;B. dasystachya;B.vernae*) 灌丛，分布于各林区；水柏枝 (*Myricaria alopecuroides;M.elegans*) 灌丛，普遍分布于河谷地区及河漫滩；沙棘 (*Hippophae rhamnoides; H. neurocarpa*) 灌丛，高山和河谷都有分布，水土条件较好处可长成小乔木。

第二节　社会经济

一、行政区划

青海省下辖 2 个地级市、6 个自治州，包含 7 个市辖区、4 个县级市、26 个县、7 个自治县及 1 个县级行委，省会为西宁市，青海省行政区划见表 2-1。

表 2-1 青海省行政区划一览表

地级市、自治州	县级单位数	县、市、区、委名称
西宁市	7	城东区、城中区、城西区、城北区、湟中区、湟源县、大通回族土族自治县
海东市	6	乐都区、平安区、民和回族土族自治县、互助土族自治县、化隆回族自治县、循化撒拉族自治县
海北藏族自治州	4	海晏县、祁连县、刚察县、门源回族自治县
海南藏族自治州	5	共和县、同德县、贵德县、兴海县、贵南县
海西蒙古族藏族自治州	7	格尔木市、德令哈市、茫崖市、乌兰县、天峻县、都兰县、大柴旦行政委员会
黄南藏族自治州	4	同仁县、泽库县、尖扎县、河南蒙古族自治县
果洛藏族自治州	6	玛沁县、班玛县、甘德县、达日县、久治县、玛多县
玉树藏族自治州	6	玉树市、杂多县、称多县、治多县、囊谦县、曲麻莱县

二、人口、民族

据《青海省 2019 年国民经济和社会发展统计公报》，2019 年末，青海省常住人口 607.82 万人。按城乡分，城镇常住人口 337.48 万人，占全省常住人口的 55.52%；乡村常住人口 270.34 万人，占全省常住人口的 44.48%。按性别分，男性 311.81 万人，占常住人口的 51.30%；女性 296.01 人，占常住人口的 48.70%。在全省常住人口中，少数民族人口 289.99 万人，占常住人口的 47.71%。全年，人口自然增长率 7.58‰，比上年低 0.48 个千分点。全省农民工 93.0 万人，比上年增加 0.9 万人，其中：外出农民工 66.9 万人，本地农民工 26.1 万人。青海省是个多民族聚居的省份，有汉族、藏族、回族、蒙古族、土族、撒拉族等全国 56 个民族中的 54 个。

三、经济

据《青海省 2019 年国民经济和社会发展统计公报》，青海省 2019 年国内生产总值（GDP）为 2965.95 亿元，按可比价格计算，比上年增长 6.3%。分产业看，第一产业增加值 301.90 亿元，占全省生产总值的 10.2%；第二产业增加值 1159.75 亿元，占全省生产总值的 39.1%；第三产业增加值 1504.30 亿元，占全省生产总值的 50.7%。人均生产总值 48981 元，比上年增长 5.4%。

（一）种植业和畜牧业

2019 年，全省农作物总播种面积 55.35 万公顷，比上年减少 0.37 万公顷。其中：

1. 粮食作物播种面积 28.02 万公顷，占全省农作物总播种面积的 50.6%，比上年减少 0.106 万公顷。其中，小麦 10.241 万公顷，占粮食作物播种面积的 36.5%；青稞 6.385

万公顷，占粮食作物播种面积的 22.8%；玉米 2.097 万公顷，占粮食作物播种面积的 7.5%；豆类 1.4 万公顷，占粮食作物播种面积的 5.0%；薯类 7.71 万公顷，占粮食作物播种面积的 27.6%；其他作物 0.187 万公顷，占粮食作物播种面积的 0.7%。

2. 经济作物播种面积 27.334 万公顷，占全省农作物总播种面积的 49.4%，比上年减少 0.266 万公顷。其中，油料 14.225 万公顷，占经济作物播种面积的 52.0%；药材 4.452 万公顷（其中，枸杞 3.396 万公顷），占经济作物播种面积的 16.3%；蔬菜及食用菌 4.439 万公顷，占经济作物播种面积的 16.2%；青饲料 3.813 万公顷，占经济作物播种面积的 13.9%；其他经济作物 0.405 万公顷，占经济作物播种面积的 1.5%。全年粮食产量 105.54 万吨，为近五年来最高。

2019 年末，全省牛存栏 494.61 万头，比上年末下降 3.8%；羊存栏 1326.88 万只，比上年末下降 0.7%；生猪存栏 34.65 万头，比上年末下降 55.7%；家禽存栏 149.38 万只，比上年末下降 51.1%。

（二）工业和建筑业

2019 年，青海省全部工业增加值 817.49 亿元，按可比价格计算，比上年增长 6.9%。规模以上工业增加值比上年增长 7.0%。在规模以上工业中，按经济类型分，股份制企业增加值增长 7.6%，国有企业增加值下降 0.1%，外商及港澳台商投资企业增加值下降 1.2%。按门类分，制造业增加值增长 8.8%，采矿业增加值增长 3.1%，电力、热力、燃气及水生产和供应业增加值增长 6.0%。

青海全年建筑业增加值 342.26 亿元，按可比价格计算，比上年增长 5.2%。

（三）交通和通讯

2019 年末，青海省建成投入使用的机场有 7 个，分别是西宁曹家堡机场（XNN）、玉树巴塘机场（YUS）、格尔木机场（GOQ）、德令哈机场（HXD）、花土沟机场（HTT）、果洛玛沁机场（GMQ）和海北祁连机场（HBQ），除西宁曹家堡机场外，其他 6 个机场海拔高度均超过 2800 米，属于高原机场，民航通航里程达 16.71 万千米。全省铁路营运里程 2356 千米，其中高速铁路 218 千米，青藏铁路贯穿全境，兰新高铁已建成通车。公路通车里程 83761 千米，其中高速公路 3451 千米。

2019 年，邮政业务量 8.10 亿元，比上年增长 13.3%；电信业务量 637.07 亿元，比上年增长 49.7%。年末，移动电话用户 673.10 万户，固定电话用户 125.35 万户，电话普及率 132.35 部 / 百人。固定互联网宽带接入用户 174.54 万户，移动宽带用户 573.57 万户。

（四）财经和人均可支配收入

2019 年，一般公共预算收入 456.85 亿元，比上年增长 1.8%。一般公共预算支出 1863.74 亿元，比上年增长 13.1%。

2019 年末，全省金融机构人民币各项存款余额 5846.62 亿元，比上年末增长 1.6%。其中，住户存款余额 2463.86 亿元，比上年增长 7.3%；非金融企业存款余额 1416.73 亿元，比上年下降 1.9%。

2019 年，全体居民人均可支配收入 22618 元，比上年增长 9.0%。全省城镇常住居民人均可支配收入 33830 元，比上年增长 7.3%；全省农村常住居民人均可支配收入 11499 元，增长 10.6%。城乡居民人均收入比值（以农村居民人均收入为 1）为 2.94，比上年缩小 0.09。

（五）科学技术和教育

2019 年，全省取得省部级以上科技成果 545 项，比上年增加 27 项。其中，基础理论成果 124 项，应用技术成果 401 项，软科学成果 20 项。专利申请 5010 件，比上年增加 573 件，其中发明专利申请 1228 件。专利授权 3043 件，比上年增加 379 件，其中发明专利授权 291 件。

2019 年，全省学龄儿童入学率 99.8%，与上年持平。全省研究生教育招生 2444 人，在校生 6033 人，毕业生 1288 人。普通高等教育招生 2.98 万人，在校生 8.86 万人，毕业生 2.37 万人。中等职业教育招生 3.19 万人，在校生 8.02 万人，毕业生 2.02 万人。

（六）文化旅游和卫生健康

2019 年末，全省有艺术表演团体 12 个，文化馆 46 个，公共图书馆 51 个，博物馆 24 个，档案馆 55 个，广播电视电台 46 座，中、短波广播发射台 25 座。广播综合人口覆盖率 98.8%，比上年末提高 0.2 个百分点；电视综合人口覆盖率 98.8%，比上年末提高 0.1 个百分点。

2019 年末，全省有自然保护区 11 个，面积 21.78 万平方千米。其中，国家级自然保护区 7 个，面积 20.74 万平方千米。接待国内外游客 5080.17 万人次，比上年增长 20.8%。其中，国内游客 5072.86 万人次，比上年增长 20.9%；入境游客 7.31 万人次，比上年增长 5.7%。实现旅游总收入 561.33 亿元，比上年增长 20.4%。其中，国内旅游收入 559.03 亿元，比上年增长 20.5%。

全省医疗卫生机构 6511 家，床位 4.06 万张。其中，医院 220 个，床位 3.46 万张；乡镇卫生院 408 个，床位 4728 张；全省医疗卫生机构卫生人员 6.21 万人。

第三节　森林资源

一、森林资源概述

（一）林地面积

2018年开展的第九次全国森林资源清查结果表明，全省土地总面积7215.14万公顷，其中林地面积819.16万公顷，占土地总面积的11.35%。

林地面积中，乔木林地42.14万公顷，灌木林地423.43万公顷，疏林地6.60万公顷，未成林地8.82万公顷，苗圃地0.04万公顷，迹地0.12万公顷，宜林地338.01万公顷。各类林地面积比例构成见图2-1。

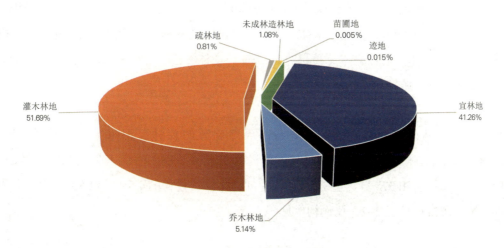

图2-1　各类林地面积比例构成图

灌木林地中，特殊灌木林地377.61万公顷，占89.18%；一般灌木林地45.82万公顷，占10.82%。

宜林地中，造林失败地3.04万公顷，占0.90%；规划造林地334.93万公顷，占99.09%；其他宜林地0.04万公顷，占0.01%。

（二）林木蓄积

全省活立木总蓄积5556.86万立方米，其中：乔木林蓄积（森林蓄积）4864.15万立方米，疏林蓄积203.88万立方米，散生木蓄积123.81万立方米，四旁树蓄积365.02万立方米。各类林木蓄积比例构成见图2-2。

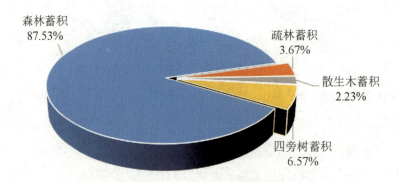

图 2-2　各类林木蓄积比例构成图

（三）森林面积蓄积

全省森林面积 419.75 万公顷，占林地面积的 51.24%。其中，乔木林 42.14 万公顷，占森林面积的 10.04 %；特殊灌木林 377.61 万公顷，占 89.96 %。森林蓄积（乔木林蓄积）4864.15 万立方米，占活立木总蓄积的 87.53%。森林覆盖率 5.82%。

二、森林资源结构

（一）起源结构

全省森林面积和蓄积按起源划分，天然起源的森林面积 400.65 万公顷，蓄积 4288.94 万立方米，分别占森林面积、蓄积的 95.45%、88.17%；人工起源的森林面积 19.10 万公顷，蓄积 575.21 万立方米，分别占森林面积、蓄积的 4.55%、11.83%。森林面积、蓄积按起源统计见表 2-2，比例构成见图 2-3。

表 2-2　森林面积、蓄积按起源统计表

单位：万公顷，万立方米

起源	合计		乔木林		特殊灌木林面积
	面积	蓄积	面积	蓄积	
合计	419.75	4864.15	42.14	4864.15	377.61
天然林	400.65	4288.94	34.82	4288.94	365.83
人工林	19.10	575.21	7.32	575.21	11.78

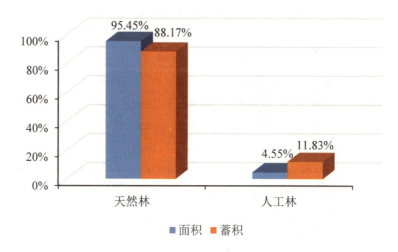

图 2-3　森林面积、蓄积比例按起源构成图

1. 天然林

全省天然林主要分布在三江源地区、祁连山和柴达木盆地，在全省森林资源中占主体地位。天然林资源中，乔木林面积 34.82 万公顷，蓄积 4288.94 万立方米，分别占天然林总面积、蓄积的 7.74%、95.67%；灌木林面积 408.85 万公顷，占天然林总面积的 90.91%；疏林面积 6.08 万公顷，蓄积 194.30 万立方米，分别占天然林总面积、蓄积的 1.35%、4.33%。

2. 人工林

全省人工林主要分布在青海的河湟谷地和柴达木盆地周边的德令哈、格尔木等地。人工林资源中，乔木林面积 7.32 万公顷，蓄积 575.21 万立方米，分别占人工林总面积、蓄积的 23.43%、98.36%；灌木林面积 14.58 万公顷，占人工林总面积的 46.67%；未成林造林地面积 8.82 万公顷，占人工林总面积的 28.23%；疏林地面积 0.52 万公顷，蓄积 9.58 万立方米，分别占人工林总面积、蓄积的 1.66%、1.64%。

（二）林种结构

全省森林面积和蓄积按林种划分，防护林面积 201.62 万公顷，蓄积 1568.67 万立方米，分别占森林面积、蓄积的 48.03% 和 32.25%；用材林面积 0.48 万公顷，蓄积 69.15 万立方米，分别占森林面积、蓄积的 0.11% 和 1.42%；经济林面积 5.71 万公顷，蓄积 2.35 万立方米，分别占森林面积、蓄积的 1.36% 和 0.05%；特用林面积 211.94 万公顷，蓄积 3223.98 万立方米，分别占全省森林面积、蓄积的 50.49% 和 66.28%。森林面积、蓄积按林种统计见表 2-3、比例构成见图 2-4。

表 2-3 森林面积、蓄积按林种统计表

单位：万公顷，万立方米

林种	合计		乔木林				特殊灌木林	
			人工林		天然林		人工林	天然林
	面积	蓄积	面积	蓄积	面积	蓄积	面积	面积
合计	419.75	4864.15	7.32	575.21	34.82	4288.94	11.78	365.83
防护林	201.62	1568.67	6.40	483.48	10.44	1085.19	6.95	177.83
特用林	211.94	3223.98	0.40	20.23	24.38	3203.75	0.44	186.72
用材林	0.48	69.15	0.48	69.15	0	0	0	0
经济林	5.71	2.35	0.04	2.35	0	0	4.39	1.28

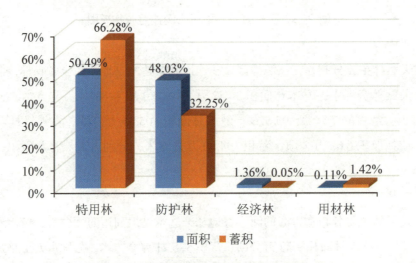

图 2-4　森林面积、蓄积比例按林种构成图

　　乔木林以特用林为主，面积24.78万公顷，蓄积3223.98万立方米，分别占乔木林面积、蓄积的58.81%、66.28%；防护林居第二位，面积16.84万公顷，蓄积1568.67万立方米，分别占乔木林面积、蓄积的39.96%、32.25；用材林较少，面积和蓄积分别占乔木林面积、蓄积的1.14%、1.42%；经济林更少，面积和蓄积仅占乔木林面积、蓄积的0.09%、0.05%。乔木林各林种面积、蓄积构成见表2-4、图2-5。

表 2-4　乔木林各林种面积、蓄积构成表

单位：万公顷，万立方米，%

项目	面积结构		蓄积结构	
	面积	比例	蓄积	比例
合计	42.14	100	4864.15	100
防护林	16.84	39.96	1568.67	32.25
特用林	24.78	58.81	3223.98	66.28
用材林	0.48	1.14	69.15	1.42
经济林	0.04	0.09	2.35	0.05

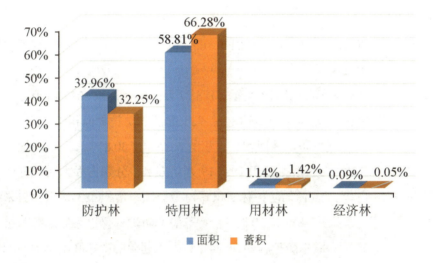

图 2-5　乔木林各林种面积、蓄积比例构成图

1. 防护林

按功能分，全省防护林 201.62 万公顷中，水源涵养林面积为 98.59 万公顷，占防护林总面积的 48.90%；防风固沙林面积 73.8 万公顷，占 36.60%；水土保持林面积 27.87 万公顷，占 13.82%；农田牧场防护林和护岸林各占 0.24%；护路林占 0.16%；其他防护林占 0.04%。各类防护林面积构成见图 2-6。

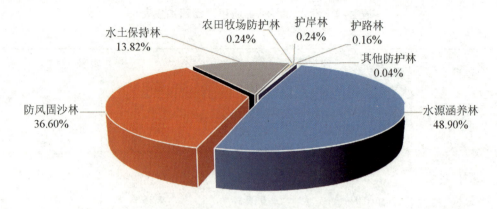

图 2-6　各类防护林面积构成图

　　按地类分，全省防护林中，乔木林面积 16.84 万公顷，占 8.35%；特殊灌木林面积 184.78 万公顷，占 91.65%。

　　按起源分，全省天然起源的防护林面积 188.27 万公顷，蓄积 1085.19 万立方米，分别占防护林面积、蓄积的 93.38% 和 69.18%；人工起源的防护林面积 13.35 万公顷，蓄积 483.48 万立方米，分别占防护林面积、蓄积的 6.62% 和 30.82%。乔木防护林以天然起源为主，其面积 10.44 万公顷，蓄积 1085.19 万立方米，分别占乔木防护林面积、蓄积的 62% 和 69.18%；人工起源的防护林面积 6.40 万公顷，蓄积 483.48 万立方米，分别占乔木防护林面积、蓄积的 38% 和 30.82%。特殊灌木防护林仍以天然起源为主，其面积 177.83 万公顷，占特殊灌木防护林的 96.24%；人工起源的特殊灌木林地面积仅 6.95 万公顷，占 3.76%。

　　2. 特用林

　　按功能分，全省特用林面积 211.94 万公顷中，自然保护区林面积和蓄积占比最大，面积 197.93 万公顷，蓄积 2415.15 万立方米，分别占特用林面积、蓄积的 93.39% 和 74.91%；其次为风景林，面积 13.93 万公顷，蓄积 804.87 万立方米，分别占特用林面积、蓄积的 6.57% 和 24.97%；国防林占比最小，面积 0.08 万公顷，蓄积 3.96 万立方米，分别占特用林面积、蓄积的 0.04% 和 0.12%。

　　按地类分，全省特用林中乔木林 24.78 万公顷，占 11.69%。其中，自然保护区林面积 17.64 万公顷，占 71.19%；风景林 7.14 万公顷，占 28.81%。全省特用林中特殊灌木林 187.16 万公顷，占 88.31%。其中，自然保护区林面积 180.29 万公顷，占 96.33%；风景林 6.79 万公顷，占 3.63%；国防林面积为 0.08 万公顷，占 0.04%。

按起源分，全省天然特用林面积211.10万公顷，蓄积3203.75万立方米，分别占特用林面积、蓄积的99.60%和99.37%；人工特用林面积0.84万公顷，蓄积20.23万立方米，分别占特用林面积、蓄积的0.40%和0.63%。天然起源的乔木特用林面积24.38万公顷，蓄积3203.75万立方米，分别占乔木特用林面积、蓄积的98.39%和99.37%；人工起源的乔木特用林面积0.40万公顷，蓄积20.23万立方米，分别占特用林面积、蓄积的1.61%和0.63%。天然起源的灌木林地特用林面积186.72万公顷，占99.76%；人工起源的灌木林地特用林面积0.44万公顷，占0.24%。

3. 用材林

全省用材林均为人工起源的乔木林和一般用材林，规模很小，总面积0.48万公顷，占乔木人工林总面积的6.56%；蓄积69.15万立方米，占乔木人工林总蓄积的12.02%。

按龄级分，从径级组看，26～36厘米的大径级蓄积所占比例最高，其蓄积为21.75万立方米，占用材林近、成熟林蓄积的40.64%；其次为14～24厘米的中径级和38厘米及以上的特大径级，其蓄积分别为15.15万立方米和15.07万立方米，分别占28.31%和28.16%；6～12厘米的小径级蓄积1.55万立方米，仅占2.89%。

4. 经济林

按功能分，全省5.71万公顷经济林中，食用原料林面积最大，面积3.04万公顷，占53.24%；其次为药用林，面积2.43万公顷，占42.56%；果树林面积0.24万公顷，占4.20%。

按地类分，全省灌木经济林面积5.67万公顷，占99.30%；乔木经济林面积0.04万公顷，占0.70%，乔木经济林蓄积2.35万立方米。

按起源分，全省人工起源的经济林面积最大，为4.43万公顷，占77.58%；天然起源的经济林为特殊灌木林地，面积为1.28万公顷，占22.42%。

(三) 龄组结构

全省乔木林总面积42.14万公顷，其中，幼龄林8.91万公顷，占乔木林总面积的21.14%；中龄林12.26万公顷，占29.09%；近熟林5.34万公顷，占12.67%；成熟林9.27万公顷，占22%；过熟林6.36万公顷，占15.09%。

乔木林总蓄积4864.15万立方米，其中，幼龄林406.95万立方米，占乔木林总蓄积的8.37%；中龄林1331.21万立方米，占27.37%；近熟林808.03万立方米，占16.61%；成熟林1126.87万立方米，占23.17%；过熟林1191.09万立方米，占24.49%。

乔木林各龄组面积、蓄积构成见表2-5、图2-7。

表2-5 乔木林各龄组面积、蓄积构成表

单位：万公顷，万立方米

龄组	合计		人工林		天然林	
	面积	蓄积	面积	蓄积	面积	蓄积
合计	42.14	4864.15	34.82	4288.94	7.32	575.21
幼龄林	8.91	406.95	5.31	346.20	3.60	60.75
中龄林	12.26	1331.21	11.10	1219.27	1.16	111.94
近熟林	5.34	808.03	4.82	703.81	0.52	104.22
成熟林	9.27	1126.87	7.79	934.23	1.48	192.64
过熟林	6.36	1191.09	5.80	1085.43	0.56	105.66

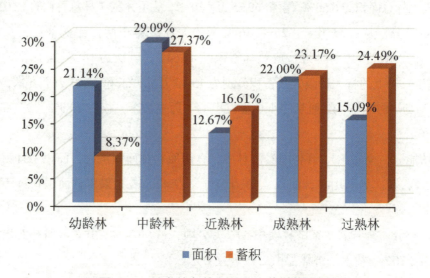

图2-7 乔木林各龄组面积、蓄积构成图

1.幼龄林

按起源分，天然乔木幼龄林面积5.31万公顷，蓄积346.20万立方米，分别占幼龄林面积、蓄积的59.60%和85.07%；人工乔木幼龄林面积3.60万公顷，蓄积60.75万立方米，分别占幼龄林面积、蓄积的40.40%和14.93%。

按林种分，乔木幼龄林中的防护林面积5.43万公顷，蓄积164.06万立方米，分别占幼龄林面积、蓄积的60.94%和40.31%；特用林面积3.44万公顷，蓄积239.26万立方米，分别占幼龄林面积、蓄积的38.61%和58.79%；用材林面积0.04万公顷，蓄积3.63万立方米，分别占幼龄林面积、蓄积的0.45%和0.89%。乔木幼龄林按起源和林种面积、

蓄积构成见表2-6。

表2-6　乔木幼龄林按起源和林种面积、蓄积构成表

单位：万公顷，万立方米

林种	合计		天然幼龄林		人工幼龄林	
	面积	蓄积	面积	蓄积	面积	蓄积
合计	8.91	406.95	5.31	346.20	3.60	60.75
防护林	5.43	164.06	2.15	118.97	3.28	45.09
特用林	3.44	239.26	3.16	227.23	0.28	12.03
用材林	0.04	3.63	0	0	0.04	3.63

2. 中龄林

按起源分，天然乔木中龄林面积11.10万公顷，蓄积1219.27万立方米，分别占中龄林面积、蓄积的90.54%和91.59%；人工乔木中龄林面积1.16万公顷，蓄积111.94万立方米，分别占中龄林面积、蓄积的9.46%和8.41%。

按林种分，乔木中龄林中的防护林面积4.11万公顷，蓄积469.69万立方米，分别占中龄林面积、蓄积的33.52%和35.28%；特用林面积8.03万公顷，蓄积849.52万立方米，分别占中龄林面积、蓄积的65.50%和63.82%；用材林面积0.12万公顷，蓄积12万立方米，分别占中龄林面积、蓄积的0.98%和0.90%。乔木中龄林按起源和林种面积、蓄积构成见表2-7。

表2-7　乔木中龄林按起源和林种面积、蓄积构成表

单位：万公顷，万立方米

林种	合计		天然中龄林		人工中龄林	
	面积	蓄积	面积	蓄积	面积	蓄积
合计	12.26	1331.21	11.10	1219.27	1.16	111.94
防护林	4.11	469.69	3.19	377.95	0.92	91.74
特用林	8.03	849.52	7.91	841.32	0.12	8.20
用材林	0.12	12.00	0	0	0.12	12.00

3. 近熟林

按起源分，天然乔木近熟林面积4.82万公顷，蓄积703.81万立方米，分别占近熟

林面积、蓄积的 90.26% 和 87.10%；人工乔木近熟林面积 0.52 万公顷，蓄积 104.22 万立方米，分别占近熟林面积、蓄积的 9.74% 和 12.90%。

按林种分，乔木近熟林中的防护林面积 1.63 万公顷，蓄积 241.24 万立方米，分别占近熟林面积、蓄积的 30.52% 和 29.86；特用林面积 3.55 万公顷，蓄积 544.56 万立方米，分别占近熟林面积、蓄积的 66.48% 和 67.39%；用材林面积 0.16 万公顷，蓄积 22.23 万立方米，分别占近熟林面积、蓄积的 3% 和 2.75%。乔木近熟林按起源和林种面积、蓄积构成见表 2-8。

表 2-8 乔木近熟林按起源和林种面积、蓄积构成表

单位：万公顷，万立方米

林种	合计		天然近熟林		人工近熟林	
	面积	蓄积	面积	蓄积	面积	蓄积
合计	5.34	808.03	4.82	703.81	0.52	104.22
防护林	1.63	241.24	1.27	159.25	0.36	81.99
特用林	3.55	544.56	3.55	544.56	0	0
用材林	0.16	22.23	0	0	0.16	22.23

4. 成熟林

按起源分，天然乔木成熟林面积 7.79 万公顷，蓄积 934.23 万立方米，分别占成熟林面积、蓄积的 84.03% 和 82.90%；人工乔木成熟林面积 1.48 万公顷，蓄积 192.64 万立方米，分别占成熟林面积、蓄积的 15.97% 和 17.10%。

按林种分，乔木成熟林中的防护林面积 3.95 万公顷，蓄积 414.52 万立方米，分别占成熟林面积、蓄积的 42.61% 和 36.79；特用林面积 5.16 万公顷，蓄积 681.06 万立方米，分别占成熟林面积、蓄积的 55.66% 和 60.44%；用材林面积 0.16 万公顷，蓄积 31.29 万立方米，分别占成熟林面积、蓄积的 1.73% 和 2.78%。乔木成熟林按起源和林种面积、蓄积构成见表 2-9。

表 2-9　乔木成熟林按起源和林种面积、蓄积构成表

单位：万公顷，万立方米

林种	合计		天然成熟林		人工成熟林	
	面积	蓄积	面积	蓄积	面积	蓄积
合计	9.27	1126.87	7.79	934.23	1.48	192.64
防护林	3.95	414.52	2.63	253.17	1.32	161.35
特用林	5.16	681.06	5.16	681.06	0	0
用材林	0.16	31.29	0	0	0.16	31.29

5.过熟林

按起源分，天然乔木过熟林面积 5.80 万公顷，蓄积 1085.43 万立方米，分别占过熟林面积、蓄积的 91.19% 和 91.13%；人工乔木过熟林面积 0.56 万公顷，蓄积 105.66 万立方米，分别占过熟林面积、蓄积的 8.81% 和 8.87%。

按林种分，乔木过熟林中的防护林面积 1.72 万公顷，蓄积 279.16 万立方米，分别占过熟林面积、蓄积的 27.04% 和 23.44%；特用林面积 4.60 万公顷，蓄积 909.58 万立方米，分别占过熟林面积、蓄积的 72.33% 和 76.37%；经济林面积 0.04 万公顷，蓄积 2.35 万立方米，分别占过熟林面积、蓄积的 0.63% 和 0.20%。乔木过熟林按起源和林种面积、蓄积构成见表 2-10。

表 2-10　乔木过熟林按起源和林种面积、蓄积构成表

单位：万公顷，万立方米

林种	合计		天然过熟林		人工过熟林	
	面积	蓄积	面积	蓄积	面积	蓄积
合计	6.36	1191.09	5.80	1085.43	0.56	105.66
防护林	1.72	279.16	1.20	175.85	0.52	103.31
特用林	4.60	909.58	4.60	909.58	0	0
经济林	0.04	2.35	0	0	0.04	2.35

（四）树种结构

1.乔木林优势树种（组）

全省乔木优势树种（组）总面积 42.14 万公顷，以圆柏面积最大，云杉次之，桦树和杨树居第三、第四位，分别为 14.84 万公顷、11.98 万公顷、5.58 万公顷和 4.68 万公顷，

分别占乔木树种（组）总面积的 35.22%、28.43%、13.24% 和 11.11%，4 个树种（组）总面积达 37.08 万公顷，占全省乔木林总面积的 87.99%。

乔木树种（组）总蓄积为 4864.15 万立方米，以云杉蓄积最大，圆柏次之，杨树和桦树居第三、第四位，分别为 2120.07 万立方米、1250.77 万立方米、565.66 万立方米和 409.14 万立方米，分别占乔木树种（组）总蓄积的 43.59%、25.71%、11.63% 和 8.41%，4 个树种（组）总蓄积达 4345.64 万立方米，占全省乔木林总蓄积的 89.34%。

从乔木林树种组成看，全省纯林面积 38.27 万公顷，蓄积 4442.94 万立方米，分别占总面积的 90.81% 和总蓄积的 91.34%。混交林面积仅为 3.87 万公顷，蓄积 421.21 万立方米，分别占总面积和总蓄积的 9.18% 和 8.66%。

乔木林按优势树种（组）面积、蓄积构成见表 2-11、图 2-8 和图 2-9。

表 2-11　乔木林按优势树种（组）面积、蓄积构成表

单位：万公顷，万立方米，%

优势树种（组）	面积	比例	蓄积	比例
合计	42.14	100	4864.15	100
云杉	11.98	28.43	2120.07	43.59
圆柏	14.84	35.22	1250.77	25.71
桦树	5.58	13.24	409.14	8.41
杨树	4.68	11.11	565.66	11.63
落叶松	0.16	0.38	10.87	0.22
油松	0.60	1.42	69.82	1.43
栎类	0.03	0.07	3.78	0.08
榆树	0.28	0.66	4.21	0.09
柳树	0.08	0.19	6.27	0.13
梨树	0.04	0.09	2.35	0.05
针叶混	0.96	2.28	165.81	3.41
阔叶混	0.91	2.16	70.99	1.46
针阔混	2.00	4.75	184.41	3.79

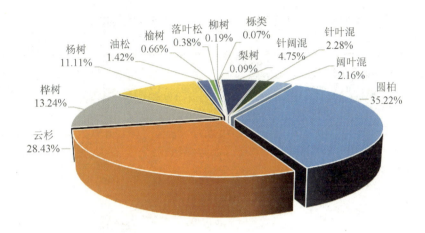

图 2-8　乔木林按优势树种（组）面积构成图

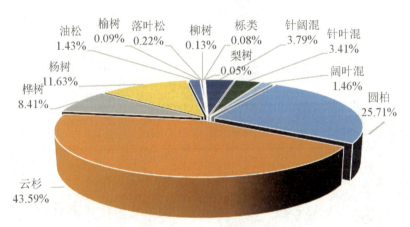

图 2-9　乔木林按优势树种（组）蓄积构成图

（1）按起源分

乔木林树种（组）以天然起源为主，其中，圆柏天然林面积 14.84 万公顷，蓄积 1250.77 万立方米，分别占天然乔木林树种面积的 42.62% 和蓄积的 29.16%；云杉天然林面积 9.78 万公顷，蓄积 2086.33 万立方米，分别占天然乔木林树种面积的 28.09% 和蓄积的 48.64%；桦树和杨树天然林面积分别为 5.50 万公顷、0.84 万公顷，蓄积分别为 408.06 万立方米、57.55 万立方米，各占天然乔木树种面积的 15.80%、2.41% 和蓄积的 9.51%、1.34%。4 个树种（组）天然起源的面积达 30.96 万公顷，蓄积 3802.71 万立方米，占全省乔木林树种天然起源总面积和总蓄积的 88.92% 和 88.65%。乔木林优势树种（组）按起源面积、蓄积构成见表 2-12。

表 2-12　乔木林优势树种（组）按起源面积、蓄积构成表

单位：万公顷，万立方米

优势树种（组）	天然		人工	
	面积	蓄积	面积	蓄积
合计	34.82	4288.94	7.32	575.21
圆柏	14.84	1250.77	0	0
云杉	9.78	2086.33	2.20	33.74
桦树	5.50	408.06	0.08	1.08
杨树	0.84	57.55	3.84	508.11
油松	0.48	68.20	0.12	1.62
榆树	0.04	0.66	0.24	3.55
落叶松	0.04	4.10	0.12	6.77
柳树	0.04	1.58	0.04	4.69
栎类	0.03	3.78	0	0
梨树	0	0	0.04	2.35
针阔混	1.64	183.42	0.36	0.99
针叶混	0.84	161.42	0.12	4.39
阔叶混	0.75	63.07	0.16	7.92

（2）按林种分

乔木林树种（组）以特用林为主，其中，圆柏特用林面积 11.61 万公顷，蓄积 1048.34 万立方米，分别占特用林树种面积的 46.85% 和蓄积的 32.52%；云杉特用林面积 6.75 万公顷，蓄积 1517.60 万立方米，分别占特用林树种面积的 27.24% 和蓄积的 47.07%；桦树和杨树特用林面积分别为 3 万公顷、0.32 万公顷，蓄积分别为 237.64 万立方米、20.88 万立方米，各占特用林树种面积的 12.11%、1.29% 和蓄积的 7.37%、0.65%。4 个树种（组）特用林面积达 21.68 万公顷，蓄积 2824.46 万立方米，占全省乔木林树种特用林总面积和总蓄积的 87.49% 和 87.61%。

乔木林树种（组）中防护林次之，其中：云杉防护林面积 5.23 万公顷，蓄积 602.47 万立方米，分别占防护林树种面积的 31.06% 和蓄积的 38.41%；圆柏防护林面积 3.23 万公顷，蓄积 202.43 万立方米，分别占防护林树种面积的 19.18% 和蓄积的 12.9%；桦树和杨树防护林面积分别为 2.58 万公顷、3.88 万公顷，蓄积分别为 171.50 万立方米、480.36 万立方米，分别占防护林树种面积的 15.32%、23.04% 和蓄积的 10.93%、

30.62%。4个树种（组）防护林面积达14.92万公顷，蓄积1456.76万立方米，占全省乔木林树种防护林总面积和总蓄积的88.60%和92.86%。

乔木林树种（组）中用材林较少，只有杨树和阔叶混，面积0.48万公顷，蓄积69.15万立方米。乔木林树种（组）中经济林极少，只有梨树，面积0.04万公顷，蓄积2.35万立方米。

乔木林优势树种（组）按林种面积、蓄积构成见表2-13。

表2-13　乔木林优势树种（组）按林种面积、蓄积构成表

单位：万公顷，万立方米

优势树种（组）	防护林		特用林		用材林		经济林	
	面积	蓄积	面积	蓄积	面积	蓄积	面积	蓄积
合计	16.84	1568.67	24.78	3223.98	0.48	69.15	0.04	2.35
圆柏	3.23	202.43	11.61	1048.34	0	0	0	0
云杉	5.23	602.47	6.75	1517.60	0	0	0	0
桦树	2.58	171.50	3.00	237.64	0	0	0	0
杨树	3.88	480.36	0.32	20.88	0.48	64.42	0	0
油松	0.28	23.98	0.32	45.84	0	0	0	0
榆树	0.20	2.25	0.08	1.96	0	0	0	0
落叶松	0.08	4.45	0.08	6.42	0	0	0	0
柳树	0	0	0.08	6.27	0	0	0	0
栎类	0	0	0.03	3.78	0	0	0	0
梨树	0	0	0	0	0	0	0.04	2.35
针阔混	0.84	54.31	1.16	130.10	0	0	0	0
针叶混	0.16	6.81	0.80	159.00	0	0	0	0
阔叶混	0.36	20.11	0.55	46.15	0	4.73	0	0

（3）按龄组分

乔木林树种（组）面积规模上看分别以中龄林、成熟林和幼龄林为主，占总面积的72.23%；蓄积分别以中龄林、过熟林和成熟林为主，占总蓄积的75.03%。从圆柏、云杉、桦树和杨树4个主要优势树种（组）看：

圆柏中龄林面积6.09万公顷＞成熟林3.35万公顷＞幼龄林2.68万公顷＞近熟林1.48

万公顷 > 过熟林 1.24 万公顷，中龄林蓄积 491.92 万立方米 > 成熟林 351.46 万立方米 > 近熟林 141.10 万立方米 > 幼龄林 138.91 万立方米 > 过熟林 127.38 万立方米。

云杉幼龄林面积 3.36 万公顷 > 中龄林 2.92 万公顷 > 过熟林 2.60 万公顷 > 近熟林 1.78 万公顷 > 成熟林 1.32 万公顷，过熟林蓄积 717.56 万立方米 > 中龄林 527.35 万立方米 > 近熟林 398.72 万立方米 > 成熟林 290.46 万立方米 > 幼龄林 185.98 万立方米。

桦树成熟林面积 1.72 万公顷 > 过熟林 1.08 万公顷 > 中龄林 1.07 万公顷 > 近熟林 0.96 万公顷 > 幼龄林 0.75 万公顷，成熟林蓄积 133.45 万立方米 > 过熟林 103.79 万立方米 > 中龄林 87.13 万立方米 > 近熟林 67.91 万立方米 > 幼龄林 16.86 万立方米。

杨树成熟林面积 1.80 万公顷 > 中龄林 0.92 万公顷 > 幼龄林 0.80 万公顷 > 过熟林 0.60 万公顷 > 近熟林 0.56 万公顷，成熟林蓄积 223.22 万立方米 > 过熟林 110.47 万立方米 > 近熟林 107.33 万立方米 > 中龄林 95.49 万立方米 > 幼龄林 29.15 万立方米。

乔木林优势树种（组）按龄组面积、蓄积构成见表 2-14。

表 2-14　乔木林优势树种（组）按龄组面积、蓄积构成表

单位：万公顷，万立方米

优势树种（组）	幼龄林		中龄林		近熟林		成熟林		过熟林	
	面积	蓄积	面积	蓄积	面积	蓄积	面积	蓄积	面积	蓄积
合计	8.91	406.95	12.26	1331.21	5.34	808.03	9.27	1126.87	6.36	1191.09
圆柏	2.68	138.91	6.09	491.92	1.48	141.10	3.35	351.46	1.24	127.38
云杉	3.36	185.98	2.92	527.35	1.78	398.72	1.32	290.46	2.60	717.56
桦树	0.75	16.86	1.07	87.13	0.96	67.91	1.72	133.45	1.08	103.79
杨树	0.80	29.15	0.92	95.49	0.56	107.33	1.80	223.22	0.60	110.47
油松	0.12	2.36	0.12	12.61	0.20	34.28	0.12	16.52	0.04	4.05
榆树	0.28	4.21	0	0	0	0	0	0	0	0
落叶松	0.04	0.64	0.08	6.13	0.04	4.10	0	0	0	0
柳树	0	0	0.04	4.69	0	0	0.04	1.58	0	0
栎类	0	0	0.03	3.78	0	0	0	0	0	0
梨树	0	0	0	0	0	0	0	0	0.04	2.35
针阔混	0.56	20.74	0.40	36.83	0.24	30.19	0.44	49.28	0.36	47.37
针叶混	0.12	3.11	0.36	43.59	0.08	24.40	0.20	33.65	0.20	61.06
阔叶混	0.20	4.99	0.23	21.69	0	0	0.28	27.25	0.20	17.06

2.特殊灌木林树种

全省特殊灌木林树种面积 377.61 万公顷，山生柳最多，面积达 118.50 万公顷，占全省特殊灌木林总面积的 31.38%；其次为金露梅，面积为 93.44 万公顷，占 24.75%；杜鹃面积为 45.68 万公顷，占 12.10%。3 个树种总面积达 257.62 万公顷，占全省特殊灌木林总面积的 68.22%。特殊灌木林按优势树种面积构成见图 2-10。

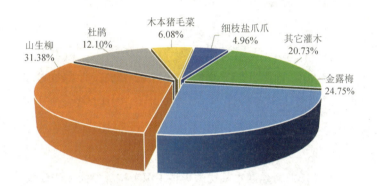

图 2-10 特殊灌木林按优势树种面积构成图

（1）按起源分

特殊灌木林树种（组）以天然起源为主，面积达 365.83 万公顷，占特殊灌木林总面积的 96.88%。其中，山生柳、金露梅和杜鹃 3 个主要灌木树种（组）全部为天然起源，占全省天然特殊灌木林树种（组）总面积的 70.42%。人工起源的特殊灌木林树种面积仅 11.78 万公顷，占特殊灌木林总面积的 3.12%。特殊灌木林优势树种（组）按起源面积构成见表 2-15。

表 2-15 特殊灌木林优势树种（组）按起源面积构成表

单位：万公顷，%

优势树种（组）	合计		天然		人工	
	面积	比例	面积	比例	面积	比例
合计	377.61	100	365.83	100	11.78	100
山生柳	118.50	31.38	118.50	32.39	0	0
金露梅	93.44	24.75	93.44	25.54	0	0
杜鹃	45.68	12.10	45.68	12.49	0	0
木本猪毛菜	22.96	6.08	22.96	6.28	0	0
细枝盐爪爪	18.75	4.96	18.75	5.12	0	0
其他灌木	78.28	20.73	66.50	18.18	11.78	100

（2）按林种分

特殊灌木林树种（组）以防护林和特用林为主，二者面积达 371.94 万公顷，占特殊灌木林树种（组）总面积的 98.50%；特灌经济林树种面积仅 5.67 万公顷，占 1.50%。

灌木防护林中，金露梅面积最大，为 50.87 万公顷，占灌木防护林总面积的 27.53%；其次为山生柳，面积 27.18 万公顷，占 14.71%；木本猪毛菜面积 22.96 万公顷，占 12.43%；盐爪爪面积 18.75 万公顷，占 10.15%；杜鹃等其他灌木面积合计 65.02 万公顷，占 35.19%。

灌木特用林中，山生柳面积最大，为 91.32 万公顷，占灌木特用林总面积的 48.79%；其次为金露梅，面积 42.57 万公顷，占 22.75%；杜鹃面积 34.25 万公顷，占 18.30%；锦鸡儿等其他灌木面积合计 19.02 万公顷，占 10.16%。

特殊灌木林优势树种（组）按林种面积构成见表 2-16。

表 2-16　特殊灌木林优势树种（组）按林种面积构成表

单位：万公顷，%

优势树种（组）	合计		防护林		特用林		经济林	
	面积	比例	面积	比例	面积	比例	面积	比例
合计	377.61	100	184.78	100	187.16	100	5.67	100
山生柳	118.5	31.38	27.18	14.71	91.32	48.79	0	0
金露梅	93.44	24.75	50.87	27.53	42.57	22.75	0	0
杜鹃	45.68	12.10	11.43	6.19	34.25	18.30	0	0
木本猪毛菜	22.96	6.08	22.96	12.43	0	0	0	0
盐爪爪	18.75	4.97	18.75	10.15	0	0	0	0
其他灌木	72.61	19.23	53.59	29.00	19.02	10.16	0	0
沙棘	3.04	0.81	0	0	0	0	3.04	53.62
红枸杞	2.35	0.62	0	0	0	0	2.35	41.44
黑枸杞	0.08	0.02	0	0	0	0	0.08	1.41
其他经济林树种	0.20	0.05	0	0	0	0	0.20	3.53

（五）权属结构

1. 土地权属

全省森林资源中的土地权属分为国有和集体 2 种，林地土地权属以国有为主，其面积为 576.75 万公顷，占林地总面积的 70.41%；集体所有面积为 242.41 万公顷，占 29.59%。

　　森林土地权属国有面积为 348.51 万公顷，占森林总面积的 83.03%；集体所有面积 为 71.24 万公顷，占 16.97%。

　　各类林地面积按权属构成见表 2-17。

表 2-17　各类林地面积按权属构成表

单位：万公顷，%

地类	合计		国有		集体	
	面积	比例	面积	比例	面积	比例
林地	819.16	100	576.75	70.41	242.41	29.59
乔木林地	42.14	100	37.07	87.97	5.07	12.03
灌木林地	423.43	100	343.87	81.21	79.56	18.79
疏林地	6.60	100	6.08	92.12	0.52	7.88
未成林造林地	8.82	100	2.92	33.11	5.90	66.89
苗圃地	0.04	100	0.04	100	0	0
迹地	0.12	100	0	0	0.12	100
宜林地	338.01	100	186.77	55.26	151.24	44.74

2. 林木权属

全省森林资源中的林木权属分为国有、集体和个人 3 种。

（1）森林面积按林木权属分

　　森林面积中，林木权属以国有为主，其面积为 333.02 万公顷，占森林总面积的 79.34%；其次为集体，面积 71.00 万公顷，占 16.91%；个人面积仅有 15.73 万公顷，占 3.75%。

　　从森林类型来看，乔木林、特殊灌木林均以国有为主，分别占各项总面积的 86.54% 和 78.53%。

　　从起源看，天然林以国有为主，占天然林总面积的 81.88%；人工林以个人为主， 占人工林总面积的 48.06%。

　　森林面积按林木权属构成见表 2-18。

表2-18　森林面积按林木权属构成表

单位：万公顷，%

类别面积		合计		国有		集体		个人	
		面积	比例	面积	比例	面积	比例	面积	比例
森林		419.75	100	333.02	79.34	71.00	16.91	15.73	3.75
类型	乔木林	42.14	100	36.47	86.54	3.47	8.23	2.20	5.22
	特殊灌木林	377.61	100	296.55	78.53	67.53	17.88	13.53	3.58
起源	天然林	400.65	100	328.06	81.88	66.04	16.48	6.55	1.63
	人工林	19.10	100	4.96	25.97	4.96	25.97	9.18	48.06

（2）林木蓄积按林木权属分

活立木蓄积中，国有蓄积最大，为4731.98万立方米，占活立木总蓄积的85.16%；其次为个人，占10.02%；集体仅占4.82%。

从各类蓄积看，森林蓄积、疏林地蓄积、散生木蓄积均以国有为主，分别占各项总蓄积的90.94%、93.78%和78.44%；四旁树蓄积以个人为主，占四旁树总蓄积的82.31%。

从起源看，天然林蓄积以国有为主，占天然林总蓄积的99.17%；人工林蓄积以个人为主，占人工林总蓄积的40.06%。

各类林木蓄积按林木权属构成见表2-19。

表2-19　各类林木蓄积按林木权属构成表

单位：万立方米，%

类别	合计		国有		集体		个人	
	蓄积	比例	蓄积	比例	蓄积	比例	蓄积	比例
活立木总蓄积	5556.86	100	4731.98	85.16	267.84	4.82	557.04	10.02
森林蓄积	4864.15	100	4423.48	90.94	202.69	4.17	237.98	4.89
天然林	4288.94	100	4253.19	99.17	31.28	0.73	4.47	0.10
人工林	575.21	100	170.29	29.60	171.41	29.80	233.51	40.60
疏林地蓄积	203.88	100	191.20	93.78	5.71	2.80	6.97	3.42
散生木蓄积	123.81	100	97.12	78.44	15.04	12.15	11.65	9.41
四旁树蓄积	365.02	100	20.18	5.53	44.40	12.16	300.44	82.31

（3）各林种面积蓄积按林木权属分

在乔木林各林种面积、蓄积中，特用林和防护林的面积、蓄积以国有所占比例最大，其面积分别占96.49%和74.58%，蓄积分别占99.44%和77.63%；用材林、经济林的面积、蓄积均以个人为主，其面积分别占83.33%和100%，蓄积分别占72.90%和100%。各林种按林木权属构成见表2-20。

表2-20　各林种按林木权属构成表

单位：万公顷，万立方米，%

林种		合计		国有		集体		个人	
		数值	比例	数值	比例	数值	比例	数值	比例
合计	面积	42.14	100	36.47	86.55	3.47	8.23	2.20	5.22
	蓄积	4864.15	100	4423.48	90.94	202.69	4.17	237.98	4.89
防护林	面积	16.84	100	12.56	74.58	2.52	14.97	1.76	10.45
	蓄积	1568.67	100	1217.7	77.62	165.75	10.57	185.22	11.81
特用林	面积	24.78	100	23.91	96.49	0.87	3.51	0	0
	蓄积	3223.98	100	3205.78	99.44	18.20	0.56	0	0
用材林	面积	0.48	100	0	0	0.08	16.67	0.40	83.33
	蓄积	69.15	100	0	0	18.74	27.10	50.41	72.90
经济林	面积	0.04	100	0	0	0	0	0.04	100
	蓄积	2.35	100	0	0	0	0	2.35	100

三、森林资源类型

从全省森林资源调查分析，乔木林资源包括针叶林、阔叶林和针阔混交林，灌木林资源包括杜鹃灌木林、山生柳灌木林、金露梅灌木林和其他灌木林，经济林资源包括枸杞林、沙棘林和果树林。

（一）针叶林

1.针叶林类型

针叶林是青海省最重要的乔木林资源，面积达28.54万公顷，蓄积3617.34万立方米，分别占乔木林面积的67.73%和蓄积的74.37%。圆柏林和云杉林是青海最主要的针叶林森林类型，面积和蓄积之和占针叶林的90%以上。其中，圆柏林面积最大为14.84万公顷，占针叶林面积的52%；其次是云杉林面积11.98万公顷，占41.98%。蓄积则以云杉林最高，为2120.07万立方米，占针叶林蓄积的58.61%；圆柏林为1250.77万立方米，占34.58%。针叶林按森林类型面积、蓄积构成见表2-21。

表 2-21　针叶林按森林类型面积、蓄积构成表

单位：万公顷，万立方米，%

森林类型	面积	比例	蓄积	比例
合计	28.54	100	3617.34	100
圆柏林	14.84	52.00	1250.77	34.58
云杉林	11.98	41.98	2120.07	58.61
落叶松林	0.16	0.56	10.87	0.30
油松林	0.60	2.10	69.82	1.93
针叶混交林	0.96	3.36	165.81	4.58

2. 针叶林起源

全省针叶林以天然林为主，天然针叶林面积 25.98 万公顷，蓄积 3570.82 万立方米，分别占针叶林总面积的 91.03% 和总蓄积的 98.71%。人工针叶林很少，面积仅 2.56 万公顷，蓄积 46.52 万立方米，分别占针叶林总面积的 8.97% 和总蓄积的 1.29%。以祁连圆柏为主的圆柏林全部是天然起源。而以青海云杉为主的云杉林则以天然起源为主，面积和蓄积分别占针叶林的 34.27% 和 57.68%。针叶林类型按起源面积、蓄积构成见表 2-22。

表 2-22　针叶林类型按起源面积、蓄积构成表

单位：万公顷，万立方米，%

森林类型	天然				人工			
	面积	比例	蓄积	比例	面积	比例	蓄积	比例
合计	25.98	100	3570.82	100	2.56	100	46.52	100
圆柏林	14.84	57.12	1250.77	35.03	0	0	0	0
云杉林	9.78	37.65	2086.33	58.43	2.20	85.93	33.74	72.53
落叶松林	0.04	0.15	4.10	0.11	0.12	4.69	6.77	14.55
油松林	0.48	1.85	68.20	1.91	0.12	4.69	1.62	3.48
针叶混交林	0.84	3.23	161.42	4.52	0.12	4.69	4.39	9.44

3. 针叶林林种

针叶林林种只有防护林和特用林，以特用林面积、蓄积最大，分别为 19.56 万公顷、2777.20 万立方米，占针叶林总面积的 68.54% 和总蓄积的 76.77%。防护林面积 8.98 万公顷，蓄积 840.14 万立方米，分别占针叶林总面积的 31.46% 和总蓄积的 23.23%。圆柏

林和云杉林也以特用林为主，两者面积和蓄积分别占针叶林的 93.97% 和 93.19%。针叶林类型按林种面积、蓄积构成见表 2-23。

表 2-23　针叶林类型按林种面积、蓄积构成表

单位：万公顷，万立方米

森林类型	防护林		特用林	
	面积	蓄积	面积	蓄积
合计	8.98	840.14	19.56	2777.20
圆柏林	3.23	202.43	11.61	1048.34
云杉林	5.23	602.47	6.75	1517.60
落叶松林	0.08	4.45	0.08	6.42
油松林	0.28	23.98	0.32	45.84
针叶混交林	0.16	6.81	0.80	159.00

4. 针叶林龄组

全省针叶林中，中龄林面积、蓄积最大，分别为 9.57 万公顷、1081.60 万立方米，占针叶林总面积的 33.53% 和总蓄积的 29.90%。幼龄林面积居第二位，为 6.32 万公顷，占 22.14%；蓄积居第二位的是过熟林，为 910.05 万立方米，占 25.16%。圆柏林以中龄林和成熟林面积最大，占圆柏林总面积的 63.61%；蓄积以中龄林和成熟林占比最高，为 67.43%。云杉林幼龄林和中龄林面积最大，比例达 52.42%；蓄积则是过熟林和中龄林较大，比例为 58.72%。针叶林类型按龄组面积、蓄积构成见表 2-24、图 2-11。

表 2-24　针叶林类型按龄组面积、蓄积构成表

单位：万公顷，万立方米

森林类型	幼龄林		中龄林		近熟林		成熟林		过熟林	
	面积	蓄积	面积	蓄积	面积	蓄积	面积	蓄积	面积	蓄积
合计	6.32	331.00	9.57	1081.60	3.58	602.60	4.99	692.09	4.08	910.05
圆柏林	2.68	138.91	6.09	491.92	1.48	141.10	3.35	351.46	1.24	127.38
云杉林	3.36	185.98	2.92	527.35	1.78	398.72	1.32	290.46	2.60	717.56
落叶松林	0.04	0.64	0.08	6.13	0.04	4.10	0	0	0	0
油松林	0.12	2.36	0.12	12.61	0.20	34.28	0.12	16.52	0.04	4.05
针叶混交林	0.12	3.11	0.36	43.59	0.08	24.40	0.20	33.65	0.20	61.06

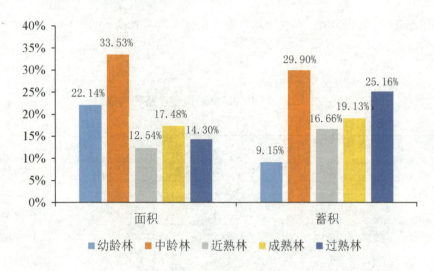

图 2-11　针叶林类型按龄组面积、蓄积比例构成图

（二）阔叶林

1. 阔叶林类型

阔叶林是青海省仅次于针叶林的乔木林资源，面积 11.60 万公顷，蓄积 1062.40 万立方米，分别占乔木林面积的 27.53% 和蓄积的 21.84%。桦树林和杨柳林是青海最主要的阔叶林森林类型，面积和蓄积分别占阔叶林的 89.14% 和 92.34%。其中，桦树林面积最大，为 5.58 万公顷，占阔叶林面积的 48.10%；其次是杨柳林，面积为 4.76 万公顷，占阔叶林面积的 41.03%。蓄积则以杨柳林最高，为 571.93 万立方米，占阔叶林蓄积的53.83%；而桦树林为 409.14 万立方米，占 38.51%。阔叶林按森林类型面积、蓄积构成见表 2-25。

表 2-25　阔叶林按森林类型面积、蓄积构成表

单位：万公顷，万立方米，%

森林类型	面积	比例	蓄积	比例
合计	11.60	100	1062.40	100
桦树林	5.58	48.10	409.14	38.51
杨柳林	4.76	41.03	571.93	53.83
榆树林	0.28	2.41	4.21	0.40
栎类林	0.03	0.26	3.78	0.36
其他阔叶林	0.04	0.35	2.35	0.22
阔叶混交林	0.91	7.85	70.99	6.68

2. 阔叶林起源

全省阔叶林以天然林为主，天然阔叶林面积 7.20 万公顷，蓄积 534.70 万立方米，分别占阔叶林总面积的 62.07% 和总蓄积的 50.33%。人工阔叶林面积 4.40 万公顷，蓄积 527.70 万立方米，分别占阔叶林总面积的 37.93% 和总蓄积的 49.67%。桦树林以天然起源为主，面积和蓄积分别占阔叶林的 47.41% 和 38.41%。杨柳林则以人工起源为主，面积和蓄积分别占阔叶林的 33.45% 和 48.27%。阔叶林类型按起源面积、蓄积构成见表 2-26。

表 2-26　阔叶林类型按起源面积、蓄积构成表

单位：万公顷，万立方米，%

森林类型	天然				人工			
	面积	比例	蓄积	比例	面积	比例	蓄积	比例
合计	7.20	100	534.70	100	4.40	100	527.70	100
桦树林	5.50	76.39	408.06	76.32	0.08	1.82	1.08	0.20
杨柳林	0.88	12.22	59.13	11.06	3.88	88.18	512.8	97.18
榆树林	0.04	0.55	0.66	0.12	0.24	5.45	3.55	0.67
栎类林	0.03	0.42	3.78	0.71	0	0	0	0
其他阔叶林	0	0	0	0	0.04	0.91	2.35	0.45
阔叶混交林	0.75	10.42	63.07	11.79	0.16	3.64	7.92	1.50

3. 阔叶林林种

阔叶林以防护林面积、蓄积最大，分别为 7.02 万公顷、674.22 万立方米，占阔叶林总面积的 60.52% 和总蓄积的 63.46%。其次是特用林，面积 4.06 万公顷，蓄积 316.68 万立方米，分别占阔叶林总面积的 35% 和总蓄积的 29.81%。桦树林只有防护林和特用林，两者面积和蓄积分别占阔叶林的 48.10% 和 38.51%。杨柳林则以防护林为主，面积和蓄积占阔叶林的 33.45% 和 45.21%。阔叶林类型按林种面积、蓄积构成见表 2-27。

4. 阔叶林龄组

全省阔叶林的成熟林面积、蓄积最大，分别为 3.84 万公顷、385.50 万立方米，占阔叶林总面积的 33.10% 和总蓄积的 36.29%。其余阔叶林龄组面积占比为中龄林 19.74%＞幼龄林 17.50%＞过熟林 16.55%＞近熟林 13.10%。从其余阔叶林龄组蓄积看，阔叶过熟林 21.99%＞中龄林 20.03%＞近熟林 16.49%＞幼龄林 5.20%。桦树林以成熟林面积、蓄积最大，占桦树林总面积的 30.82% 和总蓄积的 32.62%；其幼龄林、中龄林、

近熟林和过熟林面积分别为桦树林总面积13.44%、19.18%、17.20%和19.35%，蓄积分别占桦树林总蓄积的4.12%、21.30%、16.60%和25.37%。杨柳林主要以杨树为主，仍然是成熟林面积、蓄积最大，占杨柳林总面积的38.66%和总蓄积的39.31%；其幼龄林、中龄林、近熟林和过熟林面积分别为杨柳林总面积16.81%、20.17%、11.76%和12.61%，蓄积分别占杨柳林总蓄积的5.10%、17.52%、18.77%和19.32%。阔叶林类型按龄组面积、蓄积构成见表2-28、图2-12。

表2-27　阔叶林类型按林种面积、蓄积构成表

单位：万公顷，万立方米

森林类型	防护林		特用林		用材林		经济林	
	面积	蓄积	面积	蓄积	面积	蓄积	面积	蓄积
合计	7.02	674.22	4.06	316.68	0.48	69.15	0.04	2.35
桦树林	2.58	171.50	3.00	237.64	0	0	0	0
杨柳林	3.88	480.36	0.40	27.15	0.48	64.42	0	0
榆树林	0.20	2.25	0.08	1.96	0	0	0	0
栎类林	0	0	0.03	3.78	0	0	0	0
其他阔叶林	0	0	0	0	0	0	0.04	2.35
阔叶混交林	0.36	20.11	0.55	46.15	0	4.73	0	0

表2-28　阔叶林类型按龄组面积、蓄积构成表

单位：万公顷，万立方米

森林类型	幼龄林		中龄林		近熟林		成熟林		过熟林	
	面积	蓄积	面积	蓄积	面积	蓄积	面积	蓄积	面积	蓄积
合计	2.03	55.21	2.29	212.78	1.52	175.24	3.84	385.50	1.92	233.67
桦树林	0.75	16.86	1.07	87.13	0.96	67.91	1.72	133.45	1.08	103.79
杨柳林	0.80	29.15	0.96	100.18	0.56	107.33	1.84	224.80	0.60	110.47
榆树林	0.28	4.21	0	0	0	0	0	0	0	0
栎类林	0	0	0.03	3.78	0	0	0	0	0	0
其他阔叶林	0	0	0	0	0	0	0	0	0.04	2.35
阔叶混交林	0.20	4.99	0.23	21.69	0	0	0.28	27.25	0.20	17.06

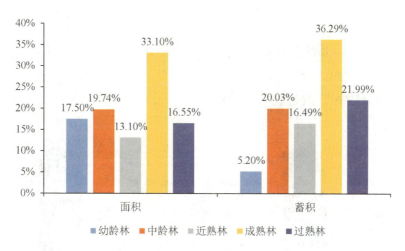

图 2-12　阔叶林类型按龄组面积、蓄积比例构成图

（三）针阔混交林

全省乔木林资源中的针阔混交林很少，面积仅 2 万公顷，蓄积 184.41 万立方米，分别占乔木林面积的 4.75% 和蓄积的 3.79%。

从起源看，针阔混交林以天然林为主，面积 1.64 万公顷，蓄积 183.42 万立方米，分别占针阔混交林总面积的 82% 和总蓄积的 99.46%。人工针阔混交林仅 0.36 万公顷，蓄积 0.99 万立方米，分别占针阔混交林总面积的 18.00% 和总蓄积的 0.54%。

从林种看，针阔混交林只有防护林和特用林，面积分别为 0.84 万公顷、1.16 万公顷，各占总面积的 42% 和 58%。蓄积分别为 54.31 万立方米和 130.10 万立方米，各占总蓄积的 29.45% 和 70.55%。

从龄组看，针阔混交林面积分别为幼龄林 0.56 万公顷、中龄林 0.40 万公顷、近熟林 0.24 万公顷、成熟林 0.44 万公顷、过熟林 0.36 万公顷，占比分别为 28%、20%、12%、22% 和 18%。蓄积分别为 20.74 万立方米、36.83 万立方米、30.19 万立方米、49.28 万立方米和 47.37 万立方米，占比分别为 11.25%、19.97%、16.37%、26.72% 和 25.69%。

（四）灌木林

灌木林是青海省最主要的林地资源，面积达 423.43 万公顷，占林地总面积的 51.69%。其中，按国家规定列入森林资源统计的特殊灌木林面积有 377.61 万公顷，占灌木林面积的 89.18%。

1. 灌木林类型

特殊灌木林中，山生柳灌木林、金露梅灌木林和杜鹃灌木林面积达 257.62 万公顷，占灌木林总面积的 68.23%；其他树种灌木林 119.99 万公顷，占灌木林总面积的 31.77%。灌木林按类型面积构成见图 2-13。

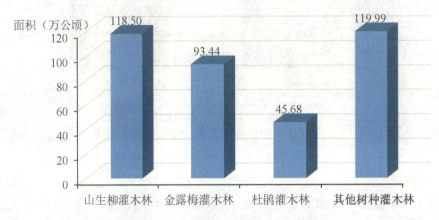

图 2-13　灌木林按类型面积构成图

2. 灌木林起源

特殊灌木林中，天然起源面积最大为 365.83 万公顷，占 96.88%；人工起源灌木林面积 11.78 万公顷，占 3.12%。灌木林按起源面积比例构成见图 2-14。

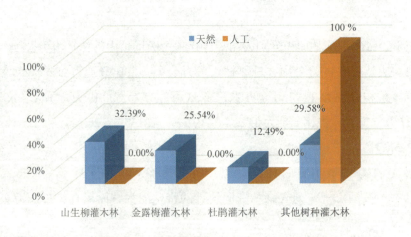

图 2-14　灌木林按起源面积比例构成图

3.灌木林林种

特殊灌木林中,防护林、特用林面积基本相当,分别为184.78万公顷、187.16万公顷,分别占灌木林总面积的48.93%、49.56%;经济林面积5.67万公顷,占1.50%。灌木林按林种面积比例构成见图2-15。

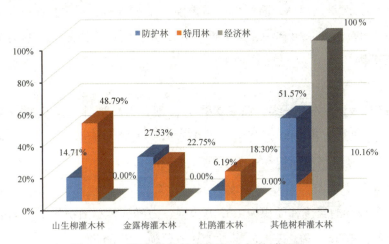

图2-15 灌木林按林种面积比例构成图

从林种起源看,天然特殊灌木林地中的防护林有177.83万公顷,占48.61%;特用林186.72万公顷,占51.04%;经济林1.28万公顷,占0.35%。人工特殊灌木林中防护林面积为6.95万公顷,占59%;特用林0.44万公顷,占3.74%;经济林4.39万公顷,占37.27%。灌木林类型按林种起源面积构成见表2-29。

表2-29 灌木林类型按林种起源面积构成表

单位:万公顷

类型	防护林		特用林		经济林	
	天然	人工	天然	人工	天然	人工
合计	177.83	6.95	186.72	0.44	1.28	4.39
山生柳灌木林	27.18	0	91.32	0	0	0
金露梅灌木林	50.87	0	42.57	0	0	0
杜鹃灌木林	11.43	0	34.25	0	0	0
其他树种灌木林	88.35	6.95	18.58	0.44	1.28	4.39

（五）经济林

1. 按类型分

全省经济林规模很小，面积 5.71 万公顷，占森林面积的 1.36%；蓄积仅 2.35 万立方米，占森林蓄积的 0.05%。其中，沙棘林面积最大，为 3.04 万公顷，占经济林总面积的 53.24%；其次是枸杞林，面积 2.43 万公顷，占 42.56%；果树林面积最小，为 0.24 万公顷，占 4.20%。在果树林中，梨树面积 0.12 万公顷，核桃面积 0.08 万公顷，桃树面积 0.04 万公顷。

2. 按产期分

全省经济林盛产期最多，面积 2.67 万公顷，占经济林总面积的 46.76%；其次为初产期经济林，面积 1.80 万公顷，占 31.52%；衰产期经济林面积 0.88 万公顷，占 15.41%；产前期经济林面积 0.36 万公顷，占 6.30%。

3. 按经营等级分

经营等级好的经济林面积为 1.67 万公顷，占经济林总面积的 29.25%；中等的面积为 2 万公顷，占 35.02%；差的面积为 2.04 万公顷，占 35.73%。

4. 按林木权属分

全省个人经济林面积最大，为 2.71 万公顷，占经济林总面积的 47.65%；国有经济林面积 1.56 万公顷，占 27.32%；集体经济林面积 1.44 万公顷，占 25.22%。

四、森林资源质量

（一）单位面积蓄积量

全省乔木林单位面积蓄积量为 115.43 立方米 / 公顷。

从乔木林面积蓄积量级的分布情况看，每公顷小于 50 立方米的面积最大，为 14.24 万公顷，占乔木林面积的 33.79%；每公顷在 50 ~ 99 立方米的面积为 10.54 万公顷，占 25.01%；每公顷在 100 ~ 149 立方米的面积为 6.23 万公顷，占 14.78%；每公顷在 150 ~ 199 立方米的面积为 3.87 万公顷，占 9.18%；每公顷在 200 立方米以上的面积为 7.26 万公顷，占 17.23%。从全国范围来看，青海省乔木林单位面积蓄积量处于较高水平。

1. 按起源单位面积蓄积量

全省天然乔木林单位面积蓄积量为 123.17 立方米 / 公顷，人工乔木林 78.58 立方米 / 公顷。天然乔木林的每公顷蓄积量远高于人工乔木林，人工乔木林每公顷蓄积量只占天然乔木林每公顷蓄积量的 63.80%。

2.按林种单位面积蓄积量

用材林单位面积蓄积量最高，达到 144.06 立方米 / 公顷；其次为特用林 130.10 立方米 / 公顷；防护林 93.15 立方米 / 公顷；经济林最低，为 58.75 立方米 / 公顷。乔木林各林种分起源单位面积蓄积量构成见表 2-30。

表 2-30　乔木林各林种分起源单位面积蓄积量构成表

单位：立方米 / 公顷

起源	均值	防护林	特用林	用材林	经济林
乔木林	115.43	93.15	130.10	144.06	58.75
天然林	123.17	103.95	131.41	0	0
人工林	78.58	75.54	50.58	144.06	58.75

3.按龄组单位面积蓄积量

乔木林龄组中，过熟林单位面积蓄积量最大，为 187.28 立方米 / 公顷；其次是近熟林，为 151.32 立方米 / 公顷；中龄林为 108.58 立方米 / 公顷；幼龄林最低，为 45.67 立方米 / 公顷。乔木林各龄组分起源单位面积蓄积量构成见表 2-31。

表 2-31　乔木林各龄组分起源单位面积蓄积量构成表

单位：立方米 / 公顷

起源	均值	幼龄林	中龄林	近熟林	成熟林	过熟林
乔木林	115.43	45.67	108.58	151.32	121.56	187.28
天然林	123.17	65.20	109.84	146.02	119.93	187.14
人工林	78.58	16.88	96.50	200.42	130.16	188.68

4.按优势树种（组）单位面积蓄积量

全省乔木林面积最大的 4 个树种（组）单位面积蓄积量分别为圆柏 84.28 立方米 / 公顷、云杉 176.97 立方米 / 公顷、桦树 73.32 立方米 / 公顷、杨树 120.87 立方米 / 公顷。乔木林各优势树种（组）单位面积蓄积量构成见图 2-16。

5.按权属单位面积蓄积量

总体来看，全省国有乔木林单位面积蓄积量高于集体和个人，达到 121.29 立方米 / 公顷，而集体只有 58.41 立方米 / 公顷，个人 108.17 立方米 / 公顷。国有天然林单位面积蓄积量是集体和个人的 2.08 倍和 1.12 倍。人工林单位面积蓄积量以个人最高，达 110.15 立方米/公顷。乔木林各权属分起源单位面积蓄积量构成见表 2-32。

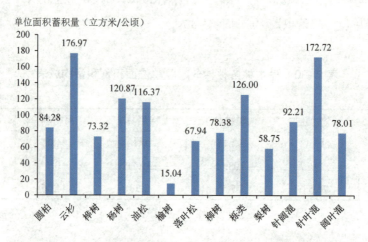

图 2-16　乔木林各优势树种（组）单位面积蓄积量构成图

表 2-32　乔木林各权属分起源单位面积蓄积量构成表

单位：立方米/公顷

起源	均值	国有	集体	个人
乔木林	115.43	121.29	58.41	108.17
天然林	123.17	126.17	30.37	55.88
人工林	78.58	61.70	70.25	110.15

（二）单位面积年均蓄积生长量

全省乔木林单位面积年均蓄积生长量为 2.47 立方米/公顷。

1. 按起源单位面积生长量

天然乔木林单位面积年均蓄积生长量 1.96 立方米/公顷，人工乔木林单位面积年均蓄积生长量 4.86 立方米/公顷。人工乔木林每公顷年均蓄积生长量远高于天然乔木林，天然乔木林每公顷年均蓄积生长量只有人工乔木林每公顷蓄积生长量的 40.33%。

2. 按林种单位面积年均蓄积生长量

用材林单位面积年均蓄积生长量最高，达到 9.42 立方米/公顷；其次是防护林，为 3.12 立方米/公顷；特用林和经济林相差不大。乔木林各林种分起源单位面积年均蓄积生长量构成见表 2-33。

表 2-33　乔木林各林种分起源单位面积年均蓄积生长量构成表

单位：立方米 / 公顷

起源	均值	防护林	特用林	用材林	经济林
乔木林	2.47	3.12	1.89	9.42	1.75
天然林	1.96	2.20	1.86	—	—
人工林	4.86	4.62	3.48	9.42	1.75

3. 按龄组单位面积年均蓄积生长量

乔木林龄组中，近熟林单位面积的年均蓄积生长量最大，为 3.35 立方米 / 公顷；其次是中龄林，为 2.58 立方米 / 公顷；过熟林为 2.39 立方米 / 公顷；幼龄林最低，为 2.06 立方米 / 公顷。乔木林各龄组分起源单位面积年均蓄积生长量构成见表 2-34。

表 2-34　乔木林各龄组分起源单位面积年均蓄积生长量构成表

单位：立方米 / 公顷

起源	均值	幼龄林	中龄林	近熟林	成熟林	过熟林
乔木林	2.47	2.06	2.58	3.35	2.25	2.39
天然林	1.96	2.34	2.04	1.97	1.51	2.06
人工林	4.86	1.65	7.72	16.19	6.11	5.75

4. 按优势树种（组）单位面积年均蓄积生长量

全省乔木林面积最大的 4 个树种（组）单位面积年均蓄积生长量分别为圆柏 0.90 立方米 / 公顷、云杉 3.32 立方米 / 公顷、桦树 2.18 立方米 / 公顷、杨树 7.33 立方米 / 公顷。乔木林各优势树种（组）单位面积年均蓄积生长量构成见图 2-17。

图 2-17　乔木林各优势树种（组）单位面积年均蓄积生长量构成图

5.按权属单位面积年均蓄积生长量

总体来看，全省个人乔木林单位面积年均蓄积生长量高于国有和集体，达到 7.15 立方米 / 公顷，而集体只有 3.33 立方米 / 公顷，国有 2.10 立方米 / 公顷。集体乔木林中的用材林单位面积年均蓄积生长量 11.63 立方米 / 公顷，高于个人乔木用材林单位面积年均蓄积生长量。乔木林各权属单位面积年均蓄积生长量构成见表 2-35。

表 2-35　乔木林各权属单位面积年均蓄积生长量构成表

单位：立方米 / 公顷

类别	均值	国有	集体	个人
乔木林	2.47	2.10	3.33	7.15
用材林	9.42	0	11.63	8.48

（三）平均郁闭度

乔木林平均郁闭度为 0.48。其中，天然乔木林平均郁闭度 0.49，人工乔木林平均郁闭度 0.41。

乔木林按低（0.20 ~ 0.39）、中（0.40 ~ 0.69）、高（0.70 ~ 1.00）郁闭度级的面积比例为 38 ：47 ：15。其中，天然乔木林按低、中、高郁闭度级的面积比例为 36 ：48 ：16;人工乔木林按低、中、高郁闭度级的面积比例为 50 ：41 ：9。总体来看，乔木林郁闭度以中等为主，天然乔木林平均郁闭度略高于人工乔木林。

（四）单位面积株数

乔木林单位面积株数为 596 株 / 公顷。其中，天然乔木林 603 株 / 公顷，人工乔木林 561 株 / 公顷，天然乔木林单位面积株数高于人工乔木林。

（五）平均胸径

乔木林平均胸径 18.0 厘米。其中，天然乔木林平均胸径 18.4 厘米，人工乔木林平均胸径 15.7 厘米，天然乔木林的平均胸径高于人工乔木林的平均胸径。

（六）树高级面积结构

乔木林中，平均树高按高度级面积统计，高度级小于 5.0 米的面积比例为 12.98%，高度级 5.0 ~ 9.9 米的面积比例为 42.98%，高度级 10.0 ~ 14.9 米的面积比例为 27.67%，高度级 15.0 ~ 19.9 米的面积比例为 12.22%，高度级 20.0 ~ 24.9 米的面积比例为 3.30%，高度级 25.0 ~ 29.9 米的面积比例为 0.85%。

天然乔木林的平均树高分布规律和乔木林类似，高度级 5.0 ～ 9.9 米的面积最大，为 15.99 万公顷，占天然乔木林面积的 45.92%；其次是高度级 10.0 ～ 14.9 米的天然乔木林，面积 10.06 万公顷，占天然乔木林面积的 28.89%；高度级 15.0 ～ 19.9 米的天然乔木林面积 4.23 万公顷，占天然乔木林面积的 12.15%；其余高度级面积比例低于 10%。

人工乔木林树高以小于 5.0 米的面积最大，为 2.64 万公顷，占人工乔木林面积的 36.07%；其次为高度级 5.0 ～ 9.9 米的人工乔木林，面积 2.12 万公顷，占人工乔木林面积的 28.96%；高度级 10.0 ～ 14.9 米的人工乔木林面积 1.60 万公顷，占人工乔木林面积的 21.86%；高度级 15.0 ～ 19.9 米的人工乔木林面积 0.92 万公顷，占人工乔木林面积的 12.57%；高度级 20.0 ～ 24.9 米的人工乔木林面积仅 0.04 万公顷，占人工乔木林面积的 0.54%。乔木林各高度级分起源构成见表 2-36。

表 2-36　乔木林各高度级分起源构成表

单位：万公顷，%

高度级（米）	乔木林		天然乔木林		人工乔木林	
	面积	比例	面积	比例	面积	比例
合计	42.14	100	34.82	100	7.32	100
<5.0	5.47	12.98	2.83	8.13	2.64	36.07
5.0 ～ 9.9	18.11	42.98	15.99	45.92	2.12	28.96
10.0 ～ 14.9	11.66	27.67	10.06	28.89	1.60	21.86
15.0 ～ 19.9	5.15	12.22	4.23	12.15	0.92	12.57
20.0 ～ 24.9	1.39	3.30	1.35	3.88	0.04	0.54
25.0 ～ 29.9	0.36	0.85	0.36	1.03	0	0

（七）树种结构

全省乔木林中，纯林面积 38.27 万公顷，占乔木林面积的 90.81%；混交林面积 3.87 万公顷，占乔木林面积的 9.19%。乔木纯林中，针叶纯林面积 27.58 万公顷，占纯林面积的 72.07%；阔叶纯林面积 10.69 万公顷，占纯林面积的 27.93%。乔木混交林中，针叶混交林 0.96 万公顷，占混交林面积的 24.81%；阔叶混交林面积 0.91 万公顷，占混交林面积的 23.51%；针阔混交林面积 2 万公顷，占混交林面积的 51.68%。

全省乔木林中，针叶林面积 28.54 万公顷，占乔木林面积的 67.72%。按起源分，天然林以针叶林所占比例最高，占天然林面积的 74.61%；人工林以阔叶林所占比例高，占人工林面积的60.11%。按树种（组）分，针叶林以针叶纯林为主，面积23.59万公顷，占针叶林面积的82.66%；阔叶林以阔叶纯林为主，面积7.62万公顷，占阔叶林面积的65.69%。

青海省乔木林资源的树种（组）以针叶林为主，尤其以天然云杉和圆柏占很大比例，针阔混交林所占比例相对很小。针叶林、针阔混交林、阔叶林面积之比为68：5：27。其中，天然乔木林为74：5：21；人工乔木林为35：5：60。乔木林分起源各树种（组）结构类型面积构成见表2-37。

表2-37　乔木林分起源各树种（组）结构类型面积构成表

单位：立方米/公顷，%

树种结构		乔木林		天然林		人工林	
		面积	比例	面积	比例	面积	比例
纯林	小计	38.27	90.82	31.59	90.72	6.68	91.25
	针叶纯林	27.58	65.45	25.14	72.20	2.44	33.33
	阔叶纯林	10.69	25.37	6.45	18.52	4.24	57.92
混交林	小计	3.87	9.18	3.23	9.28	0.64	8.75
	针叶混交林	0.96	2.28	0.84	2.41	0.12	1.64
	阔叶混交林	0.91	2.16	0.75	2.16	0.16	2.19
	针阔混交林	2.00	4.74	1.64	4.71	0.36	4.92

五、森林资源特点

近五年以来，全省深入推进重大生态保护与修复工程，加大对自然生态系统保护工作的力度，实施国土绿化提速三年行动计划，森林资源得到了较好的保护和发展，全省森林面积、蓄积持续增加，森林覆盖率稳步提高。第九次全国森林资源清查（青海省森林资源连续清查第七次复查）结果显示，森林面积由406.39万公顷增加到419.75万公顷，增幅3.29%，列全国第20位；森林蓄积由4331.21万立方米增加到4864.15万立方米，增幅12.30%，列全国第27位；森林覆盖率由5.63%增加到5.82%，提高了0.19个百分点，列全国第30位；乔木林单位面积蓄积量由114.43立方米/公顷增加到115.43立方米/公顷，增幅0.87%，列全国第6位。目前，全省森林资源的主要特点是森林资源总量较少，分布不均；天然林多、人工林少；公益林多、商品林少；中幼林多、近过熟林少；灌木林多、乔木林少；国有林多、集体林少。

（一）森林资源总量较少，分布不均

全省森林覆盖率 5.82%，仅相当于全国森林覆盖率 22.96% 的 25.35%。乔木林少，覆盖率极低，仅有 0.58%；灌木林多，覆盖率极高，为 5.87%，是乔木的 10 倍多。森林面积和蓄积仅占全国森林面积的 1.90%、森林蓄积的 0.28%。从林木权属分布看，全省以国有林木为主，面积占比高达 79.34%，集体和个人仅占 16.91% 和 3.75%。国有林木蓄积高达 85.16%，而集体和个人也只有 4.82% 和 10.02%。全省森林资源主要分布在东部和南部的九大林区，相对分散而缺乏连续性，林区内部常呈断续状态，农、林、牧交错分布的地块较多。由于高原生境严酷，适生树种较少，大部分地方无乔木林分布，取而代之以独特的高寒灌木（丛）和荒漠灌木（丛）。东部山地峡谷是全省森林的主要分布地段，而广大高原和西部盆地分布有少量乔木林。

（二）天然林资源很丰富，人工林少

全省天然林资源较多，天然乔木林主要分布在生态地位十分重要的长江、黄河、澜沧江两岸和祁连山地，天然灌木林则分布在柴达木沙漠、青南高原、黄土丘陵区和祁连山。全省天然林面积是人工林面积的 14 倍多，蓄积是人工林的 7 倍多。其中，人工乔木林面积和蓄积分别是天然乔木林面积和蓄积的 21.02% 和 13.41%，人工特殊灌木林面积仅有天然特殊灌木林面积的 3.22%，人工一般灌木林面积是天然一般灌木林面积的 6.51%。

（三）公益林占主体地位，商品林少

全省森林以公益林为主体，由防护林和特用林组成的公益林面积达 413.56 万公顷，蓄积量为 4792.65 万立方米，二者分别占全省森林面积和蓄积的 98% 以上；全省用材林和经济林很少，商品林面积仅 6.19 万公顷，蓄积量为 71.50 万立方米，二者均仅占全省林地面积和蓄积的 1.47%。

（四）林龄结构较为稳定，中幼林多

全省乔木林的幼中龄林面积较大，达 21.17 万公顷，而蓄积只有 1738.16 万立方米；近熟林、成熟林、过熟林面积为 20.97 万公顷，蓄积为 3125.99 万立方米。二者面积比例分别为 50.24% 和 49.76%，蓄积比例分别为 35.73% 和 64.27%，森林资源增长潜力大。全省的近、过熟林面积相对较少，仅 11.70 万公顷，占 27.76%。天然乔木林的幼、中龄林面积和蓄积比例为 47.13% 和 36.50%，人工乔木林的幼、中龄林面积和蓄积比例为 65.03% 和 30.02%。

（五）林分树种结构单纯，灌木为主

全省乔木林资源以针叶林为主，面积占 67.73%，阔叶林占 27.53%，针阔混交林占

4.75%。全省绝大部分是单一树种的纯林，占比高达 90.81%，混交林仅占 9.19%。集中分布的优势树种（组）圆柏类面积占 35.22%，云杉类占 28.43%，桦树类占 13.24%，杨树类占 11.11%，其余均为零星分布。灌木林是青藏高原重要的森林植物群落，目前在高寒和荒漠生态系统中所处的生态地位、产生的生态功能及发挥的作用是不可替代的。全省灌木林面积占全省林地面积的 51.69%，其中特殊灌木林占森林面积的 89.96%，成为森林资源的主体。

（六）单位面积蓄积量高，林地利用低

全省乔木林单位面积蓄积量为 115.43 立方米 / 公顷，是全国平均数 94.83 立方米 / 公顷的 1.22 倍，列居全国第 6 位。全省林地利用率不高，森林面积仅占全省土地面积的 5.82%，占全省林地面积的 51.24%。其中，乔木林面积更小，只占全省土地面积的 0.58%，占森林面积的 10.04%。

六、森林资源管理

（一）资源管理全面加强

青海省在坚决执行国家级森林资源保护与发展相关法律、法规的基础上，出台了《青海省实施〈中华人民共和国森林法〉办法》《青海省森林采伐限额管理办法》等地方性法规和政府规章，发布了《青海省政府关于停止天然林资源采伐的通告》《关于保护森林资源制止毁林开垦和乱占林地的通知》等政策文件，初步形成了与国家林业政策法规体系相配套的，并符合青海省情和林情特点的林业地方性法规和政府规章，为依法进行森林资源保护和管理提供了法律依据。全省认真实施最严格的生态保护制度，全面落实林地"一张图"，推进森林资源管理科学化、精细化，严格执行限额采伐制度，健全和完善了以检查和监理为手段的管理体系，公益林资源保护和管理水平逐步提高。全省 496.1 万公顷国家级公益林、367.8 万公顷天然林、814.36 万公顷湿地得到有效保护。

在灾害管理方面，全省加强林草防火体系建设，省、州（市）、县三级森林防火指挥机构基本健全，森林防火装备水平和基础设施条件有明显的改善，全省各重点生态功能区已实现森林草原防火基础设施建设项目全覆盖，森林防火组织指挥机构和应急管理不断完善，森林消防队伍建设稳步推进，全省连续 32 年未发生重特大森林草原火灾。与此同时，强化林草有害生物防治，先后开展了多次较大规模和较为系统的普查工作，摸清了青海省主要害虫和病害分布，建成了林业有害生物标本室；推广专业队集中防治形式，鼓励个人承包防治，倡导无公害防治；推行森林病虫害限期除治通知书制度、防治作业书制度、防治监理制度和防治方案审查制度，全省有害生物防治效率得到有效提升。

（二）生态修复稳步推进

青海省委、省政府高度重视林业生态建设，全面贯彻实施坚持生态保护优先、推动高质量发展、创造高品质生活的"一优两高"战略部署，以国家重点生态工程为抓手，以大工程推动生态保护修复大发展，如"三北"防护林体系建设、天然林资源保护和退耕还林还草以及自然保护区建设等重点工程；实施国土绿化提速三年行动计划，如西宁市南北两山造林绿化、湟水流域百万亩造林、湟水规模化林场建设和三江源生态保护二期等专项工程；大力开展"绿色城镇、绿色乡村、绿色庭院、绿色校园、绿色机关、森林企业、绿色营区"创建工作，积极开展全面义务植树和推进"身边增绿"活动。

青海省森林经营以可持续发展理论为指导，坚持"严格保护、积极发展、科学经营、持续利用"的方针，遵循生态保护优先的发展理念，采取以造、育、封、护为主的经营措施，培育和发挥森林的多功能作用，积极探索可持续经营的模式和途径，加大对低效林的改造和中幼龄林抚育等经营措施，促进形成稳定、健康的森林群落结构，从而提高森林的质量和综合效益。为了科学经营森林、提升森林经营水平，青海省按照国家林业和草原局加快推进森林经营方案编制工作的要求，逐步开展国有林场和县级的森林经营方案编制工作。

全省森林资源稳定增长，实现了森林面积和蓄积量"双增长"，重点生态功能区生态显著改善，人居环境明显提升。仅"十二五"期间，全省就完成营造林76.67万公顷，其中人工造林23.54万公顷、封山（沙）育林草53.13万公顷，中幼林抚育9.42万公顷。森林覆盖率达到6.3%，比2010年增加1.07个百分点，森林蓄积量达5010万立方米，比2010年增长了421万立方米。

（三）林业产业成效明显

青海省特色经济林产业发展逐渐向基地化、规模化迈进，逐步形成了"东部沙棘、西部枸杞、南部藏茶、河湟杂果"的产业格局，编制完成了《青海省沙棘产业发展规划》和《青海省枸杞产业发展规划》，制定了《关于加快林草产业发展推进生态富民强省的实施意见》。2018年，青海省发布了《青海省林业厅关于印发〈青海省有机枸杞标准化基地认定管理暂行办法（试行）〉的通知》，加强打造有机枸杞产品，促进有机枸杞标准化基地建设，成立了"青海都兰有机枸杞产业国家创新联盟"，诺木洪枸杞产业园区升级为国家级现代农业产业园区。青海省委、省政府出台了《关于加快中藏药材种植基地建设的意见》，推动中藏药基地化、规模化、产业化发展，2018年青海中藏药基地种植面积达1.6万公顷。

青海省生态旅游产业发展迅速，目前已建成国家级森林公园、国家级自然保护区、国家级湿地公园以及国家沙漠公园和森林康养基地等共计 82 处。其中，森林公园 23 处（包括国家级 7 处、省级 16 处），生态旅游已发展为青海林业的主导产业，推出和营造"高原生态旅游名省"品牌，并在 2017 年发布了《青海省人民政府关于印发创建生态旅游示范省工作方案的通知》，于 2018 年完成《青海省生态旅游发展规划（2018—2030）》，为生态旅游的发展提供了重要支撑。2018 年生态旅游接待量首次突破千万人次大关，森林康养、花海乡村等新业态蓬勃发展，成为旅游经济新亮点。

（四）国家公园建设持续创新

国家公园是以保护具有国家代表性的自然生态系统为主要目的，实现自然资源科学保护和合理利用的特定陆域或海域，是我国自然生态系统中最重要、自然景观最独特、自然遗产最精华、生物多样性最富集的部分，保护范围大，生态过程完整，具有全球价值、国家象征，国民认同度高。青海省三江源国家公园体制试点得到国务院通报表扬，祁连山国家公园体制试点稳步推进，青海成为全国首个承担双国家公园体制试点的省份。

青海省三江源国家公园体制试点是第一个得到国家批复的国家公园体制试点，也是目前试点中面积最大的一个。祁连山国家公园是目前国内 4 个跨省区国家公园之一，其中青海片区总面积 1.58 万平方千米。青海省作为"三江源、祁连山双国家公园体制试点"省份，2016 年 3 月正式印发《三江源国家公园体制试点方案》，成为党中央、国务院批复的第一个国家公园体制试点。2017 年又批复了祁连山国家公园体制试点。

2019 年出台了《以国家公园为主体的自然保护地体系示范省建设行动计划》，编制完成了《青海以国家公园为主体的自然保护地体系示范省建设实施方案》，积极探索建立具有青海高原特色的保护、管理和建设之路，不断明确建设方向，完善协调机制，为全国建立以国家公园为主体的自然保护地体系积累了经验。

（五）林业改革深入开展

青海省集体林权制度改革不断推进，出台了《青海省林地、林权管理办法》和《青海省林权流转管理办法》，搭建了集体林权流转交易平台，全省集体林权明晰产权、承包到户的改革任务全面完成。制定了《青海省林下经济发展项目与资金管理办法（试行）》，提供林下经济发展专项资金。实施《青海省林地管护单位综合绩效考评办法（试行）》，建立导向明确、奖优罚劣的绩效考评机制，探索开展天然林、公益林保护补助资金与保护责任、保护效果挂钩试点。根据《青海省国有林场改革实施方案》全面开展国有林场改革，发布了《青海省国有林场管理办法（试行）》，制定了《青海省国有林场绩效考核办法（试行）》，为加强国有林场管理，维护国有林场合法权益，促进国有林场科学发展提供了依据。

2013年起，青海实施森林综合保险，将森林保险纳入国家森林保险政策性补贴范围，以各级财政给予公益林、枸杞经济林、其他经济林和林木种苗等保险的品种保费补贴的方式，引导国有林场、林农和林业企业参加保险，发生保险灾害事故后由保险公司按照保险合同予以赔付。为切实做好森林保险保费补贴工作，青海省先后发布了《青海省政策性森林保险灾害损失认定技术标准》《青海省林业保险理赔专家管理办法》《中国人民财产保险股份有限公司青海省分公司中央补贴型经济林保险条款》等规范性文件，并制定了《2019年青海省森林综合保险实施方案》，以健康推进青海森林保险工作，促进青海林业可持续发展。森林保险的开展，增强了国有林场、林农和林业企业抵御森林灾害风险的能力，确保了灾后能迅速恢复林业生产。

（六）支撑保障不断提升

青海森林资源监测自1979年全省森林资源连续清查体系建立后持续开展，至2018年已完成了7次复查工作，并在2006年和2015年完成了2次全省的森林资源二类调查工作，进一步扩展了森林资源信息内涵，形成一个结构完善、内容齐全、现实性更强的森林资源基础数据库，森林资源调查数据和林地"一张图"数据有机整合。与此同时，青海在完成公益林划定后开展了更新调查和国家公益林建设成效专项调查。2012年完成林地资源调查，并在2013年和2014年进行了林地变更调查，对青海省森林资源的动态变化和生态工程建设成效有了更进一步的认识和了解。随着对生态保护和建设的逐渐重视，森林资源监测已经扩展到森林资源生态状况、生态价值和数量并重的多资源和多功能的综合监测。2012年5月，青海省率先在全国启动了"青海省生态系统服务功能监测与价值评估"研究项目，通过整合生态环境数据，结合野外调查和定位观测数据，利用3S技术等技术方法，全面评估了区域内森林、湿地、荒漠、草原、农田五大生态系统及三江源、青海湖流域、祁连山区等重点生态区域的服务价值和生态资产。与此同时，青海省的4个陆地生态系统国家定位观测研究站中有2个森林生态系统观测研究站，即大渡河源森林生态系统国家定位观测研究站和祁连山南坡森林生态系统国家定位观测研究站，主要开展森林生态系统结构、功能的长期观测与研究，以及植被带对气候变化的适应与响应，典型生态系统服务功能的管理与评估等，为生态工程建设与保护提供技术支撑。

40年来，青海林木种苗管理能力和生产供应能力不断加强，林木苗圃突破1.07万公顷，生产各类苗木近 11 亿株，确保了林业快速发展对林木种苗的需求。全省林业科技支撑不断强化，出台了《青海省林业科学技术奖励办法（试行）》《青海省中央财政林业科技推广示范项目实施管理办法（试行）》等，编辑出版的《青海省林业科技成果汇编（2013—2017）》收录了 276 项科研成果，涵盖森林培育、森林经营、经济林栽培、防沙治沙、野生动植物保护与开发利用、林业有害生物防控、林下种养殖、园林花卉等多个领域。

第三章　森林资源调查历史沿革

　　森林资源调查是对一定范围内的森林，通过测量、测树、3S等技术手段，系统地收集、处理森林资源有关信息。目的在于查清森林资源的数量、质量和动态变化状况，以及影响森林消长变化的驱动因素，为制定林业方针政策，编制林业区划、规划、计划，指导林业生产，合理经营和科学管理森林资源提供依据，实现森林资源的永续利用和可持续发展。

　　中华人民共和国成立后，为适应开发林区和发展经济的需求，我国于1951—1962年开展了颇具规模的森林资源调查。1973年，全国林业调查工作会议决定建立森林资源调查三级体系，即为了解全国和各省（区、市）宏观森林资源现状和动态的森林资源连续清查（简称一类调查），为满足森林经营方案、林业区划、规划设计和总体设计的森林资源规划设计调查（简称二类调查），以及为开展造林绿化、森林抚育等而进行的作业设计调查（简称三类调查）。1973—1976年，全国开展了第一次森林资源清查（简称"四五"清查），但由于此次调查并没有全面执行一个技术规定，且全国各地开展时间有早有晚，因此不能很好反映森林资源的变化。1977—1981年，全国建立了以固定样地抽样调查为基础的森林资源连续清查体系，全国开始全面执行一个技术规定，统一技术要求和技术标准。

　　自1979年青海省森林资源连续清查体系初建起，到目前为止，青海已经开展了8次一类调查和2次二类调查。

第一节　森林资源普查（1952—1962 年）

中华人民共和国成立前，青海从未进行过森林资源系统调查。中华人民共和国成立后的 1952 年成立了森林调查队，开始对全省的森林资源进行调查，分别以资源踏查、资源调查和森林经理等不同方法进行，但受当时技术力量、工作条件、交通条件、技术方法等因素限制，调查精度不是很高。这次调查一直延续到 1962 年，前后历经 10 年时间，基本摸清了森林分布、面积蓄积以及主要树种资源情况。本次普查表明：

全省林业用地面积 81.8 万公顷。其中，有林地 20.5 万公顷，占全省林业用地面积的 25.1%；疏林地 11.0 万公顷，占全省林业用地的 13.4%；灌木林地 19.3 万公顷，占全省林业用地的 23.6%；无林地 31.0 万公顷，占全省林业用地的 37.9%。全省森林覆盖率 0.28%。

各类林木的活立木总蓄积 2452.1 万立方米。其中，有林地蓄积 2229.3 万立方米，占各类林木活立木蓄积的 90.9%；疏林地蓄积 222.8 万立方米，占各类林木活立木蓄积的 9.1%。

从龄组看：幼龄林、中龄林、近熟林和成、过熟林面积分别为 1.8 万公顷、6.2 万公顷、2.2 万公顷和 10.3 万公顷，分别占有林地面积的 8.8%、30.2%、10.7% 和 50.3%。幼龄林、中龄林、近熟林和成过熟林蓄积分别为 65.0 万立方米、375.2 万立方米、191.7 万立方米和 1597.4 万立方米，分别占有林地蓄积的 2.9%、16.8%、8.6% 和 71.7%。

从优势树种看：云杉林、圆柏林、油松林、桦树林和杨树林面积分别为 8.1 万公顷、5.6 万公顷、0.3 万公顷、4.1 万公顷和 2.4 万公顷，分别占有林地面积的 39.5%、27.3%、1.5%、20.0% 和 11.7%。云杉林、圆柏林、油松林、桦树林和杨树林蓄积分别为 1657.8 万立方米、234.4 万立方米、27.4 万立方米、171.3 万立方米和 138.5 万立方米，分别占有林地蓄积的 74.4%、10.5%、1.2%、7.7% 和 6.2%。

第二节　森林资源"四五"清查（1975—1976 年）

根据原农林部要求在"四五"期间清查全国各省（区、市）森林资源的精神，青海省在 1975—1976 年开展了较全面的资源清查工作。由省林业勘察设计队负责技术指导和具体实施，各州、县组织力量，抽调技术人员和工人成立临时队伍，实行专业队伍和群众相结合的方法进行，森林资源清查以县为汇总单位进行统计。此次按林场、林班、小班分级控制，对天然林区进行林班、小班区划，采用航片现地调绘各类土地面积。采用分层抽样方法调查森林蓄积，以天然林区为重点，分别以州、县或天然林区为单位，划分了 17 个抽样调查总体，全省共测设测树样地 1983 个。

此次清查的对象大体可分为三类，包括天然林区和天然林区外的人工林、未成林的造林地、经济林等，以及宜林荒山荒地、苗圃地。天然林区作为清查的重点，对其中的有林地、疏林地资源实施了抽样调查；天然林区外的人工林、未成林的造林地、经济林等，采用实地丈量或目测作一般性调查；宜林荒山荒地、苗圃地采用上报材料；其余各地类未作调查，统计数据源于《青海省国民经济统计资料》（1975 年版）。

森林资源清查主要依据的技术资料包括：总参测绘局历年来编制的 1∶50000、1∶100000 和 1∶1 000000 地形图，1∶25000 和 1∶50000 的航空照片，《全国林业调查主要技术规定》和以往调查材料。为尽可能多地向林场提供资源数据，在一类清查的基础上加进了二类调查的部分项目，如对林区用自然区划法进行林场、林班二级区划。林班为此次清查的最小统计单位，小班为调查的最小单位，最小面积不少于 3 公顷。在区划中利用照片进行现场调绘或室内划读出各类界线，并相应地转绘在地形图上，用求积仪得出各类面积。个别地区用成数求积，林区外的灌木林面积用 1∶100000 地形图求算。

为求蓄积量数据的准确，这次清查改变了以往目测为主的清查方法，采用以数理统计为基础的森林分层抽样方法，对有林地和疏林地进行蓄积量估算。抽样分层主要依据树种组、密度级和龄组 3 个因素的概型，基本上分为双重分层抽样和简单分层抽样 2 种，海北州及东部农业区各县运用双重分层抽样方案，即第一重样本为总体成数样地，第二重样本为 0.1 公顷的实测样地。柴达木盆地和青南高原各州县则采用简单分层抽样方案。

此次清查由于对分布在悬崖的林分散生木和人工林等的蓄积量未作抽样调查，故对全省总蓄积量的估测精度有影响，为保证可靠性不低于 95% 的要求，将此次清查精度降为 95%，基本上符合国家规定的在保证 95% 可靠性的条件下，使全省抽样精度不低于 90%，县不低于 85% 的要求。

这次清查是在较短时间内，用统一调查方法、按规定的精度要求，对全省范围内森林资源（除小片天然林和一些残留林分外）进行的一次较完整而系统的清查，为以后进行林业区划、各项规划和林业生产提供了重要依据。

本次清查结果显示：

全省林业用地面积 303.2 万公顷。其中，有林地 19.0 万公顷，占全省林业用地面积的 6.3%；疏林地 9.4 万公顷，占 3.1%；灌木林地 161.2 万公顷，占 53.2%；未成林造林地（含苗圃地）0.9 万公顷，占 0.3%；无林地 112.7 万公顷，占 37.2%。全省森林覆盖率 0.26%。

各类林木的活立木总蓄积 3043.9 万立方米。其中，有林地蓄积 2374.5 万立方米，占各类林木的活立木蓄积的 78.0%；疏林地蓄积 572.2 万立方米，占 18.8%；散生木蓄积 18.4 万立方米，占 0.6%；四旁树蓄积 78.8 万立方米，占 2.6%。

有林地中，幼龄林、中龄林和成熟林面积分别占有林地面积的 8.1%、64.2% 和 27.6%，蓄积分别占有林地蓄积的 2.0%、43.7% 和 54.3%。

在优势林分中，云杉林、圆柏林、油松林（含落叶松）、桦树林（含辽东栎）和杨树林面积分别为 7.4 万公顷、3.7 万公顷、0.2 万公顷、3.9 万公顷和 3.7 万公顷，分别占有林地面积的 38.9%、19.5%、1.1%、20.5% 和 19.5%。云杉林、圆柏林、油松林、桦树林和杨树林蓄积分别为 1500.1 万立方米、428.9 万立方米、32.9 万立方米、208.9 万立方米和 203.7 万立方米，分别占有林地蓄积的 63.2%、18.1%、1.3%、8.8% 和 8.6%。

第三节　森林资源连续清查体系（1979—2018 年）

森林资源连续清查（简称一类调查）是全国森林资源与生态状况综合监测体系的重要组成部分，是以掌握宏观森林资源现状与动态为目的，以省（直辖市、自治区）为单位，利用固定样地为主进行定期复查的森林资源调查方法。清查成果是反映全省森林资源与生长状况，制定和调整林业方针政策、规划、计划，监督检查各地森林资源消长任期目标责任制的重要依据。国家森林资源连续清查以省为单位，原则上每 5 年复查一次。青海省森林资源连续清查体系作为国家森林资源连续清查体系的重要组成部分，1979 年初建森林资源连续清查体系，1988 年完成第一次森林资源复查，之后每 5 年进行一次复查，目前已经圆满完成了 8 次森林资源清查。

一、第一次森林资源清查（1979 年）

青海 1979 年初建森林资源连续清查体系时，考虑到青海地域广，荒漠、草原多，森林少且分布不均等特点，确定以全省的有林地和疏林地作为总体范围。初建时没有采用总体内各类土地面积成数抽样控制的方法，而是以森林资源"四五"清查勾绘求算的林区各类土地面积为基础建立清查体系。在有林地、疏林地中设置了能保证总体蓄积精度 90% 要求确定的样地数量，共测设 681 个固定样地，面积为 0.08 公顷，样地形状为方形。固定样地间距为 2 千米，在地形图上双数公里网交点设置。固定样地内全部林木为固定样木，进行统一编号、挂牌，并绘制样地、样木位置示意图。全省森林资源连续清查体系的建立，为以后及时复查，掌握森林资源消长变化动态打下基础。

二、第二次森林资源清查（1988 年）

基于 1979 年初建的森林资源连续清查体系，1988 年青海省进行了森林资源清查的第一次复查，即青海省第二次一类调查。以全省为总体，以有林地和疏林地为抽样对象，复查固定样地 681 个，在人工林和小片天然林区增设了 96 个固定测树样地，全省用于蓄积估计的固定样地总数达到 777 个。各类土地面积分地区采用 2 种方法进行了调查：在海东地区及西宁市范围内，采用面积成数抽样方法布设成数样地 10180 个，用于该地区各类土地面积的估计；省内其他地区采用地形图配合航片，按林区—林班—小班调绘的方法进行调查。

在省级总体下，加设州（地）级总体，即在省级固定样地的基础上，加密一部分临时样地，使州（地）森林蓄积量的抽样精度不低于 85%。两级总体相互独立又有一定的联系，即省级总体抽样面积为各州（地）级总体的有林地和疏林地面积之和，州（地）级总体蓄积量受省级总体控制，保证全省资源数据的统一。

此次有林地面积抽样精度 90.85%，省级总体蓄积量用系统抽样方法计算精度为91.5%，达到了林业部要求 90% 的规定。

三、第三次森林资源清查（1993 年）

1993 年开展的第三次一类调查（第二次复查），对清查体系做出较大调整，将全省东经 95°以东地区（总面积 30.6 万平方千米，占全省土地总面积的 42.4%，包括全省天然林分布和林业生产活动的所有区域）作为清查总体，在其范围内按 2 千米 ×2 千米的间距系统布设成数样地 76616 个，样地面积 0.08 公顷，原有 777 个样地完全重合，清查的固定测树样地增加到 916 个。样地形状有 3 种：在农田林网范围内设置带状样地，以林网宽度确定样带长度；小四旁范围内设置圆形样地；其余为方形样地。总体外零星分布的森林资源数据采用最新的调查统计成果。

此次清查采用了卫星照片判读和地面实测相结合的双重抽样方法，各类土地面积由卫片判读的样地地类，用成数抽样方法估测。固定样地的地类以样地的优势地类确定，因此与前期样地相比，样地地类发生较大的转变。

此次对真正能宜林的荒山荒地重新作统计，在遥感判读时，用每个地区乔木林分布界限、海拔、交通难易程度、坡度等因子作为控制点条件，剔除了原来宜林地中高海拔的草地、湟水黄河谷地两边的陡坡侵蚀地等。未成林造林地在遥感上无法判读，采取了根据 1988 年以来所造林地块进行地面核实的方法，确定是否落有面积成数样地。此次复查将原来所规定的矮小灌木，主要是阴坡上的金缕梅灌丛地等，与草地没有多大区别，遥感判读中没有按灌木林地对待。

此次复查，各类面积精度按成数抽样方法计算，蓄积精度按简单随机抽样方法计算，在可靠性 95% 的前提下，有林地面积精度 92.2%，人工造林面积精度 85.5%，有林地、疏林地蓄积精度 93.45%。

此次复查是青海省森林资源调查历史上的一次大的转折，从原来依靠大量统计数据为基础，进行局部实地调查，可比性、科学性和准确性均较差的方法，走向了依靠现代航天遥感技术和实地调查相结合的森林调查方法。

四、第四次森林资源清查（1998 年）

1998 年第四次一类调查（第三次复查）在全省总体下划分了两个副总体，将省域内东经 95° 以东、1993 年布设样地的地区定为第 I 副总体，将东经 95° 以西地区的大面积草原、荒漠以及冰川等不宜进行林业生产活动的地区作为第 II 副总体。第 I 副总体的各地类面积、蓄积采用系统抽样方法调查估测，同时保持原有样地体系不变，在对样地进行调查时将原有的农田林网范围内的带状样地改为方形样地，保留了原有的圆形样地；第 II 副总体未进行样地布设，资源数据利用最近的统计数据。

第 I 副总体采用原林业部提供的程序计算统计，面积采用成数抽样公式计算，蓄积采用系统抽样方法计算；第 II 副总体采用最近的统计数据。全省总体各类土地面积为两个副总体之和，第 II 副总体无林木蓄积，故第 I 副总体蓄积量即为总体蓄积量。

此次复查中应用了 RS（遥感）、GPS（全球定位系统）和 GIS（地理信息系统）技术，其中遥感判读在前次复查的基础上进行；调查中购置 5 台 4 种不同型号的 GARMIN 手持式接收机，作为实验性的应用，发现 GPS 在定位、导航等方面有较大的应用优势；GIS 则应用在成图、获得区域信息等方面。

前期防护林的划分依据是以青海省林业区划中林种区划的标准决定样地的林种，而本次是以样地的点位确定林种。增补了"土地分类"和"江河流域"样地调查因子。

此次复查，在可靠性 95% 的前提下，有林地面积抽样精度 93.26%，人工林面积抽样精度 83%，活立木蓄积抽样精度 91.64%。

五、第五次森林资源清查（2003 年）

2003 年进行的第五次一类调查（第四次复查）中，对原有清查体系进一步优化和完善，主要体现在两方面：一是使固定样地体系实现全省土地面积全覆盖；二是建立遥感判读样地体系。

第五次清查维持原副总体范围和第 I 副总体固定样地体系不变，第 I 副总体原四旁范围内的圆形样地，第五次清查一律改为方形样地，面积大小不变，方形样地的西北角为圆形样地的圆心，样地面积 0.08 公顷，按优势法确定样地地类；在第 II 副总体中按 4 千米 ×2 千米间距进行样地布设和调查，共布设方形样地 51620 个，样地面积大小和确定方法与第 I 副总体一致。至此，青海省森林资源连续清查体系调查范围实现了全省覆盖，两个副总体共布设样地 128236 个，使"连清"体系更加完善，清查结果更加准确地反映全省森林资源状况。

同时，第五次清查在原固定样地的基础上，还进行了遥感判读样地体系的建立和布设，并利用 TM 影像图对森林资源进行判读调查。遥感判读样地分 I、II 副总体布设，样地间距均为 2 千米 ×2 千米，第 I 副总体布设 76616 个，第 II 副总体布设 103201 个，共布设遥感判读样地 179817 个。

第五次清查中固定样地调查细化了地类、林木采伐管理类型等因子，增加了林木权属、林层结构、荒漠化、沙化、湿地、经济林集约经营等级、森林病虫害、森林分类、工程类别、自然保护区和森林公园等方面的调查内容。在调查手段上全面使用 GPS 进行复位样地的寻找和新设样地的辅助定位。

此次复查，在可靠性 95% 的前提下，有林地面积抽样精度 94.89%，有林地蓄积抽样精度 92.94%，人工林面积抽样精度 85.51%，活立木蓄积抽样精度 93.65%。

六、第六次森林资源清查（2008 年）

2008 年进行第六次一类调查（第五次复查），本次在抽样体系、样地布设、样地形状、样木定位等方面与第五次清查保持一致。地面固定样地仍采用方形，面积 0.08 公顷，固定样地个数 128236 个。遥感判读样地的布设与第五次清查完全相同，判读方法由纸质影像判读变为在计算机上进行目视判读。

第六次清查在地类划分、林种划分、树种（组）划分等方面有较大的变动，并新增了调查内容、扩充了流域、土壤调查和植被调查的有关因子；实地调查中对所有实测复位样地均使用 GPS 回采样地固定标桩（西北角）坐标，为下次清查寻找样地提供了准确可靠的依据和方法。

灌木林地划分为国家特别规定灌木林地和其他灌木林地，有林地内涵发生变化，由原来的"林分、经济林"变更为乔木林，将原来"林分"和经济林中的乔木经济林合并为"乔木林"，将"灌木经济林"分离出来并入"国家特别规定灌木林地"；未成林造林地并入未成林地中，新增加了未成林封育地；新增了森林生态状况和森林结构方面的调查因子，调查内容和产出成果得到进一步丰富。

此次复查，在可靠性 95% 的前提下，有林地面积抽样精度 94.97%，森林面积抽样精度 98.39%，森林蓄积抽样精度 93.14%，天然林面积抽样精度 98.38%，天然林蓄积抽样精度 92.76%，人工林面积抽样精度 88.39%，人工林蓄积抽样精度 80.02%，活立木蓄积抽样精度 93.79%。

七、第七次森林资源清查（2013 年）

2013 年进行第七次一类调查（第六次复查），在总体范围、抽样体系等方面与前期基本一致，但调查内容有所细化和增加。

细化部分主要包括：将因人工栽培而矮化的乔木林和按保存株数确定的乔木林分别编码；对乔木、灌木树种和草本均要求原则上调查到种；顺应集体林权制度改革，将集体林地权属细分为农户个体承包经营、联户经营和集体经营 3 种。

新增加的调查因子和内容包括：土地利用属性、沟蚀崩塌面积比、林地土壤侵蚀类型、经济林调查、人工乔木幼龄林调查、造林地情况调查、未成林造林地调查、植被调查、抚育情况调查、2 米 ×2 米小样方植被调查、下木调查、枝下高和冠幅调查，同时增加了成果产出和内容。

此次复查，在可靠性 95% 的前提下，有林地面积抽样精度 93.96%，森林面积抽样精度 98.11%，森林蓄积抽样精度 91.45%，天然林面积抽样精度 98.06%，天然林蓄积抽样精度 90.85%，人工林面积抽样精度 90.11%，人工林蓄积抽样精度 76.68%，活立木蓄积抽样精度 92.26%。

八、第八次森林资源清查（2018 年）

2018 年开展了第八次森林资源清查（第七次复查），其样地布设、样地间距、样地大小、清查方法等均与第七次清查保持一致，对调查内容进行了一些调整和细化。

1. 林地划分为 7 个二级地类、13 个三级地类。调整了各林地地类划分的技术标准：

（1）将二级地类中的"有林地"调整为"乔木林地"。把原乔木林中"因人工栽培而矮化的"归类到灌木林地。

（2）把原"国家特别规定的灌木林地"更名为"特殊灌木林地"，"其他灌木林地"

更名为"一般灌木林地"。特殊灌木林地细分为年均降水量400毫米以下地区灌木林地、乔木分布上限以上灌木林地及以获取经济效益为目的的灌木经济林。

（3）取消"未成林地"二级地类和"未成林封育地"三级地类，调整"未成林造林地"为二级地类。把待补植的造林地（包括未到成林年限待补植的人工造林地块，达到成林年限后，未达到乔木林地、灌木林地、疏林地标准，经补植可成林的造林地），归入未成林造林地。

（4）取消"无立木林地"二级地类，把原"采伐迹地""火烧迹地"和新增的"其他迹地"（灌木林经采伐、平茬、割灌等经营活动或者火灾发生后，覆盖度达不到30%的林地）归并为"迹地"，作为二级地类。

（5）把原"无立木林地"中达不到未成林造林地标准的其他无立木林地，以及原林业辅助生产用地归入宜林地。把宜林地划分为"造林失败地""规划造林地""其他宜林地"。

2. 把国家级公益林保护等级按《国家级公益林区划界定办法》（林资发〔2017〕34号）划分为一级、二级。地方公益林保护等级划分为重点和一般，划分标准按地方各级人民政府和同级林业主管部门的有关规定执行。将林种划分的对象由原来的有林地、疏林地、灌木林地和未成林地，更改为乔木林地、灌木林地、疏林地和未成林造林地；不再考虑林种区划优先级。

3. 按照20千米×20千米全国统一间隔，全省范围内抽取1805个固定样地，开展树种调查和植被调查等专项生态状况调查。调查样方由前次清查的2米×2米调整为4米×4米，样方内调查下木、灌木和草本主要种类、平均高度、覆盖度。

此次调查全面应用野外数据采集仪，以提高工作效率和节省内外业时间。林地面积抽样精度99.07%，乔木林面积抽样精度95.37%，天然林面积抽样精度98.56%，天然林蓄积抽样精度93.17%，人工林面积抽样精度93.09%，人工林蓄积抽样精度84.11%，活立木总蓄积抽样精度94.34%。

九、青海历次森林资源清查技术差异

青海省从第三次清查时开始使用卫星照片判读和地面实测相结合开展调查，探索现代航天遥感技术和实地调查相结合的森林调查方法；在第四次清查时开始探索RS（遥感）、GPS（全球定位系统）和GIS（地理信息系统）技术相结合的调查方法，实验性的采购和应用GARMIN手持式接收机；第五次清查时，随着"3S"技术的全面应用，青海省实现了固定样地体系全省土地面积全覆盖，并建立起了遥感判读样地体系，使得这之后每一次森林资源清查的抽样体系、样地布设、样木定位等都全面固定下来，真正实现了森林资源连续性监测。

但由于森林资源连续清查的历史较长，这期间的科技、经济、技术水平变化较快，相对应的森林资源清查技术标准也随之发生了许多的变化，详见表 3-1。随着森林经营管理和林业生态建设需求的不断增长，森林资源连续清查的内容和调查因子的逐渐增加，调查方法的逐步完善，技术的不断提升，森林资源连续清查数据也更加翔实，整体抽样精度也越来越高，有利于更加精准地掌握森林资源的动态变化。

表 3-1　青海省八次森林资源清查主要技术差异

次数	完成时间	差异点
第一次清查（"连清"初建）	1979 年	1）划分有林地的标准为郁闭度 0.4 以上的林分 2）海拔 3200 米以上的糙皮桦，因树干矮小、多叉，呈灌木状，按照灌木林对待 3）在有林地中的人工林中仍包括天然林区更新造林数，故合计数比实际有林地面积多了 599 公顷 4）龄组划分为"幼林龄、中龄林、成熟林"3 个龄组
第二次清查（第一次复查）	1988 年	1）天然林为郁闭度 0.3 以上（不含 0.3）天然起源林分 2）人工林为凡生长稳定（一般造林 3~5 年后或飞机播种 5~7 年后）、每亩成活株数大于或等于合理造林株数 85% 或郁闭度 0.3 以上的人工起源的林分 3）灌木林地指以培育灌木为目的或分布在乔木生长界限以上，以及专为防护用途，覆盖度大于 40% 的灌木林地 4）无林地包含有宜林荒山荒地、采伐迹地、火烧迹地、宜林沙荒 5）固定样地类确定以该样地所在小班地类为准 6）经济林单独统计，未包含在乔木林内 7）龄组划分为"幼林龄、中龄林、近熟林、成熟林、过熟林"5 个龄组
第三次清查（第二次复查）	1993 年	1）固定样地的地类确定以样地的优势地类为准 2）固定样地的郁闭度确定以样地的郁闭度确定 3）坡度 ≥ 46° 的森林为防护林
第四次清查（第三次复查）	1998 年	1）有林地为郁闭度 0.2 以上（包含 0.2）的林分 2）人工林为凡生长稳定（一般造林 3~5 年后或飞机播种 5~7 年后）、每亩成活株数大于或等于合理造林株数 80% 或郁闭度 0.2 及以上的人工起源的林分 3）疏林地为郁闭度在 0.1~0.19 之间的林分 4）灌木林地的覆盖度标准为大于 30% 5）坡度 ≥ 36° 的森林为防护林

续表：

次数	完成时间	差异点
第五次清查 （第四次复查）	2003 年	1）增加林木权属、林层结构、荒漠化、沙化、湿地、经济林集约经营等级、森林病虫害、森林分类、工程类别、自然保护区和森林公园等方面调查内容 2）林分中增加了四旁林分和按单位面积株数标准确定的林分 3）积极应用"3S"（RS、GPS、GIS）
第六次清查 （第五次复查）	2008 年	1）乔木林的定义为由乔木（含因人工栽培而矮化的）树种组成的片林或林带。其中，林带行数应在 2 行以上且行距≤ 4 米或林冠冠幅水平投影宽度在 10 米以上；当林带的缺损长度超过林带宽度 3 倍时，应视为两条林带；两平行林带的带距≤ 8 米时按片林调查。包括郁闭度达不到 0.2 米，但已到成林年限且生长稳定，保存率达到 80%（年均降水量 400 毫米以下地区为 65%）以上人工起源的林分 2）灌木林地划分了国家特别规定的灌木林和其他灌木林 3）无立木林地包括采伐迹地、火烧迹地和其他无立木林地 4）宜林地指经县级以上人民政府规划为林地的土地，包括宜林荒山荒地、宜林沙荒地、其他宜林地 5）有林地内涵发生变化，由原来的"林分、经济林"变更为"乔木林"（国家标准中还含有红树林和竹林） 6）将原来的"林分"和经济林中的"乔木经济林"合并为"乔木林" 7）将"灌木经济林"从原来的经济林中分离出来并入"国家特别规定的灌木林地" 8）明确乔木林含"因人工栽培而矮化的"乔木树种组成的片林和林带 9）将"经济林"中食用油料林、饮料林和调香料林合为"食用原料林" 10）将"工业原料林"改称"林化工业原料林"（与用材林中以生产纸浆原料为目的的"短轮伐期用材林"相区别）
第七次清查 （第六次复查）	2013 年	1）有林地包括乔木林面积和经济林面积 2）乔木林面积不包括乔木经济林面积 3）灌木林地面积不包含灌木经济林面积 4）宜林地以《青海省林地保护利用规划（2010—2020）》落界数据为依据确定，青海省另有 292.6 万公顷宜林地未纳入本次清查林地统计
第八次清查 （第七次复查）	2018 年	1）把原乔木林中"因人工栽培而矮化的"归类到灌木林地 2）乔木林面积中包括乔木经济林面积 3）特殊灌木林中包括灌木经济林面积 4）林木蓄积中包含乔木经济林蓄积 5）新增"其他迹地"，即灌木林经采伐、平茬、割灌等经营活动或者火灾发生后，覆盖度达不到 30% 的林地

第四节　森林资源规划设计调查

森林资源规划设计调查（简称二类调查）是以森林经营管理单位或行政区域为调查总体，查清森林、林木和林地资源的种类、分布、数量和质量，客观反映调查区域森林资源条件，综合分析与评价森林资源与经营管理状况，为编制森林经营方案、开展林业区划规划、指导森林经营管理等需要进行的调查活动。

相比于一类调查以掌握宏观森林资源现状与动态为目的，其成果主要反映全省森林资源与生长状况，二类调查以全面掌握森林资源和管理现状为目的，其调查成果的运用更加广泛，是营造林设计、森林采伐作业设计等林业规划设计的依据；制定森林采伐限额，编制森林经营方案、森林资源保护与利用规划的依据；开展森林资源实物量管理和资产化管理，实行森林资源管理责任制考核，开展森林绿色 GDP 核算的依据；编制林业区划，制定区域国民经济发展规划、林业发展规划、森林生态建设规划，以及其他部门发展规划的重要依据；生态公益林区划界定、森林火灾调查、森林病虫害调查等工作的依据；建立或更新森林资源档案，开展县级森林资源动态监测，评价森林经营效果，指导和规范森林科学经营的基础。

通常以最新颁布的《森林资源规划设计调查主要技术规定》作为主要技术标准，森林资源规划设计调查一般 10 年进行一次，青海省目前已经开展了 2 次二类调查工作。2次调查范围相同，采用的技术标准和调查方法也一致，随着科技的进步，遥感影像的分辨率更高，调查数据的精准度逐渐提升。

一、第一次二类调查（2006 年）

青海省第一次森林资源规划设计调查从 2003 年年底开始筹备，于 2004 年 1 月正式启动，当年完成了土地类型区划和公益林界定等基础工作；2005 年完成了林分蓄积及四旁树、林网调查工作；2006 年完成成果统计和产出报送工作，调查过程共历时 2 年多，参与调查人员达 800 余人。

这一次的调查采用了 "3S" 技术，以遥感数据为信息源目视判读区划土地类型，采用实地调查与回归估测小班相结合的方法调查小班蓄积量等因子。在室内完成土地类型区划及小班因子判读，对判读区划成果进行现地调查验证，同时进行现地调查、补充区划，完成室内判读工作后，采用典型抽样方法选择部分小班进行实地验证。

林班地区划采用自然区划，林班界尽可能利用山脊、沟谷、河流、道路等明显地形地貌，而地形平坦等地物不明显的地区根据林地的经营现状和经营目的采用人工区划，对过去已区划的界限原则上不进行修改。林班面积一般为 100 ~ 500 公顷，荒漠地带的林班适当加大。

小班的划分以明显地形地物界限为界，同时兼顾资源调查和经营管理的需要，满足每个小班权属、森林类别及林种、生态公益林的事权等级与保护等级、林业工程类别、地类、起源、优势树种、龄组和郁闭度等因子不同。

小班调查根据不同情况采用角规实测法、目测法和回归分析法 3 种调查方法，主要测树因子有起源、优势树种（组）、树种组成、平均年龄（龄组）、平均树高、平均胸径、郁闭度、每公顷株数、散生木蓄积量和每公顷蓄积量等。

此次调查范围包括了青海省范围内 49 个县（市）、玛可河林业局及孟达自然保护区等林业经营单位的所有森林、林地资源，调查涉及的乡镇有 478 个，林班 20557 个，小班 203374 个。

二、第二次二类调查（2015 年）

为了更新森林资源的数据和空间变化，加强森林资源管理，青海在 2013 年 10 月份开始准备，于 2014 年 4 月正式启动了第二次森林资源二类调查，至 2015 年 3 月全面完成了对全省 46 个单位的调查。此次调查共投入技术人员 200 余人。

此次调查应用高空间分辨率卫星遥感数据建立遥感影像解译标志，在此基础上对林地变化图斑进行内业判读区划，然后进行外业现地核实，同时采用现地实测调查、目测调查和卫片估测开展森林资源小班林分因子调查，核对并修正了森林经营单位的境界线，修改了小班界限，核对了各类林地的面积以及林地管理属性的变更情况，补充完善了与森林资源有关的自然地理环境和生态环境因素，以及森林资源管理的属性。

此次调查还开展了森林分类经营区划，将青海森林区划为重点公益林、一般公益林、国家级公益林和地方公益林，并明确了各类公益林区划的范围，其中国家级公益林划分标准执行《国家级公益林区划界定办法》（林资发〔2009〕214 号）。

第四章　森林资源时间尺度变化

第一节　森林资源数量变化

森林资源数量包括林地和森林的面积、蓄积等，它直接体现着一个国家或地区发展林业生产的条件、森林拥有量情况及森林生产力等，是科学评价森林资源及其动态变化的基础。

一、各类土地面积

（一）林地总面积

从第一次森林资源连续清查开始，到第八次的 40 年里，青海林地面积从 303.73 万公顷增加到 819.16 万公顷，呈逐次递增趋势，共增加了 515.43 万公顷，增长幅度达169.70%。历次森林资源清查林地面积见图 4–1。

全省林地面积仅在 1989—1993 年清查期间内出现较前期相比面积减少的现象，这是由于该清查期的调查方法和技术要求上对比前期有较大的变动，前期清查时各类土地的面积采用统计数据，只对林区内的有林地和疏林地进行了面积勾绘，在林区内布设了固定样地，且样地的地类确定是以该样地所在小班的地类为准；而 1989—1993 年清查期时采用卫星照片判读和现地调查相结合的双重抽样方法，固定样地的地类确定以样地本身的优势地类为准。

（二）乔木林地

全省乔木林地面积总体呈递增趋势，从第一次清查期的 18.98 万公顷到第八次清查期的 42.14 万公顷，共增长了 23.16 万公顷，增长幅度为 122.02%。但由于 1993 年清查在调查方法和技术要求上与前期有很大不同，且自 1998 年开始有林地标准发生变化，即郁闭度 0.3 以上（不含 0.3）改变为 0.2 以上（含 0.2），因此在前期乔木林地面积的变化并不能客观的代表资源的变化情况。1998 年后青海省的有林地面积逐次递增，其中第七次森林资源清查期（2009—2013）内增长最为显著。在全省乔木林地面积逐渐增加的同时，林地面积亦在增加，乔木林地面积占林地面积的比例在第四次森林资源清查（1998）后便一直下降。历次森林资源清查乔木林地动态变化见图 4-2。

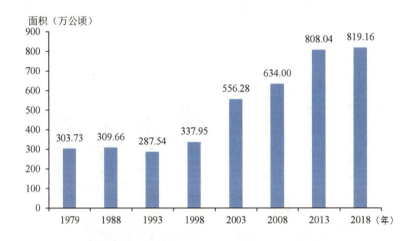

图 4-1　历次森林资源清查林地面积

图 4-2　历次森林资源清查乔木林地动态变化

（三）疏林地

从全省历次森林资源清查看，疏林地面积从第一次清查期的 9.40 万公顷到第八次清查期的 6.60 万公顷减少了 29.79%，占林地面积比例在不断下降。在 1979—1993 年清查期间呈增长趋势，第四次清查（1998）时大幅度下降，其面积剧烈变化的主要原因是由于调查方法和技术标准的变化，其余清查期间内的疏林地面积变化均不明显。历次森林资源清查疏林地动态变化见图 4-3。

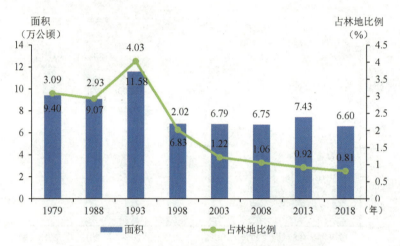

图 4-3　历次森林资源清查疏林地动态变化

（四）灌木林地

青海灌木资源丰富，是青海森林资源的主要组成部分，分布范围远超乔木林，灌木林地的面积总体呈增长趋势，从清查初期的 161.33 万公顷提高到第八次森林资源清查时的 423.43 万公顷，整体增长幅度达 162.46%，尤其在第四次森林资源清查（1998）后增长幅度较为明显。历次清查中灌木林地占林地面积的比例虽有起伏变化，但其值均超过 50%，这表明灌木林地在青海省林地中占绝对的面积优势。历次森林资源清查灌木林地动态变化见图 4-4。

从灌木林地分类看，特殊灌木林一直是构成青海灌木林地的主体，划分特殊灌木林地的四次森林清查数据显示，其占灌木林地面积的平均比例达 89.78%，历次森林资源清查灌木林地面积组成见表 4-1。

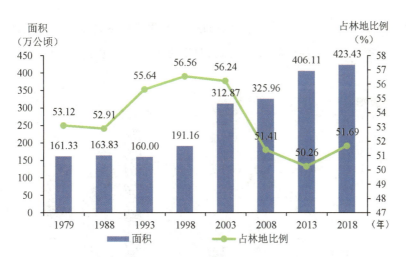

图 4-4　历次森林资源清查灌木林地动态变化

表 4-1　历次森林资源清查灌木林地面积组成

单位：万公顷，%

清查期	灌木林地面积	特殊灌木林地		一般灌木林地	
		面积	比例	面积	比例
1979 年	161.03	—	—	161.03	100
1988 年	163.83	—	—	163.83	100
1993 年	160.00	—	—	160.00	100
1998 年	191.16	—	—	191.16	100
2003 年	312.87	281.49	89.97	31.38	10.03
2008 年	325.96	293.78	90.13	32.18	9.87
2013 年	406.11	364.90	89.85	41.21	10.15
2018 年	423.43	377.61	89.18	45.82	10.82

（五）未成林造林地

　　全省未成林地面积从第一次清查期的 2.48 万公顷到第八次清查期的 8.82 万公顷，变化幅度波动较大，见图 4-5。在森林资源清查初期到第二次森林资源清查（1988），虽发生了标准变化，未成林地的面积仍增长了 255.65%，且由于清查间隔时间较长，森林资源清查初期的未成林造林地到第二次清查时大都已成为人工林或人工疏林，第二次森林资源清查（1988）的未成林造林地基本上均是清查期中增加的；在 1994—1998 年清查期间，未成林地出现大幅下降，下降比例为 64.17%，主要是由于在清查间隔内部分未成林造林地成为灌木林地以及标准的变化；在 1999—2003 年期间增长幅度为 491.86%，主要是由于清查期内相继启动了退耕还林工程、"三北"防护林第四期建设工程、天然林保护工程等，人工造林的规模逐年增加；2009—2013 年清查期间下降了 40.41%，减少的面积中半数是由于自然灾害导致造林失败转为无立木林地，自然生长成为乔木林地、疏林地和灌木林地的仅占三分之一。历次森林资源清查未成林造林地动态变化见图 4-5。

图 4-5　历次森林资源清查未成林地动态变化

（六）迹地

青海迹地面积从第一次清查期的 0.41 万公顷到第八次清查期的 0.12 万公顷，整体下降，幅度为 70.73%。历次森林资源清查迹地动态变化见图 4-6。

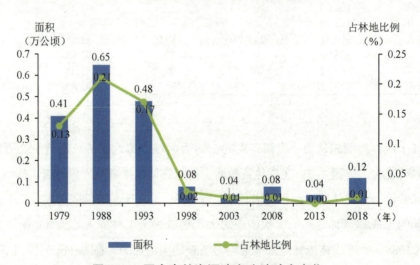

图 4-6　历次森林资源清查迹地动态变化

（七）苗圃地

青海苗圃地面积较少，其占林地面积的比例总体不超过 0.1%。历次森林资源清查苗圃地动态变化见图 4-7。

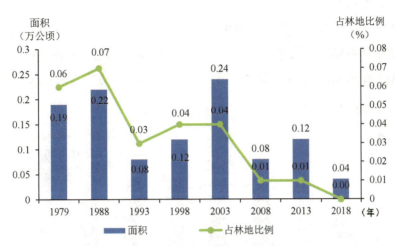

图 4-7　历次森林资源清查苗圃地动态变化

（八）宜林地

宜林地面积在 1989—1993 年清查期间下降了 19.34%；在 1994—2013 年清查期间一直上升，增长了 303.11%，主要是由于这期间为了加快黄河、长江源头生态环境林业重点治理工程建设，将能够造林的草地划为了宜林地、规划调整将非林地转变为林地有关；在 2014—2018 年清查期间下降了 2.03%，主要是由于县级以上人民政府结合当地土地利用发展规划和现地实际情况，将部分不利于发展林业的宜林地用途进行了调整，规划为未利用地和牧草地等非林地。历次森林资源清查宜林地动态变化见图 4-8。

图 4-8　历次森林资源清查宜林地动态变化

二、各类林木蓄积

（一）活立木蓄积

青海活立木总蓄积在 40 年间一直处于增长状态，从第一清查的 2303.18 万立方米到第八次清查的 5556.86 万立方米，共增长了 141.27%；活立木总蓄积在 1989—1998 年以及 2004—2008 年清查期间增长最为缓慢，历次森林资源清查活立木蓄积动态变化见图 4-9。

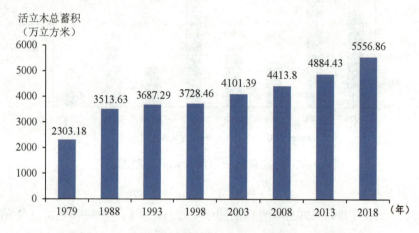

图 4-9　历次森林资源清查活立木蓄积动态变化

（二）乔木林蓄积

乔木林蓄积是全省活立木总蓄积的主要组成部分，在历次清查中占活立木总蓄积的 74.48% ~ 88.71%，在 40 年间也一直处于增长状态，从第一清查的 1715.42 万立方米到第八次清查的 4864.15 万立方米，共增长了 183.55%，历次森林资源清查乔木林蓄积动态变化见图 4-10。

图 4-10　历次森林资源清查乔木林蓄积动态变化

（三）疏林蓄积

青海疏林蓄积的变化趋势与乔木林蓄积变化相反，疏林蓄积40年间从490.49万立方米下降到203.88万立方米，在历次清查期间一直处于下降趋势，仅在1988—1993年清查期间由于面积增长带来小幅度上涨，历次森林资源清查疏林蓄积动态变化，见图4-11。疏林蓄积在前期的大幅度下降主要是由于技术标准变化转入乔木林地中，在后期，由于达到乔木林地标准的疏林地转出和新形成的疏林地转入，因此疏林地的单位面积蓄积量变化呈现波动变化态势，总体上趋于平稳。历次森林资源清查疏林蓄积动态变化见图4-11。

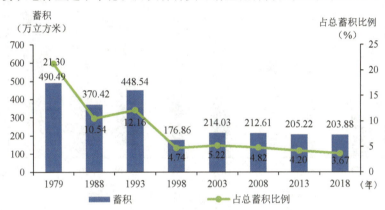

图4-11　历次森林资源清查疏林蓄积动态变化

（四）散生木蓄积

青海散生木蓄积整体呈上升趋势，从"连清"之初的18.43万立方米上升到第八次清查时的123.81万立方米，增幅达571.79%，仅在1994—1998年清查期间有所下降，历次森林资源清查散生木蓄积动态变化见图4-12。

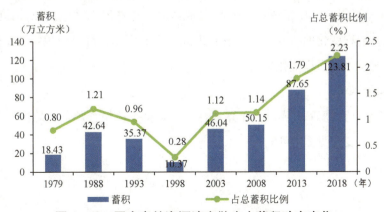

图4-12　历次森林资源清查散生木蓄积动态变化

（五）四旁树蓄积

青海四旁树蓄积在 40 年间从"连清"之初的 78.84 万立方米上升到第八次清查时的 365.02 万立方米，增长幅度达 362.99%，在 1979—1993 年和 2014—2018 年的清查期间增幅最大，历次森林资源清查四旁树蓄积动态变化见图 4-13。

图 4-13 历次森林资源清查四旁树蓄积动态变化

三、森林面积、蓄积

（一）森林面积

青海历次森林资源清查的森林面积处于不断增长的状态，从"连清"初建时的 180.31 万公顷增加到第八次清查时的 419.75 万公顷，增长幅度为 132.79%，见表 4-2 和图 4-14。森林面积的主要组成部分来自灌木林地或特殊灌木林地面积，其面积变化曲线基本与森林面积变化曲线相贴合，有林地或乔木林面积在森林面积中占比较小，相对于森林面积而言，其面积变化幅度很小。

（二）森林蓄积

近 40 年来，青海森林蓄积（即乔木林蓄积）呈平稳增长趋势，历次森林资源清查的森林蓄积动态变化见图 4-10。

表 4-2　各清查期森林面积

单位：万公顷，%

清查期	面积合计	乔木林地 / 有林地面积	占比	特殊灌木林地 / 灌木林地面积	占比
1979 年	180.31	18.98	10.53	161.33	89.47
1988 年	190.46	26.63	13.98	163.83	86.02
1993 年	185.01	25.01	13.52	160.00	86.48
1998 年	222.04	30.88	13.91	191.16	86.09
2003 年	316.20	34.71	10.98	281.49	89.02
2008 年	329.56	35.78	10.86	293.78	89.14
2013 年	406.39	41.49	10.21	364.90	89.79
2018 年	419.75	42.14	10.04	377.61	89.96

图 4-14　历次森林资源清查森林面积动态变化

（三）森林覆盖率

青海森林覆盖率虽处于比较低的水平，但在历次清查期内一直处于稳定的增长中，从"连清"初建时的 2.50% 增加到第八次清查时的 5.82%，增长了 3.32%，见表 4-3 和图 4-15。其中，乔木林覆盖率从 0.26% 提高到了 0.58%，增长了 0.32%；特殊灌木林地覆盖率从 2.24% 提高到了 5.23%，增长了 2.99%。

表4-3　各清查期森林覆盖率

单位：%

清查期	森林覆盖率	乔木林地/有林地覆盖率	特殊灌木林地/灌木林地覆盖率
1979年	2.50	0.26	2.24
1988年	2.64	0.37	2.27
1993年	2.56	0.35	2.22
1998年	3.08	0.43	2.65
2003年	4.38	0.48	3.90
2008年	4.57	0.50	4.07
2013年	5.63	0.58	5.06
2018年	5.82	0.58	5.23

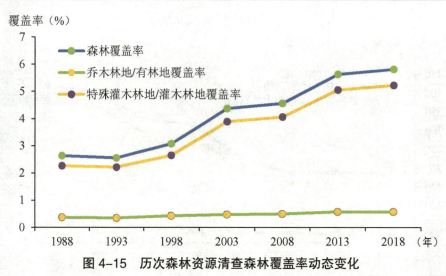

图4-15　历次森林资源清查森林覆盖率动态变化

四、森林资源消长

（一）林木生长量

林木生长量是各清查期间内的变化值，青海省40年林木蓄积年均生长量呈不断增长的状态，总增长幅度176.17%，历次森林资源清查林木蓄积年均生长量动态变化见图4-16。

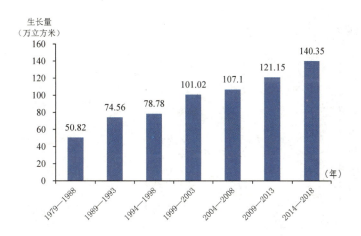

图 4-16　历次森林资源清查林木蓄积年均生长量动态变化

（二）林木消耗量

林木蓄积的消耗量包括林木采伐消耗和林木枯损消耗，见表4-4和图4-17。青海林木蓄积年均总消耗在2008年前一直处于增长状态；在2008年后，青海省加强了森林资源保护管理，严格控制森林资源消耗，完善了森林采伐管理制度，建立了森林采伐监管机制，各级林业主管部门加强了监督检查力度，各立木类型的采伐消耗均呈下降趋势，尤其是四旁树的采伐下降明显。由于林木蓄积消耗量的绝大部分来自采伐，因此在2009—2013年清查期间内出现明显下降。

青海林木蓄积枯损量在缓步上升，在1999—2003年和2014—2018年清查期间增长幅度最大。枯损量增加的原因包括气候条件、自然环境等的影响，森林病虫害的发生频率增高也会带来枯损量的增加。

表 4-4　各清查期林木蓄积年均消耗量

单位：万立方米

清查期	林木蓄积年均消耗量	年采伐量	年枯损量
1979—1988 年	22.94	16.76	6.18
1989—1993 年	39.83	32.79	7.04
1994—1998 年	52.08	46.32	5.76
1999—2003 年	62.39	50.76	11.63
2004—2008 年	69.75	56.72	13.03
2009—2013 年	55.55	41.23	14.32
2014—2018 年	55.01	32.67	22.34

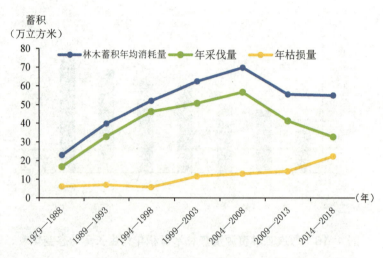

图 4-17 历次森林资源清查林木蓄积年均消耗量动态变化

第二节 森林资源质量变化

森林单位面积蓄积量、生长量、株数以及平均郁闭度等都是衡量森林质量的重要指标，但由于时间较早的森林资源清查统计资料中未详细阐述所有的指标，故本研究仅依据已有数据分析青海省森林资源质量变化情况。

一、单位面积蓄积量

青海40年间森林单位面积蓄积量有两次明显的下降，呈现先增加后减少再缓慢增加的趋势。其中，1994—1998年清查期间，森林单位面积蓄积量减少，这是由于有林地标准由"郁闭度 0.3 以上的林地"改为"郁闭度 0.2 及以上的林地"；2004—2018年清查期间，森林单位面积蓄积量一直在上升。历次森林资源清查单位面积蓄积量变化见表 4-5、图 4-18。

（一）按起源单位面积蓄积量变化

青海省森林单位面积蓄积量主要受天然林质量影响，这是由于青海省天然林面积占主导地位，天然林林分质量不断提高，单位面积蓄积量超过全国森林单位面积蓄积量，其变化趋势和原因与森林单位面积蓄积量相同。由于大部分人工林处于幼龄和中龄阶段，因此，全省人工林单位面积蓄积量较低。40 年间，由于郁闭度标准变化，人工林单位面积蓄积量也出现了两次降低。与此同时，2014—2018 年期间由于人工乔木林地面积新增比例较大，单位面积蓄积量有所降低，但人工林的单位面积蓄积量总体水平呈上升趋势。

表 4-5　各清查期单位面积蓄积量

单位：立方米 / 公顷

清查期	森林	天然林	人工林
1979 年	90.37	95.49	41.32
1988 年	113.65	118.73	29.64
1993 年	120.08	124.34	50.90
1998 年	107.15	113.00	48.00
2003 年	105.08	110.01	66.08
2008 年	110.30	115.26	72.10
2013 年	114.43	119.61	82.20
2018 年	115.43	123.17	78.58

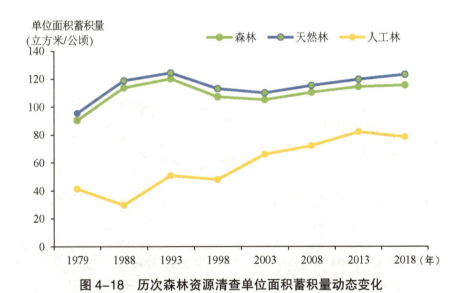

图 4-18　历次森林资源清查单位面积蓄积量动态变化

（二）按林种单位面积蓄积量变化

从各林种单位面积蓄积量看，青海乔木林主要由用材林、防护林和特用林组成，薪炭林仅在 1979 年有极少面积，经济林面积一直较小，且仅在最后一次清查期内调查了蓄积量，故此处不考虑薪炭林和经济林的单位面积蓄积量变化。全省用材林单位面积蓄积量在 1989—2003 年清查期间一直下降，在 2004—2018 年清查期间又逐步回升；防护林单位面积蓄积量从 1994 年起一直在逐渐下降，2008 年保持基本稳定；特用林单位面积蓄积量在 1989 年出现了大幅下降，2004 年起又逐渐增长回到最初的水平。见表 4-6 和图 4-19。

表 4-6　各清查期不同林种单位面积蓄积量

单位：立方米／公顷

清查期	用材林	防护林	特用林
1979 年	94.09	81.00	97.03
1988 年	106.48	114.31	131.36
1993 年	97.20	124.30	66.60
1998 年	79.00	111.00	90.00
2003 年	66.71	101.84	119.57
2008 年	80.47	91.08	122.03
2013 年	109.52	95.12	126.31
2018 年	144.06	93.15	130.10

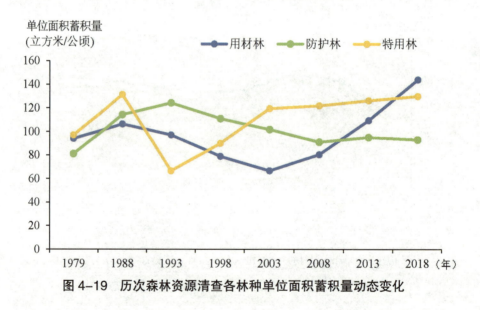

图 4-19　历次森林资源清查各林种单位面积蓄积量动态变化

（三）按龄组单位面积蓄积量变化

青海省历次森林资源清查结果显示，幼龄林单位面积蓄积量没有明显的变化规律，总体上增长了 9.20 立方米／公顷，增长幅度为 25.23%；森林清查体系初建时幼龄林单位面积蓄积量只有 36.47 立方米／公顷；至第三次清查（1993）时单位面积蓄积量有了较大的提升，达到幼龄林单位面积蓄积最大值 70.82 立方米／公顷；其后幼龄林单位面积蓄积量逐渐下降，虽然在第七次清查时有一定回升，但在第八次清查时又下降了。

中龄林单位面积蓄积量偶有下降，但总体呈上升趋势，增长了 36.98 立方米／公顷，增长幅度为51.65%；森林清查体系初建时中龄林单位面积蓄积量为71.60立方米/公顷，在第四次和第七次清查时有不同程度地下降，至2018年第八次森林资源清查时达到最大值108.58立方米/公顷。

近熟林单位面积蓄积量在第三次清查时增加了12.72立方米/公顷，达到了最高值157.73立方米/公顷，之后一直下降到第五次清查期的最低值111.36立方米/公顷，从第六次清查到2018年第八次清查一直有不同程度的上升，整个40年清查期内增加了6.31立方米/公顷。

成熟林单位面积蓄积量呈现先增长后持续下降的趋势，在第五次清查时略有回升，但增长幅度很小，第六次又下降，在第七次时回升；成熟林单位面积蓄积量在第二次清查时最高，达到158.12立方米/公顷；成熟林单位面积蓄积量在第三次清查时小于近熟林，在第四次和第五次清查时略高于近熟林，之后随着近熟林单位面积蓄积量的逐步上升，成熟林单位面积蓄积量与近熟林差距逐渐增大。在2018年第八次清查时，成熟林的单位面积蓄积量比近熟林小了19.67%。

过熟林的单位面积蓄积量从第二次清查起呈增加、减少、再增加的趋势，第二次清查时是最小值176.93立方米/公顷；在第三次清查时增加了47.28立方米/公顷，达到了最高值224.21立方米/公顷；之后到第五次清查期间下降了52.19立方米/公顷；其后一直到2018年第八次清查一直有不同程度的上升，40年清查期内增加了10.35立方米/公顷。历次森林资源清查各龄组单位面积蓄积量变化见表4-7和图4-20。

表4-7　各清查期不同龄组单位面积蓄积量

单位：立方米/公顷

清查期	幼龄林	中龄林	近熟林	成熟林	过熟林
1979年	36.47	71.60	0	148.53	0
1988年	66.55	99.79	145.01	158.12	176.93
1993年	70.82	105.96	157.73	139.04	224.21
1998年	61.41	90.24	121.38	121.65	202.34
2003年	55.72	100.80	111.36	122.55	172.02
2008年	45.88	106.50	121.92	114.00	180.70
2013年	55.47	100.15	133.23	120.20	185.88
2018年	45.67	108.58	151.32	121.56	187.28

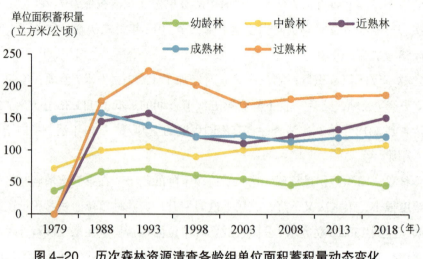

图 4-20 历次森林资源清查各龄组单位面积蓄积量动态变化

二、单位面积株数

根据现有资料,青海省森林资源的单位面积株数只在第四次(1998)至第八次(2018)森林资源清查期间有统计数据,分别为第四次清查 621 株/公顷、第五次清查 597 株/公顷、第六次清查 599 株/公顷、第七次清查 599 株/公顷、第八次清查 596 株/公顷。从 5 次清查的数据看,单位面积株数从 621 株/公顷下降到 596 株/公顷,减少 4.03%;只在第四次清查和第五次清查期间有小幅度降低,后期基本趋于稳定,历次森林资源清查单位面积株数动态变化见图 4-21。

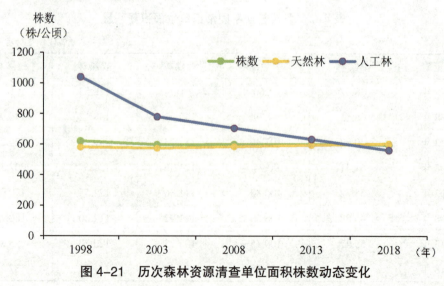

图 4-21 历次森林资源清查单位面积株数动态变化

青海天然林单位面积株数为第四次清查 581 株 / 公顷、第五次清查 573 株 / 公顷、第六次清查 585 株 / 公顷、第七次清查 594 株 / 公顷、第八次清查 603 株 / 公顷，总计增加了 3.79%。

人工林单位面积株数总体上呈下降趋势：第四次清查 1040 株 / 公顷、第五次清查 781 株 / 公顷、第六次清查 706 株 / 公顷、第七次清查 633 株 / 公顷、第八次清查 561 株 / 公顷，总体下降幅度较大，为 46.06%。

三、单位面积年均蓄积生长量

根据现有资料，青海森林的单位面积年均蓄积生长量在第六次清查时为 2.22 立方米 / 公顷、第七次清查时为 2.42 立方米 / 公顷、第八次清查时为 2.47 立方米 / 公顷，这三次清查数据显示青海省的森林单位面积年均蓄积生长量在逐渐上升，增幅为 11.26%。

青海天然林单位面积年均蓄积生长量在第六次清查时为 1.81 立方米 / 公顷、第七次清查时为 1.87 立方米 / 公顷、第八次清查时为 1.96 立方米 / 公顷。天然林的单位面积年均蓄积生长量增幅为 8.29%，虽然小于全省森林年均蓄积生长量，但仍呈现出不断增长的趋势。

青海人工林的单位面积年均蓄积生长量在第六次清查时为 5.45 立方米 / 公顷、第七次清查时为 5.79 立方米 / 公顷、第八次清查为 4.86 立方米 / 公顷。人工林的单位面积年均蓄积生长量较高，但呈现了下降趋势。

四、平均郁闭度

青海森林的平均郁闭度在第六次清查时为 0.47、第七次清查时为 0.47、第八次清查时为 0.48，平均郁闭度的总体没有变化。天然林的郁闭度在第六次清查时为 0.47、第七次清查时为 0.48、第八次清查时为 0.49；人工林的郁闭度在第六次清查时为 0.46、第七次清查时为 0.42、第八次清查时为 0.41。天然林的郁闭度呈小幅度稳定增加趋势，而人工林则呈小幅度下降趋势。

五、平均胸径

青海省森林资源平均胸径从第四次至第八次清查期间的统计数据看，前后没有变化，中间略有下降，分别为第四次清查 18.1 厘米、第五次清查 17.1 厘米、第六次清查 17.5 厘米、第七次清查 17.9 厘米、第八次清查 18.0 厘米，见图 4–22。

青海天然林历次清查时的平均胸径为第四次清查 20.2 厘米、第五次清查 17.7 厘米、第六次清查 18.0 厘米、第七次清查 18.3 厘米、第八次清查 18.4 厘米。天然林的平均胸径先下降后上升，整体高于林分平均胸径。

青海人工林历次清查时的平均胸径为第四次清查 11.2 厘米、第五次清查 13.0 厘米、第六次清查 14.0 厘米、第七次清查 15.3 厘米、第八次清查 15.7 厘米。人工林的平均胸径较小，但在清查期间处于不断上升的状态。

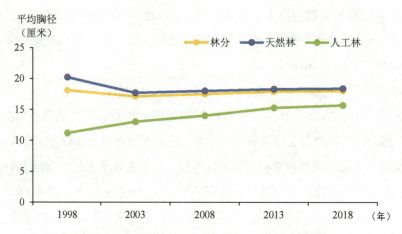

图 4-22　历次森林资源清查平均胸径动态变化

第三节　森林资源结构变化

一、树种结构变化

（一）乔木林树种（组）结构变化

青海省由于气候和自然条件的影响，适生树种较少，主要优势树种（组）面积比例排前几位的是云杉、圆柏、桦树、杨树和油松。森林资源清查乔木树种面积构成见表 4-8 和图 4-23。

表 4-8　各清查期主要优势树种（组）面积

单位：万公顷

清查期	云杉	圆柏	桦树	杨树	油松
1979 年	7.45	3.65	3.95	3.65	0.28
1988 年	9.64	7.01	5.19	3.69	0.50
1993 年	9.50	7.47	4.12	3.12	0.44
1998 年	10.42	10.62	4.92	4.08	0.48
2003 年	10.14	12.99	5.71	4.52	0.72
2008 年	10.46	13.83	6.06	4.16	0.72
2013 年	11.10	14.26	6.30	4.76	0.76
2018 年	11.98	14.84	5.58	4.68	0.76

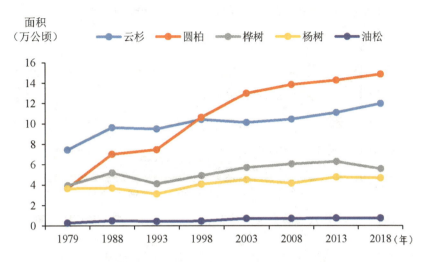

图4-23　历次森林资源清查乔木林优势树种（组）面积构成图

　　青海主要优势树种（组）的蓄积排序与面积排序有所不同，面积从大到小分别是圆柏、云杉、桦树、杨树、油松，而蓄积从大到小分别是云杉、圆柏、杨树、桦树、油松。针叶树种（组）中单位面积蓄积量从大到小依次是云杉、油松、圆柏，阔叶树种（组）中杨树的单位面积蓄积量要大于桦树。青海省乔木林主要优势树种（组）各时期的蓄积见表4-9和图4-24。

表4-9　各清查期主要优势树种（组）蓄积

单位：万立方米

清查期	云杉	圆柏	桦树	杨树	油松
1979 年	944.32	327.01	231.82	191.83	20.44
1988 年	1579.73	743.27	366.61	232.16	36.45
1993 年	1724.92	743.04	259.60	188.02	44.39
1998 年	1784.86	881.49	310.00	240.35	53.66
2003 年	1772.63	1018.92	385.23	343.51	64.08
2008 年	1895.62	1136.30	436.20	372.17	65.41
2013 年	2043.37	1205.65	489.22	496.38	75.45
2018 年	2120.07	1250.77	409.14	565.66	80.69

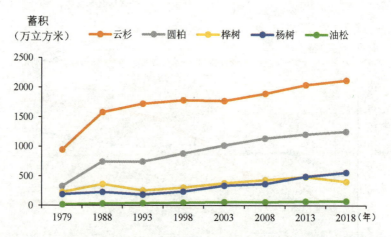

图4-24 历次森林资源清查乔木林优势树种（组）蓄积构成图

1.圆柏

圆柏是青海省重要的生态树种，分布广泛，具有耐高寒、干旱、贫瘠等特性，发挥防风保土、水源涵养、护农护牧等作用。祁连圆柏面积最大、分布最广，除玉树州外，全省各大林区都有祁连圆柏分布；其垂直分布幅度也大，南高北低，最低分布海拔为2600米，位于大通河流域，最高分布海拔为4300米，位于玛可河林区。其次是大果圆柏，作为东部高寒山区常见的乔木林分，生态位置十分重要；其材质坚韧致密，耐腐蚀，具有很高的经济价值，主要分布在玉树州各林区，其疏林分布海拔可达4500米。40年间，圆柏面积一直在不断增长，增长幅度为306.58%，1979—2003年期间增长较为迅速，在乔木林中的占比也逐渐上升，2003年之后的增长比较平缓，2013年有所下降。历次森林资源清查圆柏面积见图4-25。

图4-25 历次森林资源清查圆柏面积

青海历次清查圆柏的蓄积总体呈现逐步增加的态势，由于面积发生大的变化，第一次到第二次清查期的蓄积量增长最为显著，蓄积在 40 年间变化幅度为 282.49%，蓄积的增长速度小于面积的增长速度；单位面积蓄积量总体呈逐步减少的趋势，后期回升后持平。历次森林资源清查圆柏蓄积见图 4-26。

图 4-26　历次森林资源清查圆柏蓄积

2.云杉

云杉组植物在乔木林优势树种中占据着重要位置。云杉组植物中以青海云杉面积最大，材质良好，生长迅速、适应性较强，在祁连山地垂直气候带上为顶级群落，水平分布广阔。其次是川西云杉，分布在玉树州和果洛州的一些原始林区中，极耐高寒气候，是云杉属内分布较高的树种，有十分重要的生态和经济价值。青海的紫果云杉和青杆面积比例较小，其中紫果云杉是高海拔地区的珍贵用材林树种，适应能力较强，有着重要的水源涵养作用，也是高山林区迹地更新的主要树种，集中分布在青海省东南部果洛州班玛县境内的玛可河、多可河流域以及黄南州泽库县境内的隆务河流域；青杆主要分布在海拔 2000 ～ 2700 米的山谷中下部，材质优良，生长较为迅速。从森林资源第一次清查到最后一次清查，云杉面积一直保持在较高的水平，在 1979—1993 年期间是青海省面积最大的树种，40 年间增长幅度为 60.81%；由于面积增长的幅度不高，在 1998 年后变为青海面积第二的树种。历次森林资源清查云杉面积见图 4-27。

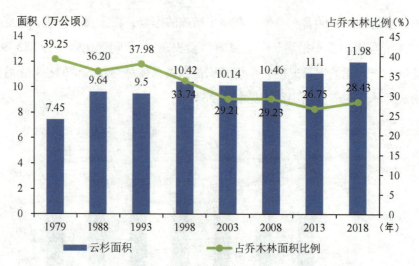

图 4-27　历次森林资源清查云杉面积

　　青海云杉蓄积量总体表现为逐渐增加的变化特征，每一次清查期间的变化量都不高，在第五次清查时略有减少，之后又增加。云杉林蓄积的变化与云杉林面积的变化存在因果关系。蓄积量在40年间变化幅度为124.51%，大于面积的增长幅度，单位面积蓄积量总体上升了39.62%。历次森林资源清查云杉蓄积见图4-28。

图 4-28　历次森林资源清查云杉蓄积

3. 桦树

　　青海桦树组树种面积以白桦最多，糙皮桦次之，红桦最少。白桦是喜光阔叶树种，生长快，分布广，是森林发展过程中的先锋树种，具有护岸保土和水源涵养的作用。糙皮桦多处于江河之源或山坡中上部,分布在海拔 2700 ～ 3900 米之间,在水源涵养方面有特殊作用。红桦在青海次生林中占有重要的地位,分布在大通河、湟水河、隆务河等地的林区内。青海桦树面积在 1993 年减少了 1.07 万公顷,在 2018 年减少了 0.72 万公顷,其余清查年度均上涨,40 年间面积增长幅度为 41.27%。相对于面积的增长,桦树在乔木林中占据的比例总体呈下降趋势。历次森林资源清查桦树面积见图 4-29。

图 4-29　历次森林资源清查桦树面积

青海历次清查桦树的蓄积总量变化趋势与桦树面积变化趋势相同,但由于桦树蓄积总量增长幅度为 76.49%,而面积增长幅度为 41.27%,因此桦树单位面积蓄积量总体增长不高。历次森林资源清查桦树蓄积见图 4-30。

图 4-30　历次森林资源清查桦树蓄积

4. 杨树

青海杨树组树种种类丰富，杨树的分布范围普遍较广，在造林绿化和用材方面具有重要的作用。青海杨树面积较小且一直有起伏波动，在2013年达到了最高值4.76万公顷，历次森林资源清查杨树面积，历次森林资源清查杨树面积见图4-31。

图4-31 历次森林资源清查杨树面积

青海历次清查杨树的蓄积总体表现为逐渐增加的变化特征，只在第二次到第三次清查期由于面积减少引起明显下降。杨树单位面积蓄积量在第二次到第四次清查期有略微减少，之后快速增长，到2018年达到最高值120.87立方米/公顷。历次森林资源清查杨树蓄积，历次森林资源清查杨树蓄积见图4-32。

图4-32 历次森林资源清查杨树蓄积

100

5.油松

青海油松组主要包括油松、华山松和落叶松。青海省是油松分布区域的西部界限，也是海拔最高的地区。油松根系发达，具有良好的水土保持效能，适应范围较大，垂直分布海拔为 2000 ~ 3000 米。华山松是省内针叶林中生长最快、用材价值较高的类型，主要分布于东部，垂直分布于海拔 1950 ~ 3000 米之间。落叶松从外地引种进入，因其材质好，耐腐朽，生长较快，有涵养水源的显著效能，是很好的造林树种。青海油松组树种的面积和比例都不高，但面积增长幅度较大，40 年间增长了 171.43%，其面积占乔木林的比例增长幅度不大。历次森林资源清查油松面积见图 4-33。

图 4-33 历次森林资源清查油松面积

青海历次清查油松的蓄积量总量呈逐年递增的趋势，增长幅度为 294.77%。但是油松的单位面积蓄积量在 1979—1998 年期间增长较快，在 1999—2003 年清查期间出现下降，之后缓慢上升。历次森林资源清查油松蓄积见图 4-34。

图 4-34 历次森林资源清查油松蓄积

（二）特殊灌木林树种结构变化

2008 年、2013 年和 2018 年清查期，全省特殊灌木林树种中山生柳最多，金露梅其次，三次清查期间，二者总面积均占特殊灌木林的 50% 以上。山生柳面积从 92.01 万公顷上升到 118.50 万公顷，增幅 28.79%；金露梅面积从 56.39 万公顷上升到 93.44 万公顷，增幅达 65.70%。人工栽植的灌木林也是青海造林绿化和恢复森林植被的重要手段，主要栽植树种为柠条、沙棘等，其中柠条的比例逐渐下降（2008 年 60.66%、2013 年 45.30%、2018 年 33.53%），而沙棘的比例逐渐增加（2008 年 26.23%、2013 年 34.68%、2018 年 38.37%）。

二、龄组结构变化

（一）不同龄组面积变化

从历次森林资源清查的乔木林龄组面积结构变化看，近 40 年来，各龄组面积总体上呈增加趋势。第八次清查期幼龄林和中龄林面积占乔木林总面积的 50% 以上，表明未来森林质量仍有较大的提升空间。历次森林资源清查龄组面积见表 4-10 和图 4-35。

表 4-10　各清查期不同龄组面积

单位：万公顷

清查期	合计	幼龄林	中龄林	近熟林	成熟林	过熟林
1979 年	19.00	1.50	12.20	0	5.30	0
1988 年	26.03	5.64	10.81	3.39	4.39	1.80
1993 年	24.65	5.60	9.73	3.36	3.92	2.04
1998 年	30.52	4.95	12.47	4.23	5.79	3.08
2003 年	34.19	6.52	13.43	4.60	5.96	3.68
2008 年	35.78	6.43	12.35	5.28	6.84	4.88
2013 年	37.85	6.39	12.00	5.02	8.80	5.64
2018 年	42.14	8.91	12.26	5.34	9.27	6.36

备注：清查期 1979 年面积多 0.02 万公顷系原始统计表只保留 1 位小数所致。

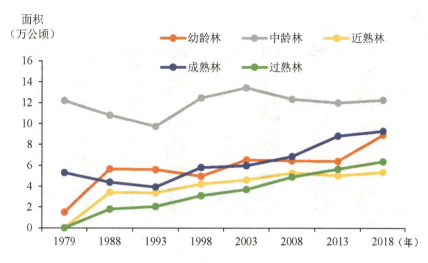

图 4-35　历次森林资源清查龄组面积构成图

　　各清查期期间不同龄组面积比例的差异较大。幼龄林面积从清查初期的 1.50 万公顷增加到 8.91 万公顷，但在不同清查期期间处于不断波动之中：1979—1988 年增幅较大，增长了 276%；在 1989—1998 年 10 年间下降了 12.23%；在 1999—2003 年清查期内又上涨了 31.72%；随后的 2004—2013 年又略微下降；至 2018 年再次上涨了 39.44%。中龄林一直是面积比例最大的龄组，但在各期的占比整体处于下降趋势：中龄林的面积除 1979—1993 年期间呈现下降趋势外，其余各时期基本趋于稳定。近熟林的面积比例变化较小，趋于平稳：从第二次清查到第八次清查，近熟林的面积总体增加了 57.52%。成熟林的面积比例在历次清查中呈现先下降再上升的趋势：1979—1993 年清查期内成熟林的面积减少了 1.38 万公顷，下降幅度为 26.04%；1994—2018 年清查期间共增加了 5.35 万公顷，增长幅度为 136.48%，其中 1994—1998 年和 2009—2013 年两个清查期面积增加幅度最大。过熟林的面积呈现逐渐增加趋势：从第二次清查至第八次清查，过熟林的面积总计增加了 4.56 万公顷，增长幅度为 253.33%。过熟林面积的增长意味着青海省对森林的保护和木材消耗的控制有很好的效果。历次森林资源清查龄组面积比例变化见图 4-36。

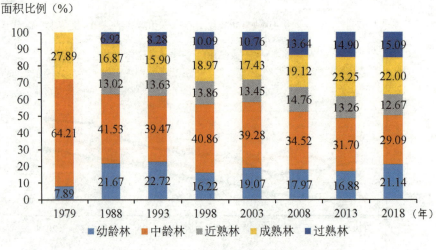

图 4-36　历次森林资源清查龄组面积比例变化

（二）不同龄组蓄积变化

从历次森林资源清查的乔木林龄组蓄积结构变化看，各龄组蓄积呈增加趋势。在第八次清查期，近熟林的蓄积量比例较小，过熟林的蓄积比例偏大，若没有合适的森林经营和管理计划，未来中龄林迈入近熟林，成熟林迈入过熟林阶段，近熟林蓄积和过熟林蓄积将大幅度上升，成熟林的蓄积量和比例都会大幅下降。历次森林资源清查不同龄组蓄积见表 4-11 和图 4-37。

表 4-11　各清查期不同龄组蓄积

单位：万立方米

清查期	合计	幼龄林	中龄林	近熟林	成熟林	过熟林
1979 年	1715.40	54.70	873.50	0	787.20	0
1988 年	2958.22	375.33	1078.69	491.59	694.14	318.47
1993 年	2959.97	396.57	1031.01	529.96	545.04	457.39
1998 年	3270.36	304.00	1125.32	513.45	704.38	623.21
2003 年	3592.62	363.27	1353.68	512.25	730.38	633.04
2008 年	3915.64	295.01	1315.31	643.74	779.75	881.83
2013 年	4331.21	354.47	1201.78	668.81	1057.80	1048.35
2018 年	4864.15	406.95	1331.21	808.03	1126.87	1191.09

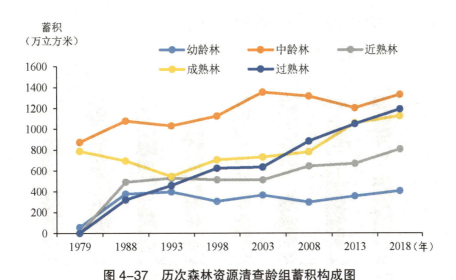

图 4-37　历次森林资源清查龄组蓄积构成图

各清查期期间不同龄组蓄积比例的差异较大。幼龄林的蓄积变化趋势与其面积变化的趋势相似，但变化的幅度更大，且整体有增加。1979—1993 年增长了 624.99%，远超面积的增长幅度；在 1994—1998 年期间下降 23.34%；在 1999—2003 年清查期内上涨了 19.5%；随后的 2004—2008 年期间又下降了 18.79%；至 2018 年再次上涨了 37.94%，幼龄林蓄积达到 406.95 万立方米。中龄林是蓄积比例最大的龄组，这是由于中龄林面积比例较大的原因，其变化趋势也与面积比例变化相同：在 1979—1988 年期间上涨；在 1989-1993 年略微下降；1994—2003 年期间一直上涨，达到最高值 1353.68 万立方米，之后便出现下滑；至 2018 年时又有了一定回升，40 年间总体数量增加了 457.71 万立方米，上涨幅度为 52.40%，较中龄林的面积增长比例大。近熟林的蓄积比例变化较小：蓄积总体增加了 64.37%，相比于其面积在第二次清查至第五次清查期间变幅不大。历次清查中的成熟林蓄积比例呈现先下降再上升的趋势，与其面积的变化趋势相同：1979—1993 年期间成熟林的蓄积下降了 242.16 万立方米，下降幅度为 30.76%，其中 1979 年的清查数据中没有近熟林和过熟林的划分，而到了 1988 年开始划分近熟林和过熟林，将成熟林中的部分面积和蓄积分别归到了近熟林和过熟林中，导致了成熟林面积和蓄积都下降；成熟林的蓄积在 1994—2018 年期间共增加了 581.83 万立方米，增长幅度为 106.75%。历次清查过熟林的蓄积比例逐渐增大，与过熟林面积的变化趋势相同：从第二次清查至第八次清查，过熟林的蓄积增长了 872.62 万立方米，增长幅度为 274%，略小于面积的增长幅度。过熟林蓄积的变化主要是随着面积的增加而增加。历次森林资源清查龄组蓄积比例变化见图 4-38。

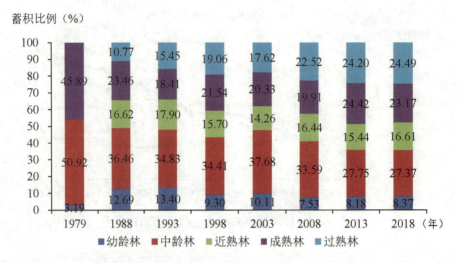

图 4-38 历次森林资源清查龄组蓄积比例变化

三、起源结构变化

（一）天然乔木林起源结构变化

青海省林区主要是天然林区，大多是山高坡陡，森林植被表现出比较明显的坡向性，天然次生林分布在祁连山地与西倾山北坡的浩门河、湟水河、隆务河下游及黄河下段，原始林主要分布在青南高原的澜沧江、玛可河、柴达木、黄河上段及祁连山脉的黑河流域。

青海省乔木林绝大部分都是天然起源，历次清查期间天然乔木林面积和蓄积整体呈上升趋势，只在第三次清查期内有小幅度下降，第八次清查时天然乔木林面积达到最高值，达 34.82 万公顷。但天然乔木林占乔木林面积的比例整体却呈下降趋势，第一次清查时，天然乔木林的面积比例是 90.57%，在第七次清查时降低到最小值 78.60%。历次森林资源清查天然乔木林面积和蓄积变化见图 4-39。

天然林多处于自然环境严峻的区域，不仅受自然灾害的风险较大，也受人类生产生活需求的影响，因此会在清查期间内出现面积短暂下降的情况。同时，青海依托林业重点工程的实施加大了人工造林和植被恢复的力度，使得人工乔木林面积逐渐上涨，故而天然林的比例有所下降。

图 4-39 历次森林资源清查天然乔木林面积、蓄积变化

1.优势树种（组）结构

（1）面积结构变化

青海天然乔木林主要的优势树种（组）面积比例排前几位的是圆柏、云杉、桦树、杨树和油松，各清查期内天然乔木林优势树种（组）面积见表4-12。

圆柏林为天然林，在所有天然乔木优势树种中所占比例较高，在各清查期内面积增长幅度最大。40年来，圆柏林面积处于不断增长的态势，在天然乔木林中的比例前20年高，后20年逐渐趋于平稳。历次森林资源清查天然圆柏面积变化见图4-40。

表 4-12 各清查期天然乔木林优势树种（组）面积

单位：万公顷

清查期	圆柏	云杉	桦树	杨树	油松
1988 年	7.01	9.57	5.16	1.51	0.48
1993 年	7.47	9.46	4.12	1.12	0.44
1998 年	10.62	10.22	4.92	1.60	0.48
2003 年	12.99	9.66	5.71	1.36	0.56
2008 年	13.83	9.78	6.06	1.16	0.52
2013 年	14.26	10.14	6.30	1.24	0.56
2018 年	14.84	9.78	5.50	0.84	0.52

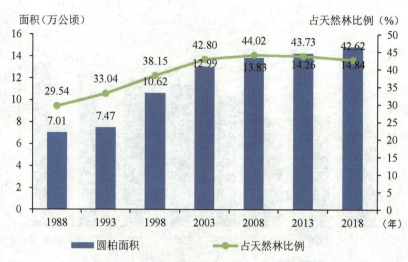

图 4-40　历次森林资源清查天然圆柏面积变化

　　天然云杉林在第二次森林资源清查时面积比例最大，至第八次森林清查时云杉天然林面积为 9.78 万公顷，增长幅度较小。天然云杉林占天然乔木林的比例呈下降趋势，至 2018 年时天然云杉林占天然乔木林的比例为 28.09%，相比于第二次森林清查降低了 12.24 个百分点，变为天然乔木林中比例排名第二的优势树种。历次森林资源清查天然云杉面积变化见图 4-41。

图 4-41　历次森林资源清查天然云杉面积变化

　　天然桦树林面积在清查期内增长了 0.34 万公顷，其在乔木天然林中的比例下降了约 6 个百分点。历次森林资源清查天然桦树面积变化见图 4–42。

图 4–42　历次森林资源清查天然桦树面积变化

天然杨树林的面积在 1989—1993 年期间下降了 0.39 万公顷，1994—1998 年期间上涨了 0.48 万公顷，在 1999—2008 年期间再次下降了 0.44 万公顷，在 2009—2018 年期间略微上涨后再次下降了 0.40 万公顷，清查期间内天然杨树林面积增长远小于降低，面积下降了 0.67 万公顷，其在天然林中的面积比例下降了约 4 个百分点。天然杨树林是优势树种里唯一面积出现下降的树种，这是由于杨树是很好的速生用材树种，用材的消耗增加会减少杨树的面积。同时，青海杨树病虫危害普遍较重，成灾面积较大，导致了天然杨树林面积的减少。历次森林资源清查天然杨树面积变化见图 4–43。

图 4–43　历次森林资源清查天然杨树面积变化

天然油松林面积总体增长了 0.04 万公顷，其面积占天然乔木林的比例在清查期内一直起伏波动，至 2018 年第八次清查时下降了 0.53 个百分点。由此可知，天然油松林面积在整体天然林面积增加的环境下，其变化较小，在天然乔木林中的组成比较稳定，历次森林资源清查天然油松面积变化见图 4-44。

图 4-44　历次森林资源清查天然油松面积变化

（2）蓄积结构变化

青海省天然乔木林主要优势树种（组）各清查期内的蓄积见表 4-13。

表 4-13　各清查期天然乔木林优势树种（组）蓄积

单位：万立方米

清查期	圆柏	云杉	桦树	杨树	油松
1988 年	743.27	1574.06	366.00	171.79	35.22
1993 年	743.04	1724.92	259.60	84.14	44.39
1998 年	881.49	1784.83	310.00	111.46	53.66
2003 年	1018.92	1769.01	385.23	94.60	63.52
2008 年	1136.30	1889.32	436.20	88.08	62.69
2013 年	1205.65	2026.06	489.22	95.25	69.19
2018 年	1250.77	2086.33	408.06	57.55	72.30

天然云杉林的蓄积在清查期间的增长幅度为32.54%，单位面积蓄积量增加了48.85立方米/公顷，见图4-45。天然云杉林的蓄积表现为逐渐增加的变化特征，这与云杉林面积的变化相关，也随着天然的生长而逐渐累积更多蓄积，这一点从第四次清查期后天然云杉林单位面积蓄积量逐渐增加的趋势中可以看出。

图4-45 历次森林资源清查天然云杉蓄积变化

青海历次清查天然圆柏林的蓄积呈现逐步增加的态势，清查期内增长了507.50万立方米，增长幅度为68.28%。天然圆柏林单位面积蓄积量呈逐步减少的趋势，在第六次和第七次清查期时上升后的数值较为平稳。历次森林资源清查天然圆柏蓄积变化见图4-46。

图4-46 历次森林资源清查天然圆柏蓄积变化

天然桦树林蓄积在第二次清查到第三次清查期间出现较大幅度的下降，之后直到第七次清查期时一直缓慢上升，并在最后一次清查期时再次下降。从第二次清查期到最后一次清查期，天然桦树林的单位面积蓄积量增长了3.26立方米/公顷。历次森林资源清查天然桦树蓄积变化见图4-47。

图4-47 历次森林资源清查天然桦树蓄积变化

天然油松林的蓄积在青海历次清查中呈逐年递增的趋势，增长幅度为105.28%。天然油松林单位面积蓄积量在清查期间一直稳定增长，第八次清查比第二次清查增加了65.66立方米/公顷。历次森林资源清查天然油松蓄积变化见图4-48。

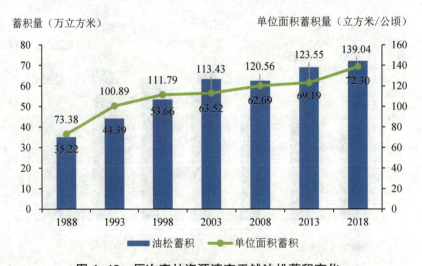

图4-48 历次森林资源清查天然油松蓄积变化

青海历次清查天然杨树林的蓄积整体呈现下降趋势，总体下降了 66.50%，单位面积蓄积量下降了 45.26 立方米／公顷。历次森林资源清查天然杨树蓄积变化见图 4-49。

图 4-49　历次森林资源清查天然杨树蓄积变化

2.龄组结构

（1）面积结构变化

青海各清查期天然林不同龄组之间面积比例相差较大。幼龄林面积整体波动增长，在 2003 年达到最大值 5.32 万公顷，之后有一定下降，但在最后一次清查时增长到 5.31 万公顷。中龄林一直是天然林中面积最大的龄组，清查期间一直呈下降趋势，占比总体下降 11.36%；其面积小幅波动，第八次清查时的面积较第二次清查增加了 0.84 万公顷，增幅为 9.20%。近熟林的占比变化较小，降低了 0.45%，面积总体增加了 42.18%，在第三次清查和第七次清查时面积分别减少了 0.15 万公顷和 0.14 万公顷。成熟林的比例值总体上升了 4.29%，面积在历次清查中呈现先下降再上升的趋势，在 1989—1993 年期间成熟林面积小幅下降后，1994—2018 年期间共增加了 3.95 万公顷，总体增长幅度为 81.59%。过熟林的面积比例逐渐增大，占天然林的比例增加了 9.16%，面积在历次清查期内呈现出逐渐增加的趋势，从第二次清查至第八次清查，过熟林面积总计增长了 4.02 万公顷，增长幅度为 225.84%。天然乔木林不同龄组面积及所占比例变化见表 4-14 和图 4-50。

表 4-14　各清查期天然乔木林不同龄组面积

单位：万公顷

清查期	幼龄林	中龄林	近熟林	成熟林	过熟林
1988 年	4.01	10.26	3.39	4.29	1.78
1993 年	4.36	9.13	3.24	3.84	2.04
1998 年	4.51	10.63	3.95	5.71	3.04
2003 年	5.32	11.47	4.16	5.72	3.68
2008 年	5.03	11.11	4.28	6.24	4.76
2013 年	4.67	10.96	4.14	7.48	5.36
2018 年	5.31	11.10	4.82	7.79	5.80

图 4-50　历次森林资源清查天然林不同龄组面积比例变化

（2）蓄积结构变化

青海各清查期天然林不同龄组之间蓄积比例的变化中，幼龄林蓄积变化趋势与其面积变化的趋势相似，变化幅度不大，在清查期内增长了 9.47 万立方米，1993 年达到最大值 348.48 万立方米，之后两次下降后到第八次清查恢复到 346.20 万立方米。中龄林是天然林蓄积最大的龄组，这是由于天然中龄林面积较大，其变化趋势也与面积比例变化相同，蓄积量占天然林蓄积量的比例下降了 5.75%；中龄林蓄积在 1989—1993 年略微下降，在 1994—2003 年期间有较大的增加，之后的蓄积变化趋于平稳，至 2018 年达到最大值 1219.27 万立方米，在清查期间蓄积总体增长了 164.58 万立方米，增长幅度为

15.60%，这表明天然中龄林的森林质量有了明显的提升。近熟林的蓄积占比在整个清查期间增长了 0.74%，蓄积总体增加了 43.17%，增长幅度较大。成熟林的蓄积占比下降了 0.31%，蓄积在历次清查中呈现先下降再上升的趋势，与其面积的变化趋势相似，但天然成熟林面积总体增长了 81.59%，蓄积总体增长了 35.45%，天然成熟林的蓄积在后期并没有因为面积的增长有较大幅度的提升，表明在清查后期成熟林的森林质量提升速度较慢。过熟林的蓄积占比增加了 16.41%，是蓄积比例增加最多的龄组，蓄积变化呈现出逐渐增加的趋势，与天然过熟林面积的变化趋势相同，从第二次清查至第八次清查，天然过熟林的蓄积总体增长了 767.84 万立方米，增长幅度为 241.77%，增长幅度略大于面积的增长幅度。天然乔木林不同龄组蓄积及所占比例变化见表 4-15 和图 4-51。

表 4-15　各清查期天然乔木林不同龄组蓄积

单位：万立方米

清查期	幼龄林	中龄林	近熟林	成熟林	过熟林
1988 年	336.73	1054.69	491.59	689.74	317.59
1993 年	348.48	991.50	519.72	539.00	457.39
1998 年	293.12	1042.85	496.98	693.65	614.84
2003 年	316.37	1215.87	486.59	688.15	631.89
2008 年	278.09	1206.24	552.61	728.89	855.63
2013 年	331.37	1132.13	555.04	904.31	977.64
2018 年	346.20	1219.27	703.81	934.23	1085.43

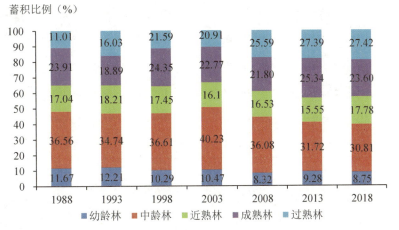

图 4-51　历次森林资源清查天然乔木林不同龄组蓄积比例变化

（3）单位面积蓄积量变化

幼龄林的单位面积蓄积量在第二次清查时达到最大值 83.97 立方米 / 公顷，其后的幼龄林单位面积蓄积量一直下降，在第七次清查时有一定回升，在最后一次清查时又下降，清查期内的单位面积蓄积量下降了 18.77 立方米 / 公顷，下降幅度为 22.35%。中龄林的单位面积蓄积量变化有两次小幅度的降低，发生在 1994—1998 年和 2009—2013 年期间，其余清查期呈上升趋势，2018 年第八次森林资源清查时达到最大值 109.84 立方米 / 公顷。近熟林的单位面积蓄积量在 1994—2003 年期间减少了 43.44 立方米 / 公顷，其后一直上升，在 2018 年第八次清查时达到了最高值 146.02 立方米 / 公顷，整个清查期内单位面积蓄积量仅增加了 1.01 立方米 / 公顷。成熟林的单位面积蓄积量呈现持续下降的趋势，仅在第七次清查时有略微的回升，在第二次清查时是最大值，达到 160.78 立方米 / 公顷，清查期间内整体下降了 40.85 立方米 / 公顷，下降幅度为 25.41%。过熟林的单位面积蓄积量在 1994—2003 年期间下降了 52.50 立方米 / 公顷，下降比例较大，在 2004—2018 年期间平均每五年增加 5.14 立方米 / 公顷，到第八次清查天然过熟林单位面积蓄积量为 187.14 立方米 / 公顷，整个清查期内增加了 8.72 立方米 / 公顷。历次森林资源清查天然乔木林各龄组单位面积蓄积量见表 4-16 和图 4-52。

表 4-16　各清查期天然乔木林不同龄组单位面积蓄积量

单位：立方米 / 公顷

清查期	幼龄林	中龄林	近熟林	成熟林	过熟林
1988 年	83.97	102.80	145.01	160.78	178.42
1993 年	79.93	108.60	160.41	140.36	224.21
1998 年	64.99	98.10	125.82	121.48	202.25
2003 年	59.47	106.00	116.97	120.31	171.71
2008 年	55.29	108.57	129.11	116.81	179.75
2013 年	70.96	103.30	134.07	120.90	182.40
2018 年	65.20	109.84	146.02	119.93	187.14

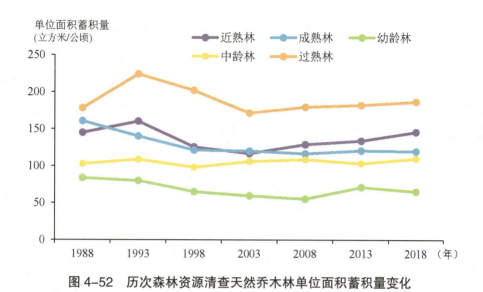

单位面积蓄积量
（立方米/公顷）

图 4-52　历次森林资源清查天然乔木林单位面积蓄积量变化

（二）人工乔木林起源结构变化

青海省人工乔木林分布范围较小，主要分布于湟水、黄河下端的河谷阶地及坡地，小部分分布于柴达木盆地和共和盆地，以杨树和云杉占绝对优势，树种单纯，林分结构简单。在 1978 年，青海省作为国家"三北"防护林体系建设的主要省份之一，开始大规模实施人工造林、封山育林以及飞机播种造林，并在 1999 年又开始实施退耕还林工程，人工乔木林的面积有了较大的增长。

历次清查期间人工乔木林面积和蓄积整体呈上升趋势，面积在第三次清查期内有略微下降，后期持续增长，到第八次清查人工乔木林面积总计增长了 5.53 万公顷。人工乔木林的蓄积在第二次清查时略微下降后逐渐上升，到第八次清查时总计增长了 501.25 万立方米。见图 4-53。

1. 优势树种（组）结构

（1）面积结构变化

随着清查对树种的不断细化，青海省人工乔木林优势树种（组）在统计时体现出较多变化。第八次清查时优势树种面积比例排前几位的分别是杨树、云杉、针阔混、油松、榆树、阔叶混、针叶混以及桦树。针阔混只有 2009—2013 年和 2014—2018 年两个清查期的数据，其中，前一个清查期的面积为 0.04 万公顷，后一个清查期增长到 0.36 万公顷，增长幅度很大，但由于只有两次清查数据，且无法明确针阔混的主要树种组成，故此处不详细分析其动态变化。优势树种组阔叶混和针叶混的划分只出现在最后一次清查期,其中,在 1999—2003 年清查期内有 0.04 万公顷软阔,2009—2013 年清查期内有 0.16 万公顷的其他软阔,但无法追溯其与最后一次清查期内的阔叶混在判定上有何异同,故此处不详细分析历次清查期内阔叶混和针叶混的动态变化。桦树只在 1988 年清查期有 0.03 万公顷,以及最后一次清查期(2014—2018 年)只有 0.08 万公顷,人工桦树林并未呈现连续性的面积变化,这可能与人工造林树种选择变化、林地面积保存和调查误差有关。此外,人工乔木林中还有部分经济树种,包括苹果树、梨树、桃树、杏树、核桃树等树种,但由于其面积比例较小,且在后文中会对青海省经济林进行单独的动态变化分析,故此处对这些经济树种不作详细分析。

青海省历次清查人工乔木林优势树种(组)面积见表 4-17。

图 4-53　历次森林资源清查人工乔木林面积和蓄积变化

表 4-17　各清查期人工乔木林优势树种(组)面积

单位:万公顷

清查期	杨树	云杉	油松	榆树
1988 年	2.18	0.07	0.03	0
1993 年	2.00	0.04	0	0
1998 年	2.48	0.20	0	0
2003 年	3.16	0.48	0.16	0
2008 年	3.00	0.68	0.20	0.20
2013 年	3.52	0.96	0.20	0.32
2018 年	3.84	2.20	0.24	0.24

　　青海自然条件较差，适生造林树种较少，而杨树适应性强，且生长速度较快，过去很长时间内，杨树在青海人工林中占据了绝对的优势地位，其中青杨面积最大。1989—1998 年期间，杨树在人工林中占据绝对优势，平均占比在 95% 以上，面积总体增加了 0.3 万公顷，但占人工林的比例值下降了 2.24%；杨树面积在 2004—2008 年期间下降了 0.16 万公顷，其余清查期间的面积均呈上升趋势，1999—2018 年期间总体面积增长了 1.36 万公顷，但其占人工林的比例却一直呈现下降趋势，比例值下降了 40.08%。历次森林资源清查人工乔木林杨树面积变化见图 4-54。

图 4-54　历次森林资源清查人工乔木林杨树面积变化

　　云杉的主要造林树种有青海云杉和川西云杉，其中，青海云杉造林面积最大，川西云杉次之。云杉人工林面积总体增幅较大，在整个清查期内实现了面积和比例的"双增长"。在 1989—1993 年期间，云杉人工林面积下降了 0.03 万公顷，其占人工林面积的比例有略微下降。在 1994—2013 年期间，云杉人工林面积和比例都处于稳定上升的态势，期间面积总计增长了 0.92 万公顷，平均每次清查期增长 0.23 万公顷，占人工林面积的比例增长了 16.36%，平均每次清查期增长了 4.09%。在第八次清查时，云杉人工林面积有了大幅提升，面积增长了 1.24 万公顷，平均每年增长约 0.25 万公顷，占人工林面积的比例增长了 11.73%，平均每年增长 2.35%。历次森林资源清查人工乔木林云杉面积变化见图 4-55。

图 4-55　历次森林资源清查人工乔木林云杉面积变化

　　油松的主要造林树种有落叶松、华北落叶松和油松，三者之间以落叶松和油松面积最大，华北落叶松次之。油松人工林面积在历次清查期间呈现了前期和后期变化明显的差异，在 1989—1998 年间，只有 1988 年有 0.03 万公顷，之后都没有。由于其面积本身较小，容易在调查和统计中因误差而产生较大的影响，同时这也表明，在前 20 年中，油松人工林面积处于较低水平。在 1999—2018 年期间，油松人工林面积有了较大的变化，第五次清查时从无到有，增长了 0.16 万公顷，又在第六次清查时增长到 0.20 万公顷，其占人工林面积的比例增长到了历史最高值 4.59%，第七次清查时油松人工林面积保持不变，在第八次清查时增长到 0.24 万公顷，但其占人工林面积的比例却在第七次时就开始下降，至第八次清查时，油松人工林占人工林总面积的比值降为3.28%。历次森林资源清查人工乔木林油松面积变化见图 4-56。

图 4-56　历次森林资源清查人工乔木林油松面积变化

　　榆树人工林在第六次清查时才开始出现，在 2004—2008 年清查期内面积增长了 0.20 万公顷，占人工林面积比例增加至 4.59%。在 2009—2013 年清查期内，又大幅增长了 0.12 万公顷，占人工林面积比例达到 6.11%，而后在 2014—2018 年下降了 0.08 万公顷。历次森林资源清查人工乔木林榆树面积变化见图 4-57。

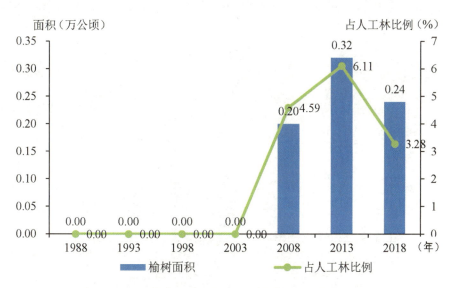

图 4-57　历次森林资源清查人工乔木林榆树面积变化

（2）蓄积结构变化

青海省历次清查人工乔木林优势树种（组）蓄积见表 4-18。

表 4-18　各清查期人工乔木林优势树种（组）蓄积

单位：万立方米

清查期	杨树	云杉	油松	榆树
1988 年	60.37	5.67	1.23	0
1993 年	103.88	0	0	0
1998 年	128.89	0.03	0	0
2003 年	248.91	3.62	0.56	0
2008 年	284.09	6.30	2.72	0.68
2013 年	401.13	17.31	6.26	2.52
2018 年	508.11	33.74	8.39	3.55

青海杨树人工林蓄积在清查期间一直呈上升趋势，总体蓄积增加了 447.74 万立方米，增长幅度达 741.66%。杨树人工林单位面积蓄积量有了非常大的提升，从 1988 年第二次清查时的最低值 27.69 立方米 / 公顷，增长到 2018 年第八次清查时的 132.32 立方米 / 公顷，总体增长了 104.63 立方米 / 公顷，表明杨树适合青海的自然环境，生长迅速，但鉴于杨树发生过比较严重的病虫危害，若要保持现有杨树的面积和蓄积增长趋势，必须加大对杨树病虫害的监测和防治工作。历次森林资源清查人工乔木林杨树蓄积变化见图 4-58。

图 4-58　历次森林资源清查人工乔木林杨树蓄积变化

　　青海云杉人工林的蓄积变化主要受面积变化影响，1989—1998 年期间云杉人工林蓄积为零，单位面积蓄积量在第二次清查时为 81 立方米 / 公顷，远远超过单位面积蓄积量的平均水平，但数据显示这部分云杉人工林处于幼龄林阶段，因此判断其单位面积蓄积量偏高系调查误差造成的。1994—2018 年，云杉人工林总蓄积和单位面积蓄积量都处于稳定上升的态势，在第八次清查时，云杉人工林蓄积达到 33.74 万立方米，单位面积蓄积量从第七次清查时的 18.03 立方米 / 公顷下降到 15.34 立方米 / 公顷，这是由于此期间内云杉人工林面积的增长过快，使得云杉人工林幼龄林面积增加较多所致。历次森林资源清查人工乔木林云杉蓄积变化见图 4-59。

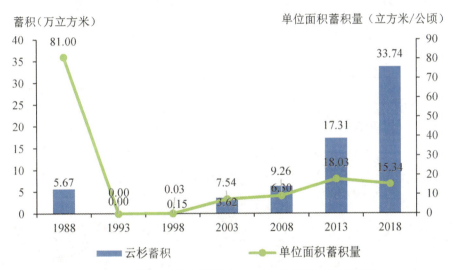

图 4-59　历次森林资源清查人工乔木林云杉蓄积变化

　　油松人工林蓄积在 1988—1998 年间，只有 1988 年有 1.23 万立方米，单位面积蓄积量为 41 立方米 / 公顷，是历次清查中的最大值，这是调查方法或统计上造成的误差。油松人工林蓄积量在第五次清查时增长了 0.56 万立方米，单位面积蓄积量为 3.50 立方米 / 公顷，其后至第八次清查期间，油松人工林的增长速度较快，较第五次清查时共增长了 7.83 万立方米，增长幅度约达 14 倍，单位面积蓄积量增加了 31.46 立方米 / 公顷，增长了近 9 倍。这表明油松组植物在青海生长状况较好，生长速度较快，是适合青海自然环境条件的造林树种组。历次森林资源清查人工乔木林油松蓄积变化见图 4-60。

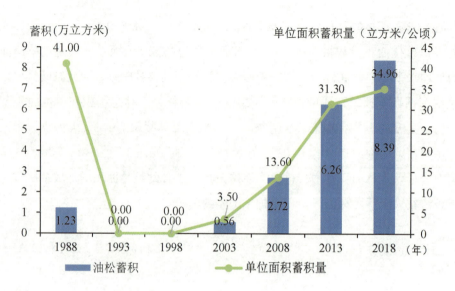

图 4-60　历次森林资源清查人工乔木林油松蓄积变化

青海榆树人工林在第六次清查之前由于树种未细化被归并在硬阔中，单独统计后榆树的蓄积一直呈增长趋势。说明榆树生长速度快，生长状况较好，是适宜青海的速生阔叶树种。历次森林资源清查人工乔木林榆树蓄积变化见图 4-61。

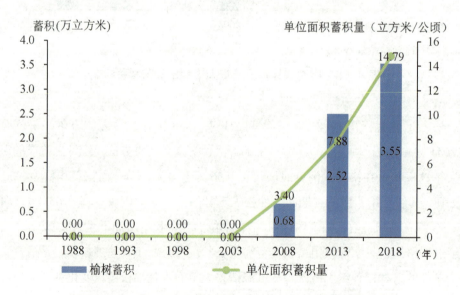

图 4-61　历次森林资源清查人工乔木林榆树蓄积变化

2.龄组结构

（1）面积结构变化

青海各清查期人工乔木林中面积占据绝对优势的龄组为幼龄林和中龄林，到第八次清查时，人工林林龄结构幼龄林、中龄林面积较大，其次是成熟林。历次森林资源清查人工乔木林不同龄组面积及比例变化见表4-19和图4-62。

人工幼龄林面积在整个清查期间总体上呈增长趋势，尤其在第七次和第八次清查期间，面积增长了1.88万公顷，成为面积比例最大的龄组。人工中龄林的面积变化呈现数次起伏波动，在1989—2003年期间不断增长达到1.96万公顷，并且在1994—1998年期间增长最多，其变化刚好与幼龄林大幅度下降相对应，说明这期间幼龄林面积的减少主要是因为龄组进阶为中龄林。在2004—2008年清查期间，人工中龄林面积逐渐下降了，共计下降0.72万公顷，而对应期间内的近熟林的面积增长了0.56万公顷，表明中龄林面积的减少是因为龄组进阶为近熟林；在2009—2013年清查期间，人工中龄林面积减少了0.20万公顷，同时近熟林的面积亦减少了0.12万公顷，但是成熟林的面积增长了0.72万公顷，这说明有大量的近熟林转为成熟林，而中龄林转入近熟林的面积不及前者，因此导致了中龄林面积和近熟林面积同时减少的现象。在2014—2018年清查期内，人工中龄面积再次增长了0.12万公顷，成为人工林面积比例排第三的龄组。

人工近熟林面积在第二次清查时为零，其后人工近熟林的变化主要来源于中龄林面积的转入以及由于龄组进阶转为成熟林的输出，其整体呈现先增长后下降的趋势，在第八次清查时是面积比例最小的龄组。人工成熟林的面积比例在前几次清查中有上下小幅度的波动，在1999—2013年期间一直增长到25.19%，其后又下降到20.22%；人工成熟林的面积变化在1989—1993年期间降低了0.02万公顷，在1994—1998年期间保持面积稳定不变，然后在1999—2018年期间面积一直增长；历次清查期内，人工成熟林的面积总计增长了1.38万公顷，到第八次清查时人工成熟林成为人工林面积比例第二的龄组。

人工过熟林的面积比例呈逐渐增长趋势，面积在1989—2003年期间降为零后又再次增长了0.04万公顷，并再次降为零，根据森林生长特性，过熟林面积减少的原因或是由于森林老化枯损或者人为砍伐所致；在2004—2018年期间，人工过熟林的面积呈增长趋势，总计增长了0.56万公顷，到第八次清查时，其面积略高于近熟林。

表 4-19　各清查期人工乔木林不同龄组面积

单位：万公顷

清查期	小计	幼龄林	中龄林	近熟林	成熟林	过熟林
1988 年	2.30	1.63	0.55	0	0.10	0.02
1993 年	2.04	1.24	0.60	0.12	0.08	0
1998 年	2.68	0.44	1.84	0.28	0.08	0.04
2003 年	3.84	1.20	1.96	0.44	0.24	0
2008 年	4.36	1.40	1.24	1.00	0.60	0.12
2013 年	5.24	1.72	1.04	0.88	1.32	0.28
2018 年	7.32	3.60	1.16	0.52	1.48	0.56

图 4-62　历次森林资源清查人工乔木林不同龄组面积比例变化

（2）蓄积结构变化

青海历次清查期间人工林不同龄组蓄积比例的变化较大。在第二次清查到第五次清查期间，幼龄林和中龄林的蓄积比例在人工林各龄组中占据了绝对的比例，幼龄林总体呈下降趋势，中龄林总体呈上升趋势。在第五次清查到第八次清查期间，幼龄林和中龄林的蓄积比例不再有明显优势，整体呈下降趋势。人工近熟林的蓄积比例总体增长了，并在第六次清查时达到了蓄积比例第二的高度，后期又有所下降。人工成熟林的蓄积比例在第二次清查后呈逐渐增加的趋势，在第八次清查时有略微下降，但仍为人工林蓄积比例最高的龄组。人工过熟林的蓄积比例在第五次清查至第八次清查期间有较大幅度的上升。到第八次清查时，人工林的蓄积比例排名先后为成熟林、中龄林、过熟林、近熟林和幼龄林，蓄积结构较为合理，幼龄林和中龄林仍有很大的提升空间。青海历次森林资源清查人工林不同龄组的森林蓄积及比例变化见表4-20和图4-63。

表4-20 各清查期人工乔木林不同龄组蓄积

单位：万立方米

清查期	合计	幼龄林	中龄林	近熟林	成熟林	过熟林
1988年	67.88	38.60	24.00	0	4.40	0.88
1993年	103.88	48.09	39.51	10.24	6.04	0
1998年	128.92	10.88	82.47	16.47	10.73	8.37
2003年	253.75	46.90	137.81	25.66	42.23	1.15
2008年	294.18	16.92	109.07	91.13	50.86	26.20
2013年	430.72	23.10	69.65	113.77	153.49	70.71
2018年	575.21	60.75	111.94	104.22	192.64	105.66

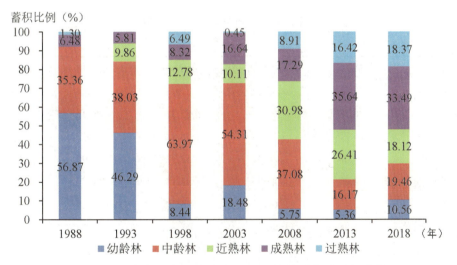

图4-63 历次森林资源清查人工乔木林龄组蓄积比例变化

青海人工幼龄林的蓄积变化趋势与其面积的变化有一定差异。在1989—1993年清查期间，人工幼龄林蓄积继续增长了9.49万立方米，但面积却呈下降趋势，在此期间林木生长量较大；在1994—2003年期间，人工幼龄林蓄积呈现与面积相同的变化，即先下降再上升；在2004—2008年清查期内，人工幼龄林蓄积下降了29.98万立方米，但对应期间内其面积增长了 0.20 万公顷，蓄积的下降原因是幼龄林面积大量转为中龄林并且又有大面积新成林的幼龄林转入。在 2009—2018 年期间，人工幼龄林的蓄积又逐渐上升，到第八次清查时达到 60.75 万立方米，是人工林各龄组中蓄积最小的龄组。

历次清查期内，人工中龄林蓄积的变化趋势与其面积的变化趋势完全相同，至第八次清查时人工中龄林的蓄积在人工林中比例排第二。人工近熟林的蓄积呈上升趋势，第三次清查至第八次清查期间总计增长了 93.98 万立方米。人工成熟林的蓄积在第二次清查时有略微下降，其后便一直增长，到第八次清查期时成熟林的蓄积是各龄组中最大的。人工过熟林的蓄积变化在 2004—2018 年期间一直增长，其蓄积在第八次清查时是人工林中蓄积比例第三的龄组。

（3）单位面积蓄积量

青海历次清查人工林不同龄组的单位面积蓄积量及变化见表 4-21 和图 4-64。由于青海省历次森林资源清查中人工过熟林在 1989—2003 年期间两度为零，其单位面积蓄积量的变化不连续。

表 4-21　各清查期人工乔木林不同龄组单位面积蓄积量

单位：立方米/公顷

清查期	幼龄林	中龄林	近熟林	成熟林	过熟林
1988 年	23.68	43.64	0	44.00	44.00
1993 年	38.78	65.85	85.33	75.50	0
1998 年	24.73	44.82	58.82	134.13	209.25
2003 年	39.08	70.31	58.32	175.96	0
2008 年	12.09	87.96	91.13	84.77	218.33
2013 年	13.43	66.97	129.28	116.28	252.54
2018 年	16.88	96.50	200.42	130.16	188.68

青海历次清查人工幼龄林时单位面积蓄积量呈现一减一增循环变化的趋势，这是因为幼龄林不断转为中龄林又不断有新造成林地转入。当转为中龄林的面积较大且幼龄林中新造成林地比例较高时，幼龄林的单位面积蓄积量下降；当转为中龄林的面积较少且幼龄林中新造成林地比例低时，幼龄林的单位面积蓄积量又会增加。人工幼龄林单位面积蓄积量从第二次清查到第八次清查期间降低了 6.80 立方米/公顷，下降幅度较大。

人工中龄林单位面积蓄积量也基本呈现一减一增的循环变化，但在 1999—2003 年清查期下降后，2004—2008 年清查期内仍然有增长，这或许是因为该期间内由幼龄林转入了大量单位面积蓄积量较高的森林面积，从幼龄林在同期内单位面积蓄积量大幅度下降也可证明这一点。人工中龄林单位面积蓄积量从第二次清查到第八次清查期间增加了 52.86 立方米／公顷，体现出人工中龄林森林质量总体水平有了较大提升。

人工近熟林单位面积蓄积量在 1994—2003 年期间有所下降，在 2004—2018 年期间一直增加，清查期间内总体增加了 115.09 立方米／公顷。第八次清查时人工近熟林的单位面积蓄积量达到 200.42 立方米／公顷，远远超过了同期的过熟林和成熟林的单位面积蓄积量，该期间内的近熟林、成熟林面积全部由青杨组成，过熟林的青杨单位面积蓄积量为 198.67 立方米／公顷。对比后三次清查中青杨的单位面积蓄积量情况，第六次和第七次清查时过熟林 > 近熟林 > 成熟林，第八次清查时近熟林 > 过熟林 > 成熟林，其中，近熟林和成熟林的单位面积蓄积量不断增长，过熟林的单位面积蓄积量不断下降，这是由于青杨人工林在成熟林阶段进行了择伐或间伐，在成长到过熟林期间又进行了人工或天然的更新，这表明青杨人工林在木材可持续利用经营上具有较大的潜力。

人工成熟林单位面积蓄积量自第二次清查到第八次清查增加了 86.16 立方米／公顷，增长幅度较大。

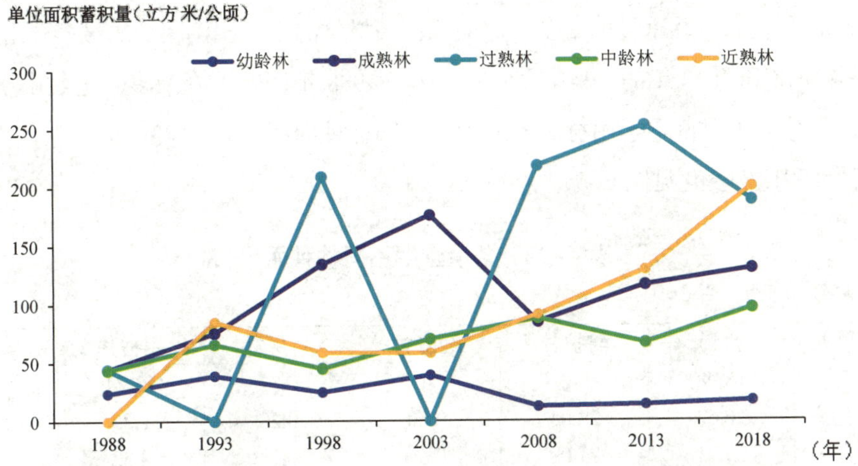

图 4-64　历次森林资源清查人工乔木林各龄组单位面积蓄积量变化

（三）特殊灌木林起源结构变化

青海从第六次清查开始对特殊灌木林地进行了划分，全省特殊灌木林主要由天然林构成，天然起源占比变化情况为：2008—2018 年期间分别为 99.17%、97.76% 和 96.88%，呈现逐渐小幅下降的趋势，但仍占绝对优势。人工起源占特殊灌木林地面积的比例逐渐增加，2008—2018 年三次清查期间分别为 0.83%、2.24% 和 3.12%。青海省特殊灌木林不同起源面积变化见表 4-22。

表 4-22　特殊灌木林不同起源面积变化

单位：万公顷，%

清查期	合计		天然特殊灌木林		人工特殊灌木林	
	面积	比例	面积	比例	面积	比例
2008 年	293.78	100	291.34	99.17	2.44	0.83
2013 年	364.90	100	356.71	97.76	8.19	2.24
2018 年	377.61	100	365.83	96.88	11.78	3.12

四、林种结构变化

（一）乔木林林种结构变化

青海各清查期不同林种的面积变化较大，防护林的面积比例变化较大，第一次清查期时比例为 28.45%，而在 1988 年时达到了 88.55%，占据了乔木林的绝大部分，到 2018 年时又降为 40%；经济林的面积比例非常小，其变化可忽略不计；特用林的面积增长最多，由 1979 年的 1.74% 增长到 2008 年的 62.79%，其后虽有下降，截至 2018 年，仍保持在 58.86%，是青海省乔木林的重要组成部分；用材林的面积比例减少的最多，由 1979 年的 69.76% 下降到 2018 年的 1.14%，且在 1979—1988 年期间下降最多，这是由于第一次清查时，划分林种时偏重于用材。各清查期不同林种面积见表 4-23；历次森林资源清查不同林种面积比例变化见图 4-65。

表 4-23　各清查期不同林种面积

单位：万公顷

清查期	合计	防护林	经济林	特用林	用材林	薪炭林
1979 年	18.98	5.40	0	0.33	13.24	0.01
1988 年	26.63	23.05	0.60	0.23	2.75	0
1993 年	25.01	21.09	0.36	0.24	3.32	0
1998 年	30.88	26.44	0.36	1.48	2.60	0
2003 年	34.71	24.61	0.52	8.46	1.12	0
2008 年	35.78	12.49	0.28	22.29	0.72	0
2013 年	41.49	14.13	3.64	23.20	0.52	0
2018 年	42.14	16.84	0.04	24.78	0.48	0

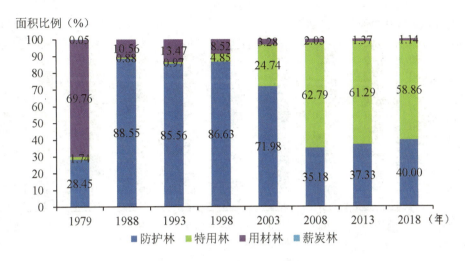

图 4-65　历次森林资源清查不同林种面积比例变化

青海各清查期不同林种的蓄积比例与面积比例变化相同，防护林的蓄积比例变化较大，第一次清查期时蓄积比例为 25.50%，而在 1998 年时达到了 89.69%，占据了乔木林的绝大部分，到 2018 年时又降为 32.27%；特用林的蓄积比例增长最多，由 1979 年的 1.87% 增长 2008 年的 69.47%，其后虽有下降，但到 2018 年仍保持在 66.31%，特用林蓄积比例的变化主要是由于面积增加引起的；用材林的蓄积比例减少最多，由 1979 年的 72.62% 下降到 2018 年的 1.42%，在 1979—1988 年期间下降最多，是由于清查期间内用材林面积骤降。各清查期不同林种蓄积见表 4-24，历次森林资源清查不同林种蓄积比例变化见图 4-66。

表 4-24　各清查期不同林种蓄积

单位：万立方米

清查期	合计	防护林	特用林	用材林	薪炭林
1979 年	1715.42	437.40	32.02	1245.73	0.27
1988 年	2958.22	2635.45	29.84	292.93	0
1993 年	2959.97	2621.16	15.99	322.82	0
1998 年	3270.36	2933.23	132.87	204.26	0
2003 年	3592.62	2506.33	1011.57	74.72	0
2008 年	3915.64	1137.59	2720.10	57.95	0
2013 年	4331.21	1343.98	2930.28	56.95	0
2018 年	4861.80	1568.67	3223.98	69.15	0

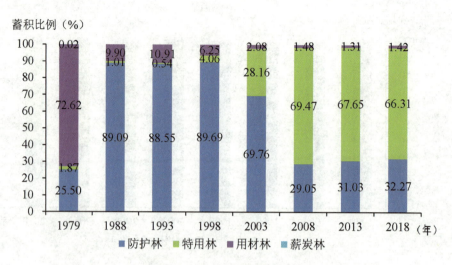

图 4-66　历次森林资源清查不同林种蓄积比例变化

1.防护林

防护林的数量、质量和结构对青海省生态保护有着重要的影响,青海省的防护林主要以水源涵养林为主,防风固沙林为辅,水土保持林次之。历次清查中,防护林的基本含义都是发挥生态防护功能为主要目的的林地,包括了护路林、护岸林、防风固沙林、农田防护林、水土保持林、水源涵养林及其他防护林。但其面积组成在 40 年间却发生了很大的变化,1979—2003 年期间林种的划分只针对有林地,且 1979—1993 年防护林的坡度划分标准是坡度 ≥ 46° 的有林地,而 1994—2003 年防护林的坡度划分标准是坡度 ≥ 36° 的有林地;2004—2013 年期间,根据经营目标的不同,将有林地、疏林地、灌木林地分为 5 个林种、23 个亚林种,防护林的面积范围有了较大的扩展;在 2014—2018 年期间,林种划分的范围进一步扩展到乔木林地、灌木林地、竹林地、疏林地和未成林造林地。这样的变化,体现了林业随着时间变化和技术进步,对于林地的经营利用有了更深层次的认识。

如表 4-25 所示,乔木防护林的面积变化分为 2 个明显的阶段,在 1979—1998 年期间,防护林的面积最开始大幅上升,面积总体提升了 21.04 万公顷,其中,1979—1988 年清查期间增幅最多,这是因为第一次清查时国家重点在发展建设,在划分林种时偏重用材林。但随着人们对生态环境认识的提高,结合青海森林所处的重要地理位置,确定了建设防护林为主的思想。在 1999—2018 年期间,乔木防护林面积呈先下降后逐渐增加的趋势。防护林的蓄积变化趋势与防护林乔木面积变化相同。

表 4-25　各清查期乔木防护林面积和蓄积

单位：万公顷，万立方米，%

清查期	面积	占乔木林面积比例	蓄积	占乔木林蓄积比例
1979 年	5.40	28.45	437.40	25.50
1988 年	23.05	86.56	2635.45	89.09
1993 年	21.09	84.33	2621.16	88.55
1998 年	26.44	85.62	2933.23	89.69
2003 年	24.61	70.90	2506.33	69.76
2008 年	12.49	34.91	1137.59	29.05
2013 年	14.13	34.06	1343.98	31.03
2018 年	16.84	39.96	1568.67	32.25

（1）起源结构变化

青海乔木防护林以天然林为主，面积变化在历次清查期间变化波动较大，1988—2018 清查期的面积从 21.75 万公顷减少到 10.44 万公顷，下降幅度为 52%，其占比下降了 32.36%；人工乔木防护林的面积在第三次清查期后不断增长，历次清查整体面积增加了 5.10 万公顷。乔木防护林蓄积变化趋势与面积相同，天然乔木防护林蓄积在 1988—2018 清查期内，从 2594.73 万立方米减少到 1085.19 万立方米，降幅为 58.18%，其占比下降 29.27%；人工防护林蓄积增加了 442.76 万立方米。历次森林资源清查乔木防护林不同起源面积、蓄积比例变化见图 4-67。

图 4-67　历次森林资源清查乔木防护林不同起源面积、蓄积比例变化

（2）龄组结构变化

乔木防护林龄组面积结构在历次清查期间发生了较大的变化。幼龄林面积总体增长了1.12万公顷，比例增加了13.54%，是面积增长最大的龄组；中龄林面积总体减少了5.91万公顷，比例减少了19.06%，是面积比例下降最多的龄组，且在历次清查期间，中龄林的面积变化幅度非常大，最低时为3.62万公顷，最高时增长到10.53万公顷；近熟林的面积总体减少了1.50万公顷，比例减少了3.90%；成熟林的面积总体减少了0.02万公顷，比例增加了6.24%，是面积比例增长第二大的龄组；过熟林的面积总计只增加了0.10万公顷，是面积增长最少的龄组，面积比例增加了3.18%。至第八次清查时，防护林的各龄组面积以幼龄林最大，中龄林和成熟林的面积排第二和第三。历次清查乔木防护林各龄组面积比例变化见图4-68。

面积比例（%）

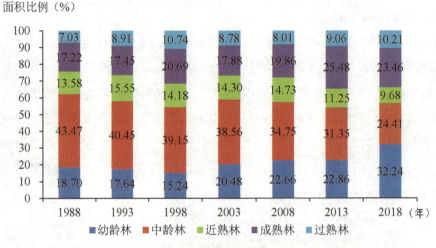

图4-68　历次清查乔木防护林各龄组面积比例变化

乔木防护林龄组蓄积结构在历次清查期间变化较大，幼龄林蓄积总体减少了137.01万立方米，比例减少了0.96%，幼龄林对乔木防护林的蓄积贡献基本保持稳定；中龄林蓄积总体减少了518.81万立方米，比例减少了7.57%，是蓄积和蓄积比例下降最多的龄组；近熟林蓄积总体减少了206.87万立方米，比例减少了1.62%，是蓄积和蓄积比例下降第二多的龄组；成熟林的蓄积总体减少了201.46万立方米，但蓄积比例增加了3.05%，是蓄积比例增长第二大的龄组；过熟林的蓄积总体减少了2.63万立方米，蓄积比例增加了7.11%，是蓄积比例增长最多的龄组。至第八次清查时，防护林的各龄组蓄积以中龄林最大，成熟林和过熟林的蓄积排第二和第三，幼龄林蓄积最小。历次森林资源清查乔木防护林各龄组蓄积比例变化见图 4-69。

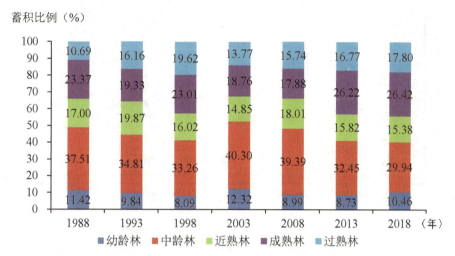

图 4-69 历次森林资源清查乔木防护林各龄组蓄积比例变化

（3）优势树种（组）结构变化

青海在第二次、第三次、第六次、第七次和第八次清查时统计了各林种关于优势树种的面积和蓄积，故本次只根据已有的数据分析防护林中各优势树种（组）的结构变化情况。

青海乔木防护林的面积组成中，云杉一直是面积比例最大的优势树种，其面积比例呈现先增加后减少的趋势，第二次清查到第八次清查期间减少了 3.82%。圆柏在 2008 年之前是面积比例第二的优势树种，其面积比例也呈现先增加后减少的趋势，清查期间面积比例减少了 11.02%，是减少比例最大的优势树种。桦树的面积比例是先减少后增加再减少，清查期间面积比例减少了 6.42%。杨树是清查期间面积比例增长最大的树种，第七次和第八次清查时是乔木防护林面积比例第二的树种，清查期间面积比例增加了 11.76%。油松的面积比例一直是最小的，且变化幅度并不大。由于树种划分随着时间推移愈加详细，在第八次清查时，乔木防护林的面积中，还有部分针阔混林、阔叶混林以及针叶混林，但由于前期缺乏相对应的林分变化，故此处未作详细分析。历次森林资源清查乔木防护林优势树种（组）面积比例变化见图 4-70。

面积比例（%）

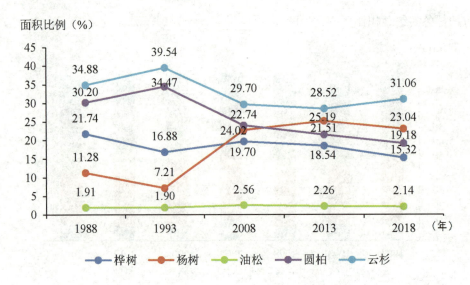

图 4-70　历次森林资源清查乔木防护林优势树种（组）面积比例变化

　　青海乔木防护林的蓄积组成中，云杉仍是蓄积比例最大的优势树种，其蓄积比例呈现先增加后减少的趋势，总体蓄积比例下降了 11.80%，远大于面积比例下降的百分比。圆柏的蓄积比例较面积比例下降得更快，在第二次和第三次清查时是蓄积比例第二的优势树种，其后便居于杨树之下成为蓄积比例第三，其蓄积比例呈现持续下降的趋势，总体蓄积比例下降了 15.15%。桦树的蓄积比例变化趋势与其面积比例变化相似，但蓄积比例的整体的变化幅度小于面积比例变化，总体蓄积比例下降了 2.49%。杨树是清查期间蓄积比例增长最大的树种，在第六次、第七次和第八次清查时是乔木防护林蓄积比例第二的树种，总体蓄积比例增加了 23.51%。油松的蓄积比例变化幅度不大，是乔木防护林中蓄积比例最小的。历次森林资源清查乔木防护林优势树种蓄积比例变化见图 4-71。

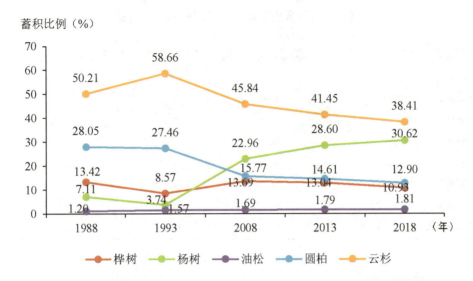

图 4-71 历次森林资源清查乔木防护林优势树种蓄积比例变化

2. 特用林

在历次清查期间，特用林的含义未发生变化，只是对于其专门作用进行了细化，主要指以保存物种资源、保护生态环境，用于国防、森林旅游和科学实验等为主要经营目的的林地，包括国防林、实验林、母树林、环境保护林、风景林、名胜古迹和革命纪念地的林木、自然保护区的森林。特用林的划分范围在历次清查中的变化与防护林相同，在 1979—2003 年期间只在有林地中划分特用林，2003 年以后，特用林包括乔木林和特殊灌木林。

特用林在第八次清查时成为青海森林中面积比例最大的林种，是青海森林资源的重要组成部分，在保护高原生态系统、改善生态环境和恢复生物多样性方面发挥着非常重要的作用。青海省特用林以自然保护林占据绝对的优势，尤其在第八次清查时，自然保护区的森林面积比例达到 99% 以上。

特用林在第六次到第八次清查期间特殊灌木林地面积提升巨大。青海特用林面积在 1979—1993 年期间变化不大，面积水平非常低，这是由于在这期间，青海林种由用材林为主转变为防护林为主后，便一直保持以防护林占绝对面积优势的态势。1994—2003 年期间，由于青海新建设成立了许多森林公园和自然保护区，特用林面积有了大幅度的上升。2009—2018 年清查期间，特用林面积持续增长，成为青海省主要优势林种。青海省历次清查期内，特用林的蓄积即为特用林乔木的蓄积，其变化总体呈逐渐增加的趋势。单位面积的蓄积量在第三次清查时达到最低，为 66.63 立方米/公顷，之后逐渐增加，在整个清查期内整体有略微的上升。各清查期乔木特用林面积和蓄积见表 4-26。

表 4-26　各清查期乔木特用林面积和蓄积

单位：万公顷，万立方米，%

清查期	面积	占乔木林面积比例	蓄积	占乔木林蓄积比例
1979 年	0.33	1.74	32.02	1.87
1988 年	0.23	0.86	29.84	1.01
1993 年	0.24	0.96	15.99	0.54
1998 年	1.48	4.79	132.87	4.06
2003 年	8.46	24.37	1011.57	28.16
2008 年	22.29	62.30	2720.10	69.47
2013 年	23.20	55.92	2930.28	67.65
2018 年	24.78	58.80	3223.98	66.28

（1）起源结构变化

青海乔木特用林几乎由天然林组成，其面积占特用林的比例在历次清查期间都保持在 95% 以上，天然特用林占特用林的蓄积比例更高，每次清查都保持在 99% 以上。天然特用林在历次清查中的面积比例和蓄积比例变化相较于其比例值本身，几乎可以忽略不计。天然特用林面积在历次清查期间整体增长了 24.16 万公顷，增长幅度巨大，在 2004—2008 年期间是面积增长的最高峰，这是由于期间青海省森林公园和自然保护区建设步伐加快，新增了 8 个自然保护区和森林公园，因此大面积的乔木林由防护林等其他林种转入特用林。青海省人工特用林的面积在 1989—2003 年期间非常小，在 2004—2018 年期间，人工特用林面积先上升再下降，蓄积量的变化呈逐渐上升的趋势。特用林起源结构的变化总体不大，天然与人工起源的结构组成相对稳定，这是由于青海省特用林本身主要由自然保护林为主，主要分布在森林公园和自然保护区中，受限于其管理办法和条例，较少开展人为经营活动，故人工特用林的增长非常小。历次森林资源清查乔木特用林不同起源面积、蓄积比例变化见图 4-72。

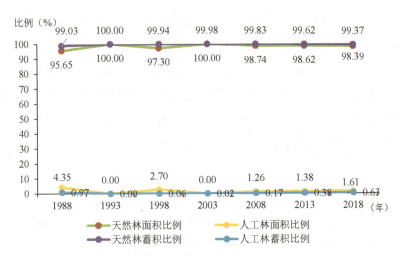

图 4-72　历次森林资源清查乔木特用林不同起源面积、蓄积比例变化

（2）龄组结构变化

乔木特用林龄组面积在历次清查期间变化较大，在第二次清查时龄组结构为幼龄林为主，其他龄组均衡分布；第三次清查时变为只有中龄林和成熟林，中龄林占据绝对优势；而在第四次清查时，中龄林比例最大，幼龄林次之，近熟林、成熟林、过熟林面积相差不大。造成特用乔木林在前四次清查中龄组结构剧烈变化的原因是这期间内特用乔木林的总体面积非常小，因此各龄组之间面积的微小变化都能给龄组结构带来很大的影响。特用乔木林在 1999—2003 年期间有了较大增长后，各龄组的面积结构逐渐趋于稳定，表现为以中龄林为主，成熟林和过熟林次之，近熟林与幼龄面积比例相差较小，是面积最少的 2 个龄组。历次森林资源清查乔木特用林各龄组面积比例变化见图 4-73。

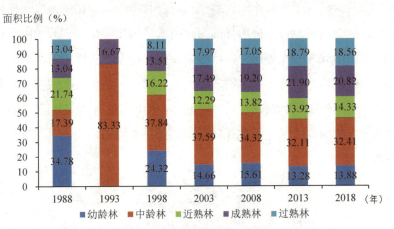

图 4-73　历次森林资源清查乔木特用林各龄组面积比例变化

乔木特用林龄组蓄积在第二次清查时以近熟林最大，幼龄林第二；第三次清查时只有中龄林和成熟林的蓄积值，且中龄林占据绝对优势；到第四次清查时，中龄林蓄积仍是最大，幼龄林次之。在第四次到第五次清查期间，中龄林和幼龄林的蓄积发生较大幅度的下降，过熟林的蓄积大幅度上升。第五次至第八次清查期间，特用林蓄积的各龄组结构趋于稳定水平，其中：过熟林蓄积最大，中龄林蓄积为第二，成熟林排第三。历次森林资源清查乔木特用林各龄组蓄积比例变化见图 4-74。

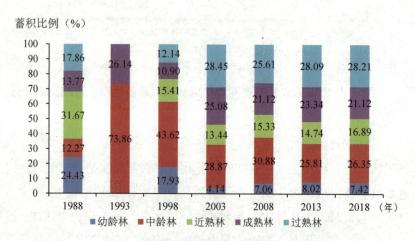

图 4-74　历次森林资源清查乔木特用林各龄组蓄积比例变化

（3）优势树种（组）结构变化

青海乔木特用林的面积组成中，第二次清查和第三次清查时的树种组成变化较大，其中第二次清查时云杉占据绝对比例；第三次清查时桦树面积比例最大，杨树次之。在第六次到第八次清查期间，乔木特用林的树种组成结构比较稳定，圆柏的面积比例是乔木特用林中面积比例最大的优势树种，云杉是面积比例第二的优势树种，桦树是面积比例第三的树种，杨树和油松是面积比例最小的 2 个树种。在第八次清查时，乔木特用林中，还有部分针阔混林、阔叶混林以及针叶混林，但由于前期缺乏相对应的树种统计，故此处未详细分析其变化情况。历次森林资源清查乔木特用林优势树种（组）面积比例变化见图 4-75。

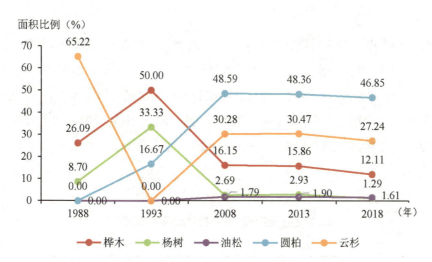

图4-75 历次森林资源清查乔木特用林优势树种（组）面积比例变化

青海乔木特用林树种的蓄积结构变化在第二次和第三次清查时与面积树种结构变化相同，只是在第二次清查时，云杉的蓄积比例要高于其面积比例许多，这表明该清查期间乔木特用林中云杉的单位面积蓄积量较高。在第六次清查到第八次清查期间，云杉的蓄积比例是乔木特用林中蓄积最高的树种，圆柏是蓄积比例排第二的树种，桦树是蓄积比例第三的树种。历次清查乔木特用林优势树种蓄积比例变化见图4-76。

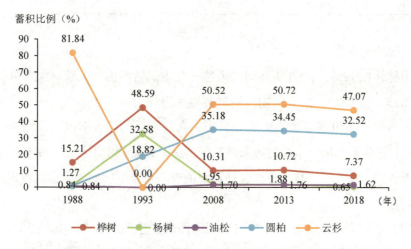

图4-76 历次森林资源清查乔木特用林优势树种蓄积比例变化

3.用材林

用材林即为以生产木材或竹材为主要目的的森林,在青海省历次清查中,只乔木林地中划分用材林。在第一次清查时,用材林是青海乔木林中面积和蓄积比例最大的林种,之后逐期下降,到第八次清查时,用材林面积和蓄积占比仅 1.14% 和 1.42%,见表 4-27。可以看出青海省的用材林在 40 年间发生了较大的转变,由最开始占据绝对优势到第八次清查时仅占森林面积的 0.11%、蓄积的 1.42%,青海省对森林的经营目标转为生态保护建设为主。

表 4-27　各清查期用材林面积和蓄积变化

单位:万公顷,万立方米,%

清查期	面积	占森林面积比例	蓄积	占森林蓄积比例
1979 年	13.24	7.34	1245.73	72.62
1988 年	2.75	1.44	292.93	9.90
1993 年	3.32	1.79	322.82	10.91
1998 年	2.60	1.17	204.26	6.25
2003 年	1.12	0.35	74.72	2.08
2008 年	0.72	0.22	57.95	1.48
2013 年	0.52	0.13	56.95	1.31
2018 年	0.48	0.11	69.15	1.42

(1)起源结构变化

青海用材林在 1989—1993 年期间以天然林为主,后期由于天然林大部分调整为防护林和特用林,在 1994—2018 年期间用材林以人工林为主。在第二次清查和第三次清查期间,天然用材林面积增加了 0.16 万公顷,在此之后的清查期内,天然用材林面积呈下降趋势,这是由于国家全面实施天然林保护后,天然林中不再划分用材林,到第六次清查时天然林中再无用材林。历次森林资源清查用材林不同起源面积、蓄积比例变化见图 4-77。

人工用材林的面积变化在第二次清查到第四次清查期间增加了 0.73 万公顷,达到历史最大值 1.72 万公顷,在此后呈下降趋势,到第八次清查时面积为 0.48 万公顷。天然用材林蓄积呈现下降趋势,人工用材林的蓄积变化趋势在第八次清查前与面积变化相同,第八次清查时蓄积增长较大。

天然林比例的大幅度下降表明青海省对天然林资源的保护逐渐加强，全面实现天然林禁伐。人工林蓄积增加的速度较快，单位面积蓄积量整体提升了3倍以上，表明青海省人工用材林的培育取得了较快的发展。

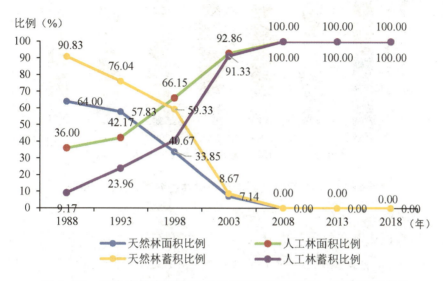

图 4-77　历次森林资源清查用材林不同起源面积、蓄积比例变化

（2）龄组结构变化

幼龄林面积比例整体下降了 37.12%，在第三次清查时面积比例最大达到 56.63%；中龄林面积比例经历了大起大落，第八次时的面积比例仅比第二次时下降了 2.27%；近熟林的面积比例 2004—2008 年期间增长最大，这是由于前期天然用材林中幼龄林、中龄林面积比例过大，而这次清查期间没有天然林面积后，近熟林面积比例有了较大增长，也说明人工用材林中近熟林的比例较高；成熟林面积比例在清查期间呈现先下降后增长的趋势，面积比例整体提升了 19.15%；过熟林在用材林中的面积比例一直较小，有的清查期间甚至没有过熟林面积，这是因为用材林大部分在成熟林时便开始进行木材采集，过熟林的面积取决于每次清查期间的采伐留存情况。至第八次清查时，用材林的各龄组面积以近熟林和成熟林为最大，中龄林次之。历次森林资源清查用材林各龄组面积比例变化见图 4-78。

面积比例（%）

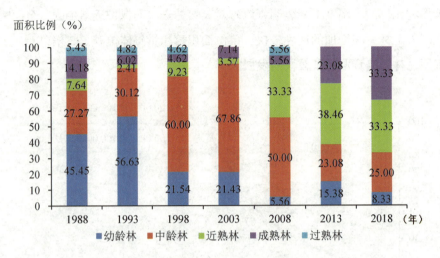

图 4-78　历次森林资源清查用材林各龄组面积比例变化

幼龄林蓄积比例在经历一次较大的增长后便整体呈下降趋势，其比例下降了17.61%；中龄林的蓄积比例最高时达到69.07%，并在之后下降到17.35%；近熟林在第七次清查时为蓄积最大的龄组，后期减少了10.40%，成为蓄积第二的龄组；成熟林的蓄积比例经历了先下降再逐渐增长的过程，在第八次清查时成为蓄积最大的龄组。用材林蓄积的龄组结构变化逐渐在后两次清查时趋于稳定，近熟林和成熟林的蓄积占75%以上。历次森林资源清查用材林各龄组蓄积比例变化见图4-79。

蓄积比例（%）

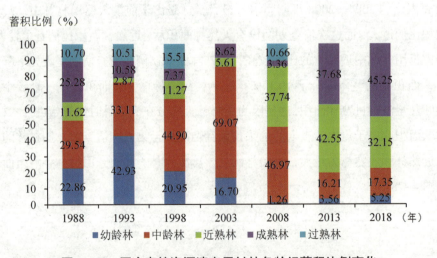

图 4-79　历次森林资源清查用材林各龄组蓄积比例变化

（3）优势树种（组）结构变化

历次清查期间，杨树一直都是用材林的重要组成树种，从第三次清查期开始便一直是面积比例最大的树种，且面积比例仍不断增长，并在第六次到第八次清查期间，成为青海用材林的唯一组成树种；云杉是第二次清查期内面积最大的树种，其后的面积和比例一直下降，至第六次清查时降为零；桦树的面积和面积比例经历了先下降后上升再下降后，在第五次清查期后再没有用材林面积。历次森林资源清查用材林优势树种面积比例变化见图4-80。

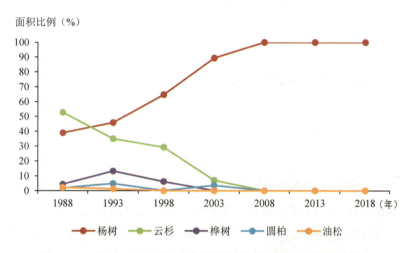

图4-80　历次森林资源清查用材林优势树种面积比例变化

第二次清查至第四次清查期间，青海用材林蓄积以云杉为主，其蓄积和蓄积比例逐渐减少，由于云杉单位面积蓄积量平均高出杨树许多，因此，即使在第三次和第四次清查时面积比例小于杨树许多，但蓄积仍然较杨树有绝对优势；杨树在第五次至第八次清查期间是用材林中的主要蓄积贡献树种，其蓄积总量先下降再上升，杨树用材林的单位面积蓄积量逐渐增加，第八次清查较第五次清查时增加了53.72立方米/公顷。历次森林资源清查用材林优势树种蓄积比例变化见图4-81。

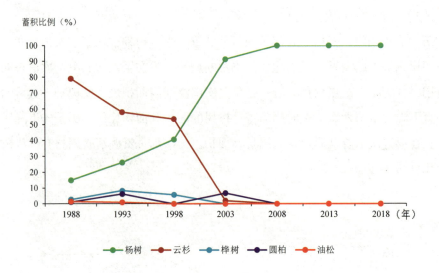

蓄积比例（%）

杨树   云杉   桦树   圆柏   油松

图 4-81   历次森林资源清查用材林优势树种蓄积比例变化

（4）近、成、过熟林资源

用材林中近、成、过熟林的资源体现了用材林在每个清查期内的木材可利用情况，如表 4-28 所示，青海省历次清查期间，近、成、过熟林的面积整体呈下降趋势，第五次清查时为最低值 0.12 万公顷，第六次到第八次清查期间，面积稳定保持在 0.32 万公顷，但由于用材林面积不断下降，所以近、成、过熟林面积占用材林的比例呈上升趋势。近、过、熟林的蓄积总体先下降后上升，在第五次清查时为最低值 10.63 万立方米，后期蓄积逐渐上升，这是由于林木本身生长带来蓄积增长。

表 4-28   各清查期乔木用材林近、成、过熟林变化

单位：万公顷，万立方米，%

清查期	面积	占用材林比例	蓄积	占用材林比例
1988 年	0.75	27.27	139.43	47.60
1993 年	0.44	13.25	77.34	23.96
1998 年	0.48	18.46	69.75	34.15
2003 年	0.12	10.71	10.63	14.23
2008 年	0.32	44.44	30.00	51.77
2013 年	0.32	61.54	45.69	80.23
2018 年	0.32	66.67	53.52	77.40

4.经济林

青海经济林包括乔木经济林和灌木经济林，由于一直以来面积都较小，大部分清查期内都没有分别描述，因此按照经济林总体面积变化进行分析。青海经济林面积在1979—2008年期间处于较低水平，有多次起伏波动，但波动幅度较小；在2009—2013年间有了大幅度的上升，主要是由于规划调整、自然变化和人工造林等原因带来的面积增长；在2014—2018年期间，经济林面积再次增长，主要原因是栽植经济树种的未成林造林地转为经济林，以及栽植枸杞的灌木林因生产经营需要调整为经济林。根据青海清查期间的林业发展规划、森林资源二类调查、专项产业发展规划等来看，森林资源连续清查中对经济林面积的估测准确度不高，这或许是由于经济林本身分布较零散，难以通过清查技术全面掌握情况，以及清查过程中对林种划分的差异导致经济林面积估测不准确。历次森林资源清查经济林面积变化见图4-82。

青海乔木经济林从2018年清查开始测算蓄积数据，该年度的乔木经济林蓄积为2.35万立方米，单位面积蓄积量为58.75立方米/公顷。

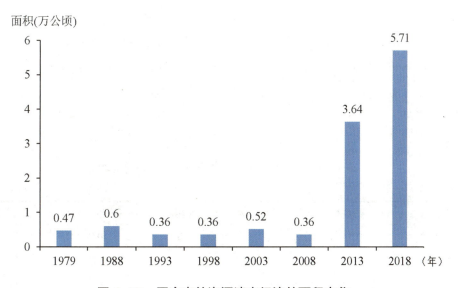

图4-82　历次森林资源清查经济林面积变化

（1）用途结构变化

经济林特指以生产食用油料、饮料、调料、香料等为主要目的的林地，青海省经济林主要分布在河湟谷地，其占林地面积的比例较小。在第二次清查和第三次清查时，经济林按用途划分为油料林、特种经济林（以生产工业原料和药材为目的）、果树林（干鲜果品）和其他经济林。在第四次和第五次清查时，经济林的划分更加细化，包括果树林、食用油料林、饮料林、调香料林、药材林、工业原料和其他经济林，其中：饮料林和调香林在后期合为食用原料林，工业原料在后期改名为林产化工原料林。在第六次至第八次清查期间，经济林包括果树林、食用原料林（以生产食用油料、饮料、调料、香料等为主要目的）、林产化工原料林（以生产树脂、橡胶、木栓、单柠等非木质林产化工原料为主要目的）、药用林（以生产药材、药用原料为主要目的）、其他经济林（以生产其他林副特产品为主要目的）。

为了方便分析历次清查期间经济林用途结构的变化，将每次清查期的经济林面积按照最近的分类标准进行重新划分。青海省历次清查期间，经济林主要包括果树林、食用原料林、药用林和其他经济林，其总面积在第七次和第八次清查时有较大增长，其中第七次清查时是因林种划分由灌木林地转入以及未成林造林地自然生长转入导致的面积大幅增长，第八次清查时是由于栽植经济树种的未成林造林地自然生长为经济灌木林，宜林地和耕地等经过人工造林变为经济灌木林，以及栽植枸杞的灌木林因生产经营需要将林种调整为经济林。各清查期经济林按用途面积结构变化见表 4-29。

在第二次清查到第六次清查期间，果树林在经济林中占据着主导地位；第七次清查时，食用原料林有较大的面积增长，果树林面积与前期保持一致；第八次清查时，食用原料林减少了 0.36 万公顷，面积仍为最大，药用林增加了 2.35 万公顷，是面积第二大的经济林类型。

表 4-29　各清查期经济林按用途面积结构变化

单位：万公顷

清查期	果树林	食用原料林	药用林	其他经济林	合　计
1988 年	0.58	0	0	0.02	0.60
1993 年	0.36	0	0	0	0.36
1998 年	0.33	0	0	0.03	0.36
2003 年	0.44	0.08	0	0	0.52
2008 年	0.24	0.04	0	0.08	0.36
2013 年	0.24	3.40	0	0	3.64
2018 年	0.32	3.04	2.35	0	5.71

（2）树种结构变化

青海省主要经济林树种资源中，果树类树种有梨树、苹果树、桃树、杏树和核桃树等，食用原料类树种有沙棘树、花椒树等，药用类有红枸杞树、黑枸杞树等。从青海省历次清查数据来看，经济林整体面积较小，各经济林树种面积变化受清查调查方法影响较大，无法精准体现经济林树种结构的变化，且由于经济林不是青海省的主要林种，只有第二次、第六次、第七次和第八次清查期间才有关于经济林树种面积的统计信息，故此处的用材林树种结构变化只能依据这些已有数据作基础分析。

第二次清查时，苹果树是栽植面积最大的树种，其次是梨树和杏树；缺少第三次到第五次期间的经济树种面积，但根据经济林用途结构来推断，应是以梨树、苹果树、桃树和杏树等果树林为主；第六次清查时，梨树面积有所增长，同时经济林的树种种类增多；第七次清查时，沙棘树由于林种划分的调整由灌木林中大面积转入而增加，其次是梨树面积有略微上升；第八次清查时，增加了较大面积的是枸杞树，是经济林中面积比例第二的树种。各清查期经济林按树种面积结构变化见表4-30。

表 4-30　各清查期经济林按树种面积结构变化

单位：万公顷

树种	1988 年	2008 年	2013 年	2018 年
核桃树	0	0.04	0	0.08
花椒树	0	0.04	0	0
红枸杞树	0.02	0.04	0	2.35
沙棘树	0	0	3.32	3.04
梨树	0.06	0.12	0.16	0.12
苹果树	0.49	0.04	0	0
桃树	0	0.04	0	0.04
杏树	0.03	0.04	0	0
黑枸杞树	0	0	0	0.08

（二）特殊灌木林林种结构变化

青海在第六次到第八次清查期间才开始将特殊灌木林划分林种，主要由防护林、特用林组成，有少量经济林。防护林在各清查期占特殊灌木林总面积的比例呈逐渐下降趋势。特用林面积呈逐渐上升趋势，其增长的主要原因是三江源、祁连山国家级自然保护区及森林公园的相继建立，大面积的特殊灌木林地由防护林调整为特用林，以及对原非林地上符合特用林标准的土地进行调整。特殊灌木林地不同林种面积变化见表 4-31。

表 4-31　特殊灌木林地不同林种面积变化

单位：万公顷，%

清查期	合计		防护林		特用林		经济林	
	面积	比例	面积	比例	面积	比例	面积	比例
2008 年	293.78	100	204.71	69.68	88.99	30.29	0.08	0.03
2013 年	364.90	100	187.07	51.27	177.83	48.73	0	0
2018 年	377.61	100	184.78	48.93	187.16	49.56	5.67	1.50

五、权属结构变化

森林资源权属是森林经营管理的重要指标，它反映了森林资源的所有制和经营状况，各类林地按土地权属分国有和集体，森林资源按林木权属划分国有、集体、个人和其他。

（一）土地权属变化

1. 国有林地变化

青海林地面积一直以国有权属为主，国有林地面积比例在历次清查期间呈下降趋势，由第二次清查时的 94.26% 下降到第八次清查时的 70.41%。疏林地是国有权属比例最高的地类，历次清查期间国有权属比例仅下降了 6.56%。灌木林地和有林地的国有权属比例在清查期间都呈现下降趋势，在第八次清查时国有权属比例仍保持较高水平。森林土地也以国有为主，在历次清查期间内呈现先上升后下降的趋势，其国有组成比例由 92.29% 降为 83.03%。各类国有林地面积变化见表 4-32。

表 4-32　各类国有林地面积变化

单位：万公顷，%

地　类	1988 年	1993 年	1998 年	2003 年	2008 年	2013 年	2018 年
林地	291.89	269.94	218.92	422.15	501.03	582.95	576.75
比例	94.26	93.88	64.78	75.89	79.03	72.14	70.41
有林地 / 乔木林地	24.23	22.73	28.20	31.23	32.71	35.86	37.07
比例	90.99	90.88	91.32	89.97	91.42	86.43	87.97

续表：

地　类	1988 年	1993 年	1998 年	2003 年	2008 年	2013 年	2018 年
灌木林地	151.55	157.42	184.25	296.85	298.26	360.31	343.87
比例	92.50	98.39	96.39	94.88	91.50	88.72	81.21
疏林地	8.95	11.34	6.47	6.43	6.43	6.99	6.08
比例	98.68	97.93	94.73	94.70	95.26	94.08	92.12
未成林造林地	0.32	2.80	0	2.27	3.95	3.64	2.92
比例	10.16	58.33	0	22.30	30.06	46.49	33.11
苗圃地	0.08	0.04	0	0.08	0.04	0.08	0.04
比例	36.36	50.00	0	33.33	50.00	66.67	100
迹地	0.65	0.40	0	0	25.20	30.71	0
比例	100	83.33	0	0	77.42	71.20	0
宜林地	106.11	75.21	0	85.29	134.44	145.32	186.77
比例	100	87.87	0	44.55	61.18	48.14	55.26
森林	175.78	180.15	212.45	0	303.91	365.03	348.51
比例	92.29	97.37	95.68	0	92.22	89.82	83.03

备注：表中乔木林地在第八次清查时为乔木林地面积，在第二次至第七次清查时为有林地面积；2003 年森林数据空缺是由于该清查期已有特殊灌木林地划分，森林面积应为"有林地＋特殊灌木林地"，但清查中未进行特殊灌木林地的权属统计，故无法得到森林的国有面积；由于 1998 年时的清查数据未对未成林造林地、苗圃地、迹地和宜林地进行土地权属的划分，因此该次清查期这些地类的国有林地面积缺乏。

2. 集体林地变化

青海省历次清查期间集体林地的面积和比例有较大的增长，其中第五次清查时增长比例最高。国有林地和集体林地的比例变化主要是由于县级以上人民政府结合土地利用发展规划和生态建设对土地用途进行规划调整引起的。各类集体林地面积变化情况见表 4-33。

表 4-33　各类集体林地面积变化

单位：万公顷，%

地　类	1988 年	1993 年	1998 年	2003 年	2008 年	2013 年	2018 年
林地	17.77	17.60	9.95	134.13	132.97	225.09	242.41
比例	5.74	6.12	2.94	24.11	20.97	27.86	29.59
有林地 / 乔木林地	2.40	2.28	2.68	3.48	3.07	5.63	5.07
比例	9.01	9.12	8.68	10.03	8.58	13.57	12.03
灌木林地	12.28	2.58	6.91	16.02	27.70	45.80	79.56
比例	7.50	1.61	3.61	5.12	8.50	11.28	18.79
疏林地	0.12	0.24	0.36	0.36	0.32	0.44	0.52

续表：

地 类	1988 年	1993 年	1998 年	2003 年	2008 年	2013 年	2018 年
比例	1.32	2.07	5.27	5.30	4.74	5.92	7.88
未成林造林地	2.83	2.00	0	7.91	9.19	4.19	5.90
比例	89.84	41.67	0	77.70	69.94	53.51	66.89
苗圃地	0.14	0.04	0	0.16	0.04	0.04	0
比例	63.64	50	0	66.67	50	33.33	0
迹地	0	0.08	0	0.04	7.35	12.42	0.12
比例	0	16.67	0	100	22.58	28.80	100
宜林地	0	10.38	0	106.16	85.30	156.57	151.24
比例	0	12.13	0	55.45	38.82	51.86	44.74
森林	14.68	4.86	9.59	0	25.65	41.36	71.24
比例	7.71	2.63	4.32	0	7.78	10.18	16.97

备注：表中乔木林地在第八次清查时为乔木林地面积，在第二次至第七次清查时为有林地面积；2003 年森林数据空缺是由于该清查期已有特殊灌木林地划分，森林面积应为"有林地 + 特殊灌木林地"，但清查中未进行特殊灌木林地的权属统计，故无法得到森林的集体面积；由于 1998 年时的清查数据未对未成林造林地、苗圃地、迹地和宜林地进行土地权属的划分，因此该次清查期这些地类的集体林地面积缺乏。

（二）林木权属变化

历次清查中关于林木权属的调查和统计在 1999—2003 年全国第六次森林资源清查（即青海省第五次清查）时才开始进行，之后在《国家森林资源连续清查技术规定（2004）》中规定对于有林地、疏林地和其他有检尺样木的样地要进行林木权属调查，同时在森林清查的资源统计时统计表中除注明土地权属和林木权属者外，其他权属按综合权属注明，即有林木者按林木权属，无林木者按土地权属；《国家森林资源连续清查技术规定（2014）》中规定对乔木林地、竹林地、疏林地、灌木林地、未成林造林地、苗圃地、四旁树和散生木样地进行林木权属调查。此处仅分析青海省第五次至第八次清查期间林木的权属变化情况。

1. 林木面积权属变化

历次清查期间青海森林面积的林木权属都以国有为主，但国有占比呈逐渐下降趋势，在 2008—2013 年期间国有占比下降幅度较大，这是由于在该清查期间，青海完成了集体林权制度改革主体任务，森林面积林木的集体和个人权属占比有不同程度上升。从森林类型来看，乔木林和特殊灌木林地均以国有为主，乔木林的国有比例有上下波动，特殊灌木林地的国有比例呈下降趋势。从起源看，天然林以国有为主，历次清查期间的比例都超过 95%，人工林在历次清查期间，国有、集体、个人权属的结构变化较大，第五次和第六次清查时以集体为主，第七次清查时以个人为主，而第八次清查时以国有为主，集体比例略小于国有。各类林木权属面积变化见表4-34。

表4-34　各类林木权属面积变化

单位：万公顷，%

清查期	林木权属		森林	乔木林	特殊灌木林	天然林	人工林
2003年	国有	面积	31.23	31.23	0	30.11	1.12
		比例	89.97	89.97	0	99.21	25.69
	集体	面积	3.48	3.48	0	0.24	3.24
		比例	10.03	10.03	0	0.79	74.31
2008年	国有	面积	312.51	32.58	279.93	31.22	1.36
		比例	94.83	91.06	95.29	99.36	31.19
	集体	面积	14.77	1.96	12.81	0.20	1.76
		比例	4.48	5.48	4.36	0.64	40.37
	个人	面积	2.28	1.24	1.04	0	1.24
		比例	0.69	3.46	0.35	0	28.44
2013年	国有	面积	326.25	34.57	291.68	32.49	2.08
		比例	80.28	83.32	79.93	95.42	27.96
	集体	面积	64.63	3.56	61.07	1.48	2.08
		比例	15.90	8.58	16.74	4.35	27.96
	个人	面积	15.47	3.32	12.15	0.08	3.24
		比例	3.81	8.00	3.33	0.23	43.55
	其他	面积	0.04	0.04	0	0	0.04
		比例	0.01	0.10	0	0	0.53
2018年	国有	面积	333.02	36.47	296.55	33.71	2.76
		比例	79.34	86.55	78.53	96.81	37.71
	集体	面积	71.00	3.47	67.53	1.03	2.44
		比例	16.91	8.23	17.89	2.96	33.33
	个人	面积	15.73	2.20	13.53	0.08	2.12
		比例	3.75	5.22	3.58	0.23	28.96

备注：2003年森林数据空缺是由于该清查期已有特殊灌木林地划分，森林面积应为"乔木林地+特殊灌木林地"，但清查中未进行特殊灌木林地的权属统计，故无法得到森林按林木权属划分的准确面积。

2.林木蓄积权属变化

青海省历次清查的活立木蓄积中，国有蓄积一直最大，其占比有小幅度的下降；集体的蓄积比例总体下降了，这是由于在第五次清查时尚未详细划分个人林木权属，因此该期间集体的活立木蓄积比例偏高，在第六次至第八次清查期内，集体的蓄积比例有略微的上升；个人的活立木蓄积一直呈上升趋势，是活立木蓄积中比例位列第二的权属类型，这是由于四旁树的蓄积主要以个人权属为主，人工林蓄积中个人权属的比例也较大。从各类蓄积看，森林蓄积、疏林地蓄积、散生木蓄积均以国有为主，其中森林蓄积和疏林地蓄积的国有比例逐渐下降，散生木蓄积的国有比例有略微上升，四旁树蓄积一直以个人为主。从起源看，天然林蓄积以国有为主，占比达 99% 以上；人工林蓄积由集体为主渐渐变为个人为主。各类林木权属蓄积变化见表 4-35。

表 4-35　各类林木权属蓄积变化

单位：万立方米，%

清查期	林木权属		活立木	森林	天然林	人工林	疏林地	散生木	四旁树
2003 年	国有	蓄积	3658.09	3394.04	3331.34	62.70	205.27	35.04	23.74
		比例	89.19	94.47	99.77	24.71	95.91	76.11	9.55
	集体	蓄积	443.3	198.58	7.53	191.05	8.76	11.00	224.96
		比例	10.81	5.53	0.23	75.29	4.09	23.89	90.45
2008 年	国有	蓄积	3955.7	3695.27	3613.1	82.17	200.37	42.89	17.17
		比例	89.62	94.37	99.77	27.93	94.24	85.52	7.29
	集体	蓄积	155.54	120.09	8.36	111.73	7.61	2.31	25.53
		比例	3.52	3.07	0.23	37.98	3.58	4.61	10.85
	个人	蓄积	302.56	100.28	0	100.28	4.63	4.95	192.7
		比例	6.86	2.56	0	34.09	2.18	9.87	81.86
2013 年	国有	蓄积	4291.56	4002.75	3868.58	134.17	194.22	74.79	19.80
		比例	87.86	92.42	99.18	31.15	94.64	85.33	7.60
	集体	蓄积	177.35	128.25	28.68	99.57	5.72	8.45	34.93
		比例	3.63	2.96	0.74	23.12	2.79	9.64	13.42
	个人	蓄积	407.83	192.52	3.23	189.29	5.28	4.41	205.62
		比例	8.35	4.44	0.08	43.95	2.57	5.03	78.98
	其他	蓄积	7.69	7.69	0	7.69	0	0	0
		比例	0.16	0.18	0	1.78	0	0	0
2018 年	国有	蓄积	4731.98	4423.48	4253.19	170.29	191.20	97.12	20.18
		比例	85.16	90.94	99.17	29.60	93.78	78.44	5.53
	集体	蓄积	267.84	202.69	31.28	171.41	5.71	15.04	44.40
		比例	4.82	4.17	0.73	29.80	2.80	12.15	12.16
	个人	蓄积	557.04	237.98	4.47	233.51	6.97	11.65	300.44
		比例	10.02	4.89	0.10	40.60	3.42	9.41	82.31

3. 各林种的林木权属变化

在乔木林各林种面积的林木权属组成中，特用林和防护林以国有为主，其中特用林的国有比例更高，在第五次和第六次清查时几乎全部为国有，第七次和第八次清查时有较少面积的集体林木权属，而防护林的国有权属比例呈现下降趋势；经济林面积以个人为主；用材林面积由集体为主逐渐变为以个人为主，其国有比例较小并在第八次时降为零。乔木各林种林木权属面积变化见表4-36。

表4-36　乔木各林种林木权属面积变化

单位：万公顷，%

清查期	林木权属		防护林	经济林	特用林	用材林
2003 年	国有	面积	22.57	0	8.46	0.16
		比例	91.71	0	100	14.29
	集体	面积	2.04	0	0	0.96
		比例	8.29	0	0	85.71
2008 年	国有	面积	10.21	0.04	22.29	0.04
		比例	81.75	14.29	100	5.56
	集体	面积	1.60	0	0	0.36
		比例	12.81	0	0	50
	个人	面积	0.68	0.24	0	0.32
		比例	5.44	85.71	0	44.44
2013 年	国有	面积	11.05	0	22.32	0.04
		比例	78.20	0	96.21	7.69
	集体	面积	1.44	0	0.88	0.08
		比例	10.19	0	3.79	15.39
	个人	面积	1.60	0	0	0.40
		比例	11.33	0	0	76.92
	其他	面积	0.04	0	0	0
		比例	0.28	0	0	0
2018 年	国有	面积	12.56	0	23.91	0
		比例	74.58	0	96.49	0
	集体	面积	2.52	0	0.87	0.08
		比例	14.97	0	3.51	16.67
	个人	面积	1.76	0.04	0	0.40
		比例	10.45	100	0	83.33

　　乔木林各林种蓄积的林木权属结构变化趋势整体与其面积变化相同，各林种蓄积的国有权属比例均高于面积的权属比例，而集体又高于个人，这说明各林种的国有林木具有更高的单位面积蓄积量。乔木各林种林木权属蓄积变化见表 4-37。

表 4-37　乔木各林种林木权属蓄积变化

单位：万立方米，%

清查期	林木权属		防护林	经济林	特用林	用材林
2003 年	国有	面积	2366.35	0	1011.37	16.32
		比例	94.41	0	100	21.84
	集体	面积	139.98	0	0	58.40
		比例	5.59	0	0	78.16
2008 年	国有	面积	969.34	0	2719.75	6.18
		比例	85.21	0	100	10.67
	集体	面积	92.53	0	0	27.21
		比例	8.13	0	0	46.95
	个人	面积	75.72	0	0	24.56
		比例	6.66	0	0	42.38
2013 年	国有	面积	1082.65	0	2912.47	7.63
		比例	80.56	0	99.39	13.40
	集体	面积	95.98	0	17.81	14.46
		比例	7.14	0	0.61	25.39
	个人	面积	157.66	0	0	34.86
		比例	11.73	0	0	61.21
	其他	面积	7.69	0	0	0
		比例	0.57	0	0	0
2018 年	国有	面积	1217.70	0	3205.78	0
		比例	77.62	0	99.44	0
	集体	面积	165.75	0	18.20	18.74
		比例	10.57	0	0.56	27.10
	个人	面积	185.22	2.35	0	50.41
		比例	11.81	100	0	72.90

备注：经济林只在青海省第八次清查时有蓄积数据。

第四节　森林资源时间尺度变化特点

一、林地面积显著增加

青海省省域辽阔，地形复杂多样，高原、盆地和谷地镶嵌分布，土地资源一直以牧草地和未利用地为主，两者的面积占青海省土地总面积的 80% 以上，林地面积在青海省土地面积中占据的比例一直较小。青海省作为三江源头和"中华水塔"，其生态战略地位无法替代，是对国家生态安全具有重要作用的水源涵养重要生态功能区，因此林地面积的变化情况对青海省生态功能发挥起着至关重要的作用。

青海省 40 年清查期间，林地的面积有重大的提升，从清查初期的 303.73 万公顷增加到 819.16 万公顷，增加了 515.43 万公顷，增长幅度为 169.70%。林地面积占青海省土地总面积的比例提升较大，由清查初建时的 4.21% 增长至第八次清查时的 11.35%。

林地面积中以灌木林地和宜林地的面积增长贡献最大，灌木林地从 161.33 万公顷增长到 423.43 万公顷，增长幅度达 162.46%；宜林地从 110.47 万公顷提高到 338.01 万公顷，增长幅度达 205.97%。两者占林地面积的比例呈现相反的变化，灌木林地占林地面积的比例呈现先增加后减少的趋势，其中天然灌木林资源丰富，在全省生态建设中发挥着重要作用；而宜林地占林地面积的比例却呈现先减少后增加的趋势，宜林地面积比例的增加意味着林业发展空间和潜力相对较大。

二、林木蓄积持续增长

40 年清查期间，青海省的林木蓄积总量呈平缓增加的趋势，从第一次清查的 2303.18 万立方米增加到 5556.86 万立方米，共增长了 141.27%。随着森林的有效经营和管理，疏林地的蓄积总体在减少，森林的蓄积总体在增加；同时随着城市化的进程和社会经济生活的发展，四旁树蓄积有了明显的增加。青海省的林木蓄积量总体水平不高，这主要是由于占林木蓄积主体的乔木林面积较少的原因，但从青海省 40 年间的增长变化情况来看，林木蓄积在保护现有储量和新增林木蓄积上一直有稳定的进步。

三、森林资源明显增加

青海省森林面积主要由特别灌木林组成（在未划分特别灌木林前为灌木林地），乔木林面积较少。40 年清查期间，从 180.31 万公顷增加到 419.75 万公顷，增长幅度为 132.79%。森林中特殊灌木林地所占的比例逐渐增大，从 161.30 万公顷增加到 377.61 万公顷，增长幅度为 134.10%。并且青海省高度重视林业生态建设，实施了生态修复工程，以及加强了森林资源的抚育和管护力度，森林资源得到了较好的保护和发展，资源总量有了明显的增加。森林蓄积从第一次清查的 1715.42 万立方米增加到 4864.15 万立方米，共增长了 183.55%。

同时，青海省的森林覆盖率在 40 年间也有很大的增长，由清查初建时的 2.50% 增长至第八次清查时的 5.82%。

四、生长量大于消耗量

青海省林木年均生长量在 40 年间一直保持着不断增长的态势，由第二次清查（1988）时的 50.82 万立方米增长到第八次清查（2018）时的 140.35 万立方米，增幅为 176.17%。

青海省林木的消耗量在 40 年间从 22.94 万立方米增加到 55.01 万立方米，增幅为 139.80%。消耗主要来自采伐，2008 年前青海省的森林资源消耗量大，消耗增长速度快；在 2008 年后通过实行严格的森林采伐管理制度，强化林木采伐许可管理，林木采伐逐渐得到了控制，后期的采伐量也逐渐下降。年均枯损量呈现增长趋势，从 6.18 万立方米增加到 22.34 万立方米。

林木蓄积长消盈余，在林木年均消耗量开始下降之后，有了进一步扩大，林木蓄积生长量越来越大于消耗量，青海森林蓄积增长速度进一步加快。

五、森林质量有所提升

40 年清查期间，青海省的森林单位面积蓄积量呈现先增加后减少再缓慢增加的趋势，由清查初建时的 90.38 立方米 / 公顷增长至第八次清查时的 115.43 立方米 / 公顷，总体增长了 25.05 立方米 / 公顷。

与此同时，天然林和人工林单位面积蓄积量也有了进一步的提升，其中天然林由最初的 95.49 立方米 / 公顷增长至第八次清查时的 123.17 立方米 / 公顷，增长了 27.68 立方米 / 公顷；人工林由最初的 41.32 立方米 / 公顷增长至第八次清查时的 78.58 立方米 / 公顷，增长了 37.26 立方米 / 公顷。

从已获得的数据来看，在第六次到第八次清查期间，青海森林的平均胸径、平均郁闭度和单位面积生长量均有略微的上升，而单位面积株数趋于稳定不变。

六、龄组结构逐渐稳定

青海森林幼、中龄林面积比例在历次清查中呈现逐渐下降的趋势，由清查初建时的 72.10% 下降至第八次清查时的 50.24%，幼、中龄林仍然占据了主要部分，青海森林的后续资源较为充足。近、成、过熟林的面积比例总体上呈现增加趋势，其中以成熟林和过熟林的增长最多。

七、天然林依旧占主导

40年清查期间，天然乔木林的面积和蓄积一直稳步增加，由清查初建时的17.19万公顷、1641.46万立方米增加至第八次清查时的34.82万公顷、4288.94万立方米。这是由于青海省作为国家重点生态功能区，以生态环境保护为林业主要发展任务，在40年间实施了如天然林保护、生态环境保护等工程，有效促进了天然林的生长和恢复。

与此同时，青海省以各项国家重点生态工程为依托，大力实施造林绿化和生态功能修复活动，人工林也有了稳步的发展，40年间，人工乔木林的面积和蓄积占乔木林的比例逐渐增加，由清查初建时的9.43%、4.31%增加至第八次清查时的17.37%、11.83%。尽管人工乔木林面积和蓄积都有一定的增长，但青海省天然乔木林依然占据了乔木林绝对比例。

在青海省森林中，天然特殊灌木林地所占据的比例优势更胜于乔木林，人工特殊灌木林面积比例的增长幅度较小。总体上，40年间，青海省天然林资源持续增长，虽然占全省森林的比例略有下降，但依旧占主导地位。

八、林种结构剧烈变化

40年清查期间，青海省乔木林的林种结构发生了彻底的转变，在清查体系初建时以用材林占绝对比重，随着青海生态立省战略的实施，对森林生态价值的重新认识和保护力度加强，全省开始转变为以防护林为主，而且后期由于青海省大力发展保护区建设工作，特用林的面积逐渐占据优势地位。用材林的面积和蓄积比例下降剧烈，在第八次清查时仅占乔木林的1.14%和1.42%；经济林在青海省森林中的地位一直不高，面积非常少。

青海省的特殊灌木林地自第六次清查时开始划分林种，主要由防护林和特用林组成，特殊灌木林地中经济林仅占非常小的比例。特殊灌木林地中防护林的面积和比例呈逐渐下降的趋势，与之相对的特用林的面积和比例均呈现上升趋势，至第八次清查时，特殊灌木林地中特用林面积略高于防护林。

青海省森林的林种结构变化总体上符合其生态建设要求和森林的生态效益需求，但其结构仍不尽合理，用材林和经济林面积和蓄积都很小，不利于森林经济效益的发挥。

第五章　森林资源空间尺度变化

　　青海省森林分布受温度、水分因素影响。西部地区由于暖湿气流被巨大山体阻挡难以到达，气候干燥严寒，产生了大面积戈壁、沙漠以及盐湖沼泽，基本没有森林分布。东半部的高原被河流强烈切割，孟加拉湾暖流和东南季风逆江而上，给迎风面的河谷两岸带来一定的水气和温度，为乔木树种生长发育创造了良好的环境条件，并呈现从北向南的弧形乔木森林带。灌木林分布较广，除了可可西里冻融区、江河源高寒区和柴达木盆地西部风蚀残丘区之外，其余广大地区均有分布。从全省范围来看，森林的分布有着明显的水平地带性，从东部森林、南部高寒灌丛到西北部的荒漠灌木林（丛），由东南向西北，森林越来越少。

第一节　区域森林资源分布

一、行政区域划分

　　青海省的行政区划在过去 40 多年间发生了较大的变化，在 1976 年森林资源"四五"清查时，其行政区域划分见表 5-1，分为 6 个州，7 个省属县和 1 个省辖市。

　　在 2006 年和 2015 年的森林资源二类调查中，将 1976 年省直属县的湟中县和湟源县归入西宁，2006 年称西宁地区，2015 年称西宁市；将省直属县中的其余 5 个县合并，2006 年称海东地区，2013 年称海东市。至 2015 年，青海省行政区域主要划分为 2 个地级市、6 个自治州，其详细划分情况见表 5-2。

　　在本章第五节中，为便于分析青海各行政区森林资源动态变化，将 1976 年的森林数据按照最新的行政区划标准进行了归一化处理，作为森林资源变化起始数据。省属玛可河林业局数据在 2006 年第一次二类调查时统计在果洛藏族自治州中，因此，将其 1976 年和 2015 年调查数据也按 2006 年时一样重新统计。

表 5-1　青海 1976 年森林资源调查行政区域划分情况

单位	单位数（个）	名称
西宁市	5	城东区、城中区、城西区、郊区、大通县
海北藏族自治州	4	门源回族自治县、祁连县、海晏县、刚察县
海南藏族自治州	5	共和县、贵德县、同德县、兴海县、贵南县
玉树藏族自治州	6	玉树县、昂欠县、称多县、杂多县、治多县、囊谦县、曲麻莱县
黄南藏族自治州	4	同仁县、尖扎县、泽库县、河南蒙古族自治县
果洛藏族自治州	6	玛沁县、甘德县、达日县、班玛县、玛多县、久治县
海西蒙古族藏族哈萨克族自治州	7	都兰县、乌兰县、天峻县、格尔木县、冷湖镇、茫崖镇、大柴旦镇
省直属县	7	湟中县、民和县、乐都县、湟源县、互助土族自治县、化隆回族自治县、循化撒拉族自治县

表 5-2　青海 2015 年森林资源调查行政区域划分

单位	单位数（个）	名称
西宁市	7	城东区、城中区、城西区、城北区、湟中县、湟源县、大通回族土族自治县
海东市	6	乐都区、平安区、民和回族土族自治县、互助土族自治县、化隆回族自治县、循化撒拉族自治县
海北藏族自治州	4	海晏县、祁连县、刚察县、门源回族自治县
海南藏族自治州	5	共和县、同德县、贵德县、兴海县、贵南县
海西蒙古族藏族自治州	7	格尔木市、德令哈市、茫崖市、乌兰县、天峻县、都兰县、大柴旦行政委员会
黄南藏族自治州	4	同仁县、泽库县、尖扎县、河南蒙古族自治县
果洛藏族自治州	6	玛沁县、班玛县、甘德县、达日县、久治县、玛多县
玉树藏族自治州	6	玉树市、杂多县、称多县、治多县、囊谦县、曲麻莱县

二、森林资源分布

从森林面积分布看，海西州最大，为 137.32 万公顷，占 24.15%；果洛州居第二，为 108.14 万公顷，占 10.01%；玉树州排在第三，为 77.41 万公顷，占 13.61%；第四位是海北州，为57.29万公顷，占10.07%。

从森林蓄积看，玉树州最大，为920.89万立方米，占19.24%；海东地区排第二，为883.60万立方米，占18.46%；果洛州排在第三，为696.23万立方米，占14.55%；黄南州、海北州、海南州相差不大，分别占13.25%、13.17%和13.11%。

从森林覆盖率看，以西宁市最高，为49.02%；排在第二、第三位的是海东市和黄南州，分别为38.06%和30.35%；海北州居第四位，为17.18%；玉树州最低，为3.91%。

各区域森林资源分布见表5-3和各区域森林面积、蓄积比例分布见图5-1。

表5-3 各区域森林资源分布表

单位：万公顷，万立方米，%

统计单位	森林面积		森林蓄积		森林覆盖率	
	数量	比例	数量	比例	%	排序
全省	568.72	100	4786.25	100	7.93	—
西宁市	36.39	6.40	263.63	5.51	49.02	1
海东市	49.65	8.73	883.60	18.46	38.06	2
海北州	57.29	10.07	630.22	13.17	17.18	4
黄南州	54.35	9.56	634.11	13.25	30.35	3
海南州	48.17	8.47	627.48	13.11	11.10	6
果洛州	108.14	19.01	696.23	14.55	14.10	5
玉树州	77.41	13.61	920.89	19.24	3.91	8
海西州	137.32	24.15	130.10	2.72	4.19	7

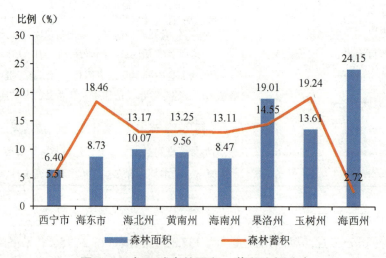

图5-1 各区域森林面积、蓄积比例分布

第二节　林区森林资源分布

一、林区划分

青海森林按照流域基本完整、经济自然条件相似、林区经营方向基本相同和结合行政界线等原则划分成九大林区。

（一）祁连林区

祁连林区位于海北藏族自治州祁连县内，属祁连山南坡的黑河流域，总面积达 1.56 万平方千米。包括祁连林场管辖的八宝、扎麻什、芒扎等林区。整个林区处在祁连山中段的南坡，是青海省唯一的高纬度原始林区，受纬度（最北）、海拔（较高）、气候（寒冷）等自然因素的影响，树木的适生范围在很大程度上受到限制，形成了单优结构的顶级森林群落，区内以云杉成、过熟林为优势。

（二）大通河林区

大通河林区位于祁连山南坡，属大通河流域，总面积 7.12 万平方千米，包括互助土族自治县北山林区、门源县仙米林区、乐都县下北山林区。林区内资源丰富，天然林具有明显的垂直分布景观带，色调分明，以中龄杨桦林或针阔叶混交林为主。

（三）湟水林区

湟水林区位于大通山以南、拉脊山以北地区，属湟水流域，总面积 1.80 万平方千米。包括湟中县上五庄林区、湟源县东峡林区、互助县南门峡和松多林区、大通县东峡林区和宝库林区、平安县峡群林区、民和县塘尔垣和西沟林区、乐都县上北山和药草台林区。区内是以杨桦中龄林为主的次生林。

（四）黄河上段林区

黄河上段林区位于西倾山西南坡和大积石山（阿尼玛卿山）东部，属黄河（北峡以上）流域，总面积 1.21 万平方千米。包括兴海县中铁林区，玛沁县切木曲、羊玉、德可河林区，同德县江群、居布和河北林区，大河坝和温泉林区，贵南县居布林区，以及泽库县、河南县、共和县除青海南山以北林区。该区以青海云杉、祁连圆柏的成、过熟林为优势，也是全省早期开发的原始林区之一。

（五）黄河下段林区

黄河下段林区位于拉脊山以南、西倾山北坡下部，属黄河（龙羊峡以下）的干流两侧山地，总面积 1.08 万平方千米。包括贵德县江拉、东山和贵南县莫曲沟林区，化隆县雄先、金源和塔白加林区，湟中县群加林区，循化县尕楞、文都和孟达林区，尖扎县坎布拉、洛哇、冬果林区，民和县杏儿沟和古鄯林区。区内各林区以中龄杨桦林或针阔叶混交林为主，是全省主要的次生林区之一。

（六）隆务河林区

隆务河林区位于西倾山北坡的黄南藏族自治州境内，属黄河支流隆务河流域，总面积 0.43 万平方千米。包括同仁县西卜沙、兰采和双朋西林区，泽库县境内的州属麦秀和古德尕让林区。以云杉成、过熟林为主，是早期开发的原始林区。

（七）柴达木林区

柴达木林区位于海西蒙古族藏族自治州和海北藏族自治州刚察县及青海湖流域，属内陆水系，总面积 29.09 万平方千米。包括都兰县夏日哈、香日德林区，乌兰县希里沟林区和德令哈林区，以及天峻县和格尔木市等天然林区外的灌木（丛）林。该林区气候干燥多大风，林木以祁连圆柏成、过熟林和怪柳、梭梭等灌木林为主。

（八）玉树林区

玉树林区位于唐古拉山系、澜沧江和长江上游的玉树藏族自治州境内（含海西蒙古族藏族自治州格尔木市唐古拉乡），总面积 24.64 万平方千米。包括玉树县江西林区和东中林区，囊谦县乩扎、吉曲、觉拉和娘拉林区。该林区以成、过熟龄的川西云杉和圆柏原始林为优势。

（九）玛可河林区

玛可河林区位于巴颜喀拉山南坡、长江支流大渡河上游的果洛藏族自治州班玛县境内，总面积 0.72 万平方千米。包括多可河林区和玛可河林区，以川西云杉成、过熟林为优势，是全省的主要原始林区。

二、森林资源分布

森林面积按林区分，柴达木林区最大，为 145.56 万公顷，占 25.59%；黄河上段林区排在第二位，为 116.33 万公顷，占 20.45%；玉树林区排在第三位，为 77.41 万公顷，占 13.61%；隆务河林区最小，为 15.27 万公顷，占 2.69%。

森林蓄积按林区分，玉树林区最多，为 920.89 万立方米，占 19.24%；大通河林区居第二，为 842.60 万立方米，占 17.60%；黄河上段林区位居第三，为 688.19 万立方米，占 14.38%；柴达木林区最少，为 130.28 万立方米，占 2.72%。森林覆盖率按林区分，大通河林区最高，为 35.32%；黄河下段林区排在第二位，为 31.57%；湟水林区排在第三位，为 30.78%；玉树林区最低，为 3.91%。

各林区森林资源分布见表5–4和各林区森林面积、蓄积比例分布见图5–2。

表5–4　各林区森林资源分布表

单位：万公顷，万立方米，%

单位	森林面积		森林蓄积		森林覆盖率	
	数量	比例	数量	比例	%	排序
全省	568.72	100	4786.25	100	7.93	—
祁连林区	20.13	3.54	243.60	5.09	14.81	6
大通河林区	37.95	6.67	842.60	17.60	35.32	1
湟水林区	71.01	12.49	600.86	12.55	30.78	3
黄河上段林区	116.33	20.45	688.19	14.38	12.31	7
黄河下段林区	57.12	10.04	491.52	10.27	31.57	2
隆务河林区	15.27	2.69	363.57	7.60	15.56	5
柴达木林区	145.56	25.59	130.28	2.72	4.13	8
玉树林区	77.41	13.61	920.89	19.24	3.91	9
玛可河林区	27.94	4.91	504.76	10.55	18.48	4

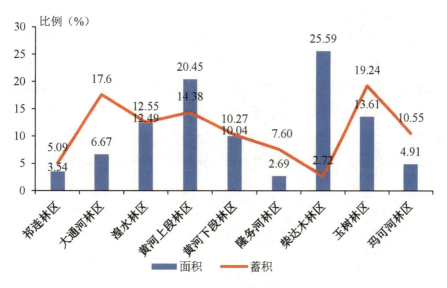

图5–2　各林区森林面积、蓄积比例分布

第三节　流域森林资源分布

一、流域划分

青海省按照流域划分为黄河流域、长江流域、澜沧江流域、内陆河流域，青海省江河流域分类见表 5-5。

表 5-5　青海省江河流域分类表

江河流域	二级流域
黄河流域	大通河流域，湟水流域，上游区间，黄河其他流域
长江流域	沱沱河流域，通天河流域，金沙江流域，雅砻江流域，长江干流
澜沧江流域	—
内陆河流域	黑河、石羊河内陆河流域，柴达木内陆河流域

二、森林资源分布

森林面积以黄河流域最大，为 297.01 万公顷，占全省森林面积的 52.22%；澜沧江流域最小，为 35.43 万公顷，占 6.23%。

森林蓄积以黄河流域最大，为 2952.08 万立方米，占全省森林蓄积的 61.68%；内陆河流域最小，为 408.52 万立方米，占 8.54%。

森林覆盖率按流域分，以黄河流域最高，为 25.57%；澜沧江流域排在第二，为 5.48%。

各流域森林资源分布见表 5-6 和各流域森林面积、蓄积比例分布见图 5-3。

表 5-6　各流域森林资源分布表

单位：万公顷，万立方米，%

统计单位	森林面积		森林蓄积		森林覆盖率	
	数量	比例	数量	比例	%	排序
全省合计	568.72	100	4786.25	100	7.93	—
长江流域	69.77	12.27	740.02	15.46	4.23	4
黄河流域	297.01	52.22	2952.08	61.68	25.57	1
澜沧江流域	35.43	6.23	685.62	14.32	5.48	2
内陆河流域	166.51	29.28	408.52	8.54	4.46	3

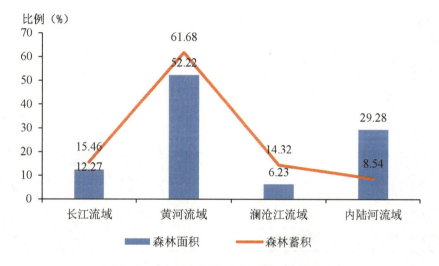

图 5-3　各流域森林面积、蓄积比例分布

第四节　重点生态功能区森林资源分布

一、重点生态功能区划分

根据《全国主体功能区规划》（国发〔2010〕46号），青海省只涉及四种重点生态功能区中的水源涵养型生态功能区，包括祁连山冰川与水源涵养生态功能区和三江源草原草甸湿地生态功能区2个重点生态功能区。

1. 祁连山冰川与水源涵养生态功能区。包括天峻县、祁连县、刚察县、门源回族自治县，共4个县。

2. 三江源草原草甸湿地生态功能区。包括同德县、兴海县、泽库县、河南蒙古族自治县、玛沁县、班玛县、甘德县、达日县、久治县、玛多县、玉树县、杂多县、称多县、治多县、囊谦县、曲麻莱县、格尔木市唐古拉山镇，共17个县、镇。

二、森林资源分布

森林面积：三江源草原草甸湿地生态功能区森林面积230.49万公顷，占80.11%；祁连山冰川与水源涵养生态功能区森林面积57.22万公顷，占19.89%。

森林蓄积：三江源草原草甸湿地生态功能区森林蓄积1296.01万立方米，占67.34%；祁连山冰川与水源涵养生态功能区森林蓄积628.59万立方米，占32.66%。

森林覆盖率：祁连山冰川与水源涵养生态功能区森林覆盖率10.13%；三江源草原草甸湿地生态功能区森林覆盖率5.34%。

各重点生态功能区森林资源分布见表5-7和各重点生态功能区森林面积、蓄积比例分布见图5-4。

表5-7 各重点生态功能区森林资源分布表

单位：万公顷，万立方米，%

统计单位数量	森林面积		森林蓄积		森林覆盖率
	数量	比例	数量	比例	
合计	287.71	100	1924.6	100	5.89
祁连山冰川与水源涵养生态功能区	57.22	19.89	628.59	32.66	10.13
三江源草原草甸湿地生态功能区	230.49	80.11	1296.01	67.34	5.34

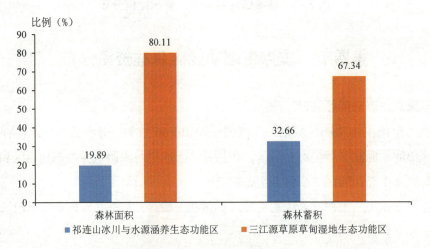

图5-4 各重点生态功能区森林面积、蓄积比例分布

第五节　市州森林资源动态变化

一、森林资源空间尺度总体变化

（一）林地面积变化

从 1976—2015 年各市州林地面积变化看，林地面积净增最多的是海西州、玉树州、果洛州和海南州，分别增加了 201.40 万公顷、164.35 万公顷、146.82 万公顷和 99.81 万公顷，占增加总量的 77.16%。林地面积增幅最大的是玉树州、海西州、海北州和黄南州。各市州森林资源林地面积变化见表 5-8 和图 5-5。

表 5-8　各市州森林资源林地面积变化表

单位：万公顷

市（州）	1976 年	2006 年	2015 年	面积增减
西宁市	28.07	37.65	47.92	19.85
海东市	62.99	68.81	81.75	18.76
海北州	18.62	76.58	86.75	68.13
海南州	35.78	79.36	135.59	99.81
海西州	49.79	173.1	251.19	201.40
黄南州	20.46	51.52	94.99	74.53
果洛州	53.46	134.09	200.28	146.82
玉树州	34.12	98.28	198.47	164.35

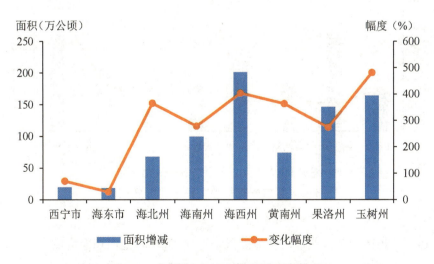

图 5-5　各市州森林资源林地面积变化

从 1976—2015 年各市州有林地（乔木林）面积变化看，有林地面积净增最多的是玉树州、海东市、果洛州和黄南州，分别增加了 12.28 万公顷、7.36 万公顷、4.40 万公顷和 3.76 万公顷，占增加总量的 66.49%。有林地面积增幅最大的是海西州、玉树州、果洛州和西宁市。各市州有林地（乔木林）面积变化见表 5-9 和图 5-6。

表 5-9　各市州有林地（乔木林）面积变化表

单位：万公顷

市（州）	1976 年	2006 年	2015 年	面积增减
西宁市	1.56	2.99	4.71	3.15
海东市	5.68	11.04	13.04	7.36
海北州	2.46	5.48	6.00	3.54
海南州	2.22	4.70	5.94	3.72
海西州	0.42	2.81	4.02	3.60
黄南州	2.83	5.91	6.59	3.76
果洛州	1.84	5.25	6.24	4.40
玉树州	2.03	11.28	14.31	12.28

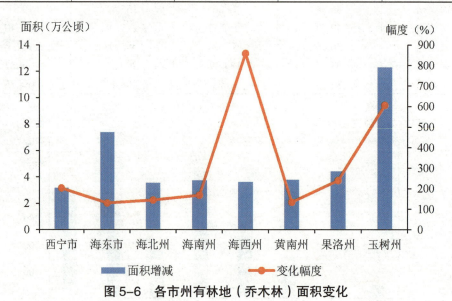

图 5-6　各市州有林地（乔木林）面积变化

从 1976—2015 年各市州灌木林地面积变化看，灌木林地面积净增最多的是海西州、果洛州、海北州和海南州，分别增加了 100.76 万公顷、51.87 万公顷、44.35 万公顷和

38.14 万公顷，占增加总量的 64.74%。灌木林地面积增幅最大的是海北州、西宁市、海南州和黄南州。各市州灌木林地面积变化见表 5-10 和图 5-7。

表 5-10　各市州灌木林地面积变化表

单位：万公顷

市（州）	1976 年	2006 年	2015 年	面积增减
西宁市	6.64	22.68	33.07	26.43
海东市	10.20	20.01	41.61	31.41
海北州	10.64	45.35	54.99	44.35
海南州	9.71	30.51	47.85	38.14
海西州	32.54	55.60	133.30	100.76
黄南州	11.08	26.38	48.64	37.56
果洛州	50.04	89.65	101.91	51.87
玉树州	30.45	55.82	63.10	32.65

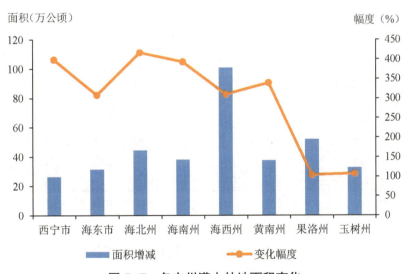

图 5-7　各市州灌木林地面积变化

（二）林木蓄积变化

从 1976—2015 年各市州林木蓄积变化看，林木蓄积净增最多的是海东市、果洛州、西宁市和海南州，分别增加了 768.05 万立方米、502.16 万立方米、422.19 万立方米和 345.75 万立方米，占增加总量的 66.38%。林木蓄积增幅最大的是西宁市、果洛州、海东市和海西州。各市州林木蓄积变化见表 5-11 和图 5-8。

表 5-11　各市州林木蓄积变化表

单位：万立方米

市（州）	1976 年	2006 年	2015 年	蓄积增减
西宁市	119.41	597.21	541.60	422.19
海东市	376.49	1210.47	1144.54	768.05
海北州	328.14	647.00	654.63	326.49
海南州	369.02	637.36	714.77	345.75
海西州	125.71	267.19	255.64	129.93
黄南州	390.55	478.25	655.95	265.40
果洛州	221.24	872.83	723.40	502.16
玉树州	645.89	695.23	956.45	310.56

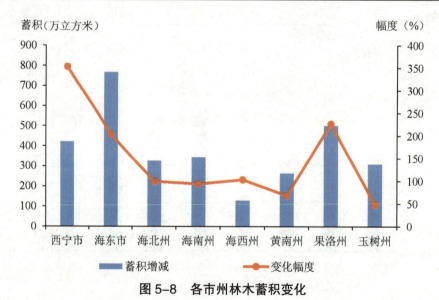

图 5-8　各市州林木蓄积变化

（三）森林面积变化

从 1976—2015 年各市州森林面积变化看，森林面积净增最多的是海西州、果洛州、玉树州和海北州，分别增加了 104.37 万公顷、56.26 万公顷、45.03 万公顷和 44.19 万公顷，占增加总量的 64.31%。森林面积增幅最大的是西宁市、海北州、海西州和海南州。各市州森林面积变化见表 5-12 和图 5-9。

表 5-12　各市州森林面积变化表

单位：万公顷

市（州）	1976 年	2006 年	2015 年	面积增减
西宁市	8.20	25.67	36.39	28.19
海东市	15.88	30.07	49.65	33.77
海北州	13.10	50.21	57.29	44.19
海南州	11.93	29.12	48.17	36.24
海西州	32.95	58.40	137.32	104.37
黄南州	13.90	14.66	54.35	40.45
果洛州	51.88	94.80	108.14	56.26
玉树州	32.38	67.08	77.41	45.03

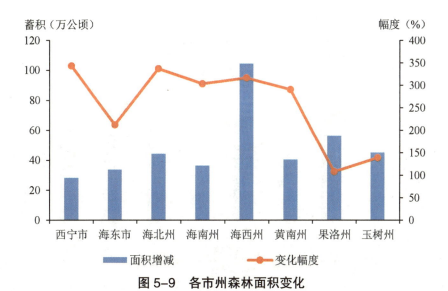

图 5-9　各市州森林面积变化

（四）森林蓄积变化

从 1976—2015 年各市州森林蓄积变化看，森林蓄积净增最多的是海东市、果洛州、玉树州和海北州，分别增加了 552.67 万立方米、500.17 万立方米、411.58 万立方米和369.76 万立方米，占增加总量的 66.16%。森林蓄积增幅最大的是海西州、果洛州、西宁市和海东市。各市州森林蓄积变化见表 5-13 和图 5-10。

表 5-13　各市州森林蓄积变化表

单位：万立方米

市（州）	1976 年	2006 年	2015 年	蓄积增减
西宁市	80.32	294.51	263.63	183.31
海东市	330.93	934.61	883.60	552.67
海北州	260.46	630.18	630.22	369.76
海南州	289.17	459.76	627.48	338.31
海西州	34.91	149.90	130.10	95.19
黄南州	312.90	460.80	634.11	321.21
果洛州	196.06	829.29	696.23	500.17
玉树州	509.31	664.05	920.89	411.58

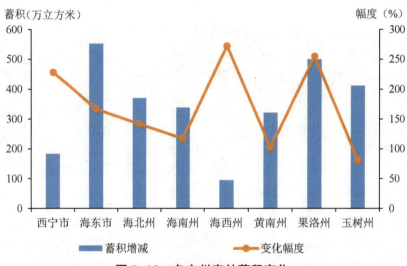

图 5-10　各市州森林蓄积变化

（五）森林覆盖率变化

从 1976—2015 年各市州森林覆盖率变化看，森林覆盖率净增最多的是西宁市、海东市、黄南州和海北州，分别增加了 39.02%、25.06%、22.55% 和 13.38%。森林覆盖率增幅最大的是西宁市、海北州、海西州和黄南州。各市州森林覆盖率变化见表 5-14 和图 5-11。

表 5-14　各市州森林覆盖率变化表

单位：%

市（州）	1976 年	2006 年	2015 年	覆盖率增减
西宁市	10.00	34.50	49.02	39.02
海东市	13.00	23.10	38.06	25.06
海北州	3.80	15.10	17.18	13.38
海南州	2.90	6.70	11.10	8.20
海西州	1.00	1.80	4.19	3.19
黄南州	7.80	8.20	30.35	22.55
果洛州	6.60	12.40	14.10	7.50
玉树州	1.60	3.40	3.91	2.31

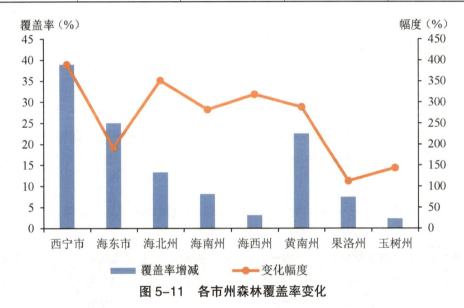

图 5-11　各市州森林覆盖率变化

二、各市州森林资源变化

（一）西宁市

西宁市是青海省的省会，位于青海省东部，青藏高原东北部，地处湟水及其三条支流的交汇处。市区海拔 2261 米，地势西南高、东北低，四周群山环抱，湟水河穿城而过。西宁市属大陆性高原半干旱气候，高原高山寒温性气候。全年平均日照时数 2510.1 小时；年平均气温 5.5℃，最高气温 34.6℃，最低气温 -18.9℃；年平均降水量 380 毫米，蒸发量 1363.6 毫米。

1. 林地面积变化

西宁市的林地面积逐渐增长，其中：有林地、灌木林地面积呈增长趋势，疏林地和苗圃地面积减少，未成林造林地面积先增加后减少，宜林地面积先减少后增加。2006年的森林资源二类调查中划分了灌丛地，其余两次调查中都没有这个地类划分。2015年时是青海省林地面积最小的行政区域。西宁市林地面积变化见表5-15。

表5-15　西宁市林地面积变化

单位：万公顷

年度	林地面积	有林地	疏林地	灌木林地	未成林造林地	苗圃地	无立木林地	宜林地	辅助林地	灌丛地
1976 年	28.09	1.56	0.24	6.64	0.30	0.08	0	19.27	0	0
2006 年	37.65	2.99	0.14	22.68	4.83	0.07	0.44	1.53	0	4.97
2015 年	47.93	4.71	0.07	33.07	2.22	0.02	0.06	7.78	0	0

2. 各类林木蓄积变化

西宁市活立木蓄积主要由四旁树和有林地组成，活立木蓄积总量先大幅上升后略微下降，占全省活立木蓄积比例有所上升，其中：西宁的四旁树蓄积是所有行政区域中最高的。西宁市各类林木蓄积变化见表5-16。

表5-16　西宁市各类林木蓄积变化

单位：万立方米

年度	活立木蓄积	有林地	疏林地	四旁树	散生木
1976 年	119.40	80.32	6.35	31.49	1.24
2006 年	597.20	294.51	3.02	299.54	0.13
2015 年	541.60	263.63	1.90	275.94	0.13

3. 森林面积、蓄积和覆盖率变化

西宁市森林面积虽然在全省森林面积中整体比例较小，但是一直在不断增长中，且西宁市的森林覆盖率在2006年和2015年时是所有行政区域中最高的。西宁市的森林蓄积先上升后略微下降，乔木林单位面积蓄积量由51.49立方米/公顷增长到98.50立方米/公顷，再下降至55.97立方米/公顷。西宁市森林面积、蓄积和覆盖率变化见表5-17。

表 5-17 西宁市森林面积、蓄积和覆盖率变化

单位：万公顷，万立方米，%，立方米/公顷

年度	森林面积	森林蓄积	森林覆盖率	乔木林单位面积蓄积量
1976 年	8.20	80.32	10.00	51.49
2006 年	25.67	294.51	34.50	98.50
2015 年	36.39	263.63	49.02	55.97

4. 乔木林起源变化

西宁市的人工林面积逐渐增加，天然林面积先增加后略微减少，起源组成由天然林为主转变为人工林为主。有林地中人工林的蓄积增长迅速，天然林的蓄积先增长后大幅下降，人工林和天然林的单位面积蓄积呈现先增加后减少的趋势，天然林单位面积蓄积量要高于人工林。西宁市有林地起源变化见表 5-18。

表 5-18 西宁市有林地起源变化

单位：万公顷，万立方米

年度	人工林		天然林	
	面积	蓄积	面积	蓄积
1976 年	0.70	26.54	0.85	53.78
2006 年	1.23	76.10	1.76	218.41
2015 年	3.01	140.99	1.70	122.64

（二）海东市

海东市地处黄河上游及其重要支流湟水之间，总面积 1.32 万平方千米，全境东西长约 124.5 千米，南北宽约 180 千米。海东北枕祁连，南滨黄河，西抱西宁，东望兰州。海东市内气候温润，日照时间长，太阳辐射强，昼夜温差较大，属高原大陆性气候。年平均气温 7℃，年平均降雨量 345.4 毫米，平均海拔 2125 米。

1. 林地面积变化

海东市林地面积有小幅度增长，其中有林地、灌木林地面积呈增长趋势，宜林地面积逐渐减少。1976 年时海东市是全省林地面积最大区域，之后其林地面积在全省林地面积中的比例下降，2015 年时是全省林地面积第二小的区域。海东市林地面积变化见表 5-19。

表 5-19　海东市林地面积变化

单位：万公顷

年度	林地面积	有林地	疏林地	灌木林地	未成林造林地	苗圃地	无立木林地	宜林地	灌丛地
1976 年	62.99	5.68	1.24	10.20	0.27	0.09	0.01	45.50	0
2006 年	68.82	11.04	0.55	20.01	14.52	0.06	0.77	20.38	1.49
2015 年	81.75	13.04	0.56	41.61	6.94	0.04	2.92	16.64	0

2.各类林木蓄积变化

海东市活立木蓄积主要由有林地组成，四旁树次之，有林地和四旁树的蓄积变化趋势为先大幅上升后下降，活立木蓄积总量亦是如此，而疏林地和散生木的蓄积呈下降趋势。海东市的活立木蓄积占全省活立木蓄积的比例也呈现出先上升后下降的趋势，在2006 年和 2015 年时，海东市是全省活立木蓄积最大的行政区域，且四旁树蓄积在所有行政区域中排名第二。海东市各类林木蓄积变化见表 5-20。

表 5-20　海东市各类林木蓄积变化

单位：万立方米

年度	活立木蓄积	有林地	疏林地	四旁树	散生木
1976 年	376.49	330.93	25.31	17.87	2.38
2006 年	1210.47	934.61	13.31	262.07	0.48
2015 年	1144.54	883.60	7.95	252.97	0.02

3.森林面积、蓄积和覆盖率变化

海东市森林面积逐渐上升，但其占全省森林面积的比例一直保持在 8% 左右。1976年时，海东市的森林覆盖率是全省最高的，在 2006 年和 2015 年时仅次于西宁市，是全省森林覆盖率第二的行政区域。海东市的森林蓄积先上升后略微下降，乔木林单位面积蓄积量由 58.26 立方米 / 公顷增长到 84.66 立方米 / 公顷，再下降至 67.76 立方米 / 公顷。海东市森林面积、蓄积和覆盖率变化见表 5-21。

表 5-21　海东市森林面积、蓄积和覆盖率变化

单位：万公顷，万立方米，%，立方米/公顷

年度	森林面积	森林蓄积	森林覆盖率	乔木林单位面积蓄积量
1976 年	15.88	330.93	13.00	58.26
2006 年	30.07	934.61	23.10	84.66
2015 年	49.65	883.60	38.06	67.76

4. 乔木林起源变化

海东市有林地主要以天然林为主，各次资源调查中人工林和天然林面积的逐渐增加，其中人工林面积增长的幅度更大，增长幅度 382.35%。有林地中人工林的蓄积增长迅速，其单位面积蓄积量逐渐增长；天然林的蓄积先增长后下降，天然林的单位面积蓄积量呈现先增加后减少的趋势。海东市有林地起源变化见表 5-22。

表 5-22　海东市有林地起源变化

单位：万公顷，万立方米

年度	人工林		天然林	
	面积	蓄积	面积	蓄积
1976 年	0.85	23.26	4.76	307.67
2006 年	2.48	118.88	8.56	815.73
2015 年	4.10	202.85	8.94	680.75

（三）海北藏族自治州

海北藏族自治州位于青海省东北部，地处祁连山中部地带。东南与大通、互助、湟中、湟源接壤；西与海西蒙古族藏族自治州的天峻县毗连；南与海南藏族自治州的共和县隔青海湖相望；北与甘肃省的天祝、山丹、民乐、肃南为邻。全州东西长 413.45 千米，南北宽 261.41 千米，总面积为 3.4 万平方千米，占全省总面积的 4.71%。海北州地处祁连山中部地带，最高海拔 5287 米，最低海拔 2180 米，海拔超过 3000 米的面积占全州总面积的 85% 以上。气候属高原大陆性气候，寒冷期长，温凉期短，光照充足，太阳辐射强，干湿季分明，雨热同季，多夜雨和大风。年平均气温 −2.4 ~ 1.4℃，最高气温 33.3℃，最低气温 −36.3℃。年平均降水量 426.8 毫米，最高降水量 479.4 毫米，最低降水量 341.1 毫米。年日照时数 2517.6 ~ 2995.3 小时。无绝对无霜期。海北州林地主要

分布在祁连县黑河和门源县大通河中下游峡谷地区，生长有青海云杉、杨树、祁连圆柏、桦树、油松等树种。

1. 林地面积变化

近 40 年来，海北州林地面积不断增长。1976 年时海北州是全省林地面积最小的行政区域，在 2006 年时面积比例上升到 10.64%，面积比例排名第五，2015 年时面积比例再次下降到 7.91%，面积比例排名不变。海北州林地面积变化见表 5-23。

表 5-23　海北州林地面积变化

单位：万公顷

年度	林地面积	有林地	疏林地	灌木林地	未成林造林地	苗圃地	无立木林地	宜林地	辅助林地	灌丛地
1976 年	18.62	2.46	0.88	10.64	0	0	0	4.64	0	0
2006 年	76.58	5.48	0.18	45.35	3.84	0.01	0	12.05	0	9.67
2015 年	86.75	6.00	0.33	54.99	1.99	0.02	0.10	23.32	0	0

2. 各类林木蓄积变化

海北州的活立木蓄积一直是全省排名第五的行政区域，主要由有林地组成，疏林地其次。有林地、四旁树和散生木的蓄积在 2006 年和 2015 年期间没有明显的变化，疏林地的蓄积在这期间有较大幅度的上涨。海北州各类林木蓄积变化见表 5-24。

表 5-24　海北州各类林木蓄积变化

单位：万立方米

年度	活立木蓄积	有林地	疏林地	四旁树	散生木
1976 年	328.14	260.46	64.28	0.32	3.08
2006 年	647.00	630.18	7.36	7.04	2.42
2015 年	654.63	630.22	14.95	7.04	2.42

3. 森林面积、蓄积和覆盖率变化

海北州森林面积和森林蓄积逐渐上升，森林面积占全省的比例也由第六名上升到第四名。1976—2006 年期间，海北州的森林覆盖率提升较大，在 2006—2015 年期间增长幅度较小。海北州的森林蓄积呈上升趋势，乔木林单位面积蓄积量由 105.88 立方米 / 公顷增长到 115 立方米 / 公顷，再下降至 105.04 立方米 / 公顷，2015 年时海北州是森林单位面积蓄积量在全省排名第二的行政区域。海北州森林面积、蓄积和覆盖率变化见表5-25。

表5-25　海北州森林面积、蓄积和覆盖率变化

单位：万公顷，万立方米，%，立方米/公顷

年度	森林面积	森林蓄积	森林覆盖率	乔木林单位面积蓄积量
1976年	13.10	260.46	3.80	105.88
2006年	50.21	630.18	15.10	115.00
2015年	57.29	630.22	17.18	105.04

4.乔木林起源变化

海北州的有林地一直以天然林为主，人工林面积较小。有林地中人工林的蓄积因面积增长而增长，但单位面积蓄积量却在不断下降；天然林的蓄积先增长后略微下降，天然林的单位面积蓄积量呈现先增加后减少的趋势。海北州有林地起源变化见表5-26。

表5-26　海北州有林地起源变化

单位：万公顷，万立方米

年度	人工林		天然林	
	面积	蓄积	面积	蓄积
1976年	0	0.44	2.46	260.02
2006年	0.05	4.06	5.43	626.12
2015年	0.13	7.99	5.87	622.23

（四）海南藏族自治州

海南藏族自治州位于青海省东部，是青藏高原的东门户，东与海东市和黄南藏族自治州毗连，西与海西蒙古族藏族自治州接壤，南与果洛藏族自治州为邻，北隔青海湖与海北藏族自治州相望。全州东西宽260千米，南北长270千米，总面积为4.45万平方千米，占全省总面积的6.18%。州境内地形以山地为主，四周环山，盆地居中，高原丘陵和河谷台地相间其中，地势起伏较大，复杂多样。平均海拔在3000米以上，最高点虽根尔岗海拔5305米，最低海拔2168米。海南州属典型的高原大陆性气候，大气稀薄，干旱少雨，光照时间长，太阳辐射强，气候温凉寒冷，气温年较差小、日较差大。春季干旱多风，夏季短促凉爽，秋季阴湿多雨，冬季漫长干燥。州境内生长有青海云杉、祁连圆

柏、桦树、青杨等主要乔木树种。

1. 林地面积变化

海南州一直是青海省林地面积排第四的行政区域，近 40 年来，海南州林地面积不断增长，尤其在 2006—2015 年期间增长了较大面积，其主要原因是新增了大面积的宜林地。海南州林地面积变化见表 5-27。

表 5-27　海南州林地面积变化

单位：万公顷

年度	林地面积	有林地	疏林地	灌木林地	未成林造林地	苗圃地	无立木林地	宜林地	辅助林地	灌丛地
1976 年	35.78	2.22	1.56	9.71	0.08	0.01	0.02	22.18	0	0
2006 年	89.37	4.70	0.79	30.51	9.10	0.03		32.34	0	11.90
2015 年	135.59	5.94	0.55	47.85	6.32	0.03	0.79	74.11	0	0

2. 各类林木蓄积变化

海南州的活立木蓄积总体呈增长趋势，但其占全省活立木蓄积的比例值先下降后上升，由 1976 年的 12.18% 降至 2006 年的 11.79%，再上升至 2015 年的 12.66%。疏林地和散生木的蓄积和全省蓄积比例都处于下降中，四旁树的蓄积在前期增长巨大，但在后期又剧烈下降，其占全省四旁树的蓄积比例总体下降了 4.47%。见表 5-28。

表 5-28　海南州各类林木蓄积变化

单位：万立方米

年度	活立木蓄积	有林地	疏林地	四旁树	散生木
1976 年	369.02	289.17	69.44	9.14	1.27
2006 年	637.37	459.76	20.14	157.25	0.22
2015 年	714.77	627.48	17.64	69.59	0.06

3. 森林面积、蓄积和覆盖率变化

海南州的森林面积和森林蓄积处于增长状态，占全省的森林面积比例较小。森林覆盖率一直在青海省排名第六，近 40 年间有比较大的增长，乔木林单位面积蓄积量在 1976—2006 年期间出现大幅的下降，从 130.26 立方米／公顷下降至 97.82 立方米／公顷，并在 2006—2015 年期间上升了 7.82 立方米／公顷。海南州森林面积、蓄积和覆盖率变化见表 5–29。

表 5–29　海南州森林面积、蓄积和覆盖率变化

单位：万公顷，万立方米，%，立方米／公顷

年度	森林面积	森林蓄积	森林覆盖率	乔木林单位面积蓄积量
1976 年	11.93	289.17	2.90	130.26
2006 年	29.12	459.76	6.70	97.82
2015 年	48.17	627.48	11.10	105.64

4. 乔木林起源变化

海南州有林地面积和蓄积主要以天然林为主，但人工林比例不断增加，近 40 年间人工林面积比例增长了 31.04%，蓄积比例增加了 24.23%。海南州有林地起源变化见表 5–30。

表 5–30　海南州有林地起源变化

单位：万公顷，万立方米

年度	人工林		天然林	
	面积	蓄积	面积	蓄积
1976 年	0.13	6.05	2.10	283.12
2006 年	1.35	105.19	3.35	354.57
2015 年	2.19	165.14	3.75	462.34

（五）海西蒙古族藏族自治州

海西蒙古族藏族自治州居青海湖以西，州域总面积 32.58 万平方千米，占全省总面积的 45.17%，是青海省区域面积最大的民族自治州。主体为中国四大盆地之一的柴达木盆地，柴达木盆地地形复杂多样，峻山、丘陵、盆地、河谷、湖泊交叉分布。全州共有大小河流 160 余条，流域面积大约 500 平方千米，常年有水的河流有 40 余条。

1. 林地面积变化

海西州一直是青海省林地面积最大的行政区域，林地中以灌木林地面积最大，宜林地面积次之，所有的地类面积都处于增长趋势。2006—2015 年期间，灌木林地面积增长了 139.75%。见表 5–31。

表5-31　海西州林地面积变化

单位：万公顷

年度	林地面积	有林地	疏林地	灌木林地	未成林造林地	苗圃地	无立木林地	宜林地	辅助林地	灌丛地
1976年	49.80	0.42	1.76	32.54	0	0.02	0	15.06	0	0
2006年	173.09	2.81	3.61	55.60	4.94	0.03	0.05	86.89	0	19.16
2015年	251.19	4.02	5.03	133.30	11.29	0.02	0	97.53	0	0

2.各类林木蓄积变化

海西州的活立木蓄积在1976—2006年期间增长了112.54%，在2006—2015年期间又有小幅度的下降。海西州的活立木蓄积在全省活立木蓄积中的比例较小，保持在4%左右。海西州各类林木蓄积变化见表5-32。

表5-32　海西州各类林木蓄积变化

单位：万立方米

年度	活立木蓄积	有林地	疏林地	四旁树	散生木
1979年	125.71	34.91	85.38	0.24	5.18
2006年	267.19	149.90	77.63	39.66	0
2015年	255.64	130.10	77.88	47.66	0

3.森林面积、蓄积和覆盖率变化

海西州的森林面积呈增长趋势，尤其在2006—2015年期间增长最多，其增长主要是因为灌木林地的增长；森林蓄积呈现先大幅增长后略微下降的态势。海西州的森林覆盖率在近40年间增长幅度不大，在青海省所有行政区域中为最小的，其乔木林单位面积蓄积量一直处于下降的状态，由1976年的83.12立方米/公顷下降至2006年的53.35立方米/公顷，到2015年再次下降至32.36立方米/公顷，海西州是2015年乔木林单位面积蓄积量最低的行政区域。海西州森林面积、蓄积和覆盖率变化见表5-33。

表5-33　海西州森林面积、蓄积和覆盖率变化

单位：万公顷，万立方米，%，立方米/公顷

年度	森林面积	森林蓄积	森林覆盖率	乔木林单位面积蓄积量
1976年	32.95	34.91	1.00	83.12
2006年	58.40	149.90	1.80	53.35
2015年	137.32	130.10	4.19	32.36

4.乔木林起源变化

海西州的人工林和天然林的面积呈上升趋势，蓄积前期增加后期有所减少。天然林单位面积蓄积量逐渐降低，2015年时天然林单位面积蓄积量为35.52立方米/公顷，是全省最低值。海西州有林地起源变化见表5-34。

表5-34　海西州有林地起源变化

单位：万公顷，万立方米

年度	人工林		天然林	
	面积	蓄积	面积	蓄积
1976年	0.04	0.47	0.38	34.44
2006年	0.29	40.86	2.52	109.04
2015年	1.03	23.90	2.99	106.20

（六）黄南藏族自治州

黄南藏族自治州位于青海省东南部，东南与甘肃省甘南藏族自治州夏河县、碌曲县、玛曲县和果洛州玛沁县为邻，西北与海南州同德县、贵德县和海东市的化隆县、循化县接壤。全州土地总面积1.88万平方千米，占全省总面积的2.63%。黄南州地势南高北低，南部泽库、河南两县属于青南牧区，海拔在3500米以上，气候高寒；北部为尖扎、同仁两县，海拔在1900～4118米之间。黄南州气候属高原大陆性气候，雨热同季，干湿季差别明显；热量不足，无霜期短，降水变率大，时空分布不均；光照时间长，太阳辐射强；冷季漫长干冷，暖季短促润凉；多灾害天气。境内有大小河流60余条，境内纵贯南北的隆务河全长144千米。黄南州森林主要有青海云杉、紫果云杉、祁连圆柏、桦树、山杨、青杨、榆和槐等树种，分布在黄河、隆务河流域等高山峡谷地带。黄河、隆务河谷地气候温暖，适宜果树经济林木的生长，主要有苹果树、梨树、杏树、桃树、花椒树等树种。

1.林地面积变化

黄南州的林地、有林地和灌木林地面积呈增长趋势，疏林地面积逐渐减少，宜林地面积在2006—2015年期间有剧烈的增长。见表5-35。

表 5-35　黄南州林地面积变化

单位：万公顷

年度	林地面积	有林地	疏林地	灌木林地	未成林造林地	苗圃地	无立木林地	宜林地	灌丛地
1976 年	20.47	2.83	1.40	11.08	0.03	0	0	5.13	0
2006 年	51.53	5.91	0.47	26.38	1.22	0.02	0.02	3.12	14.39
2015 年	94.99	6.59	0.30	48.64	0.86	0.02	0.12	38.46	0

2. 各类林木蓄积变化

黄南州活立木蓄积量主要由有林地组成，呈上升趋势。疏林地和散生木蓄积逐渐减少，四旁树蓄积逐渐上升，尤其在 2006—2015 年期间，增长幅度较大。黄南州各类林木蓄积变化见表 5-36。

表 5-36　黄南州各类林木蓄积变化

单位：万立方米

年度	活立木蓄积	有林地	疏林地	四旁树	散生木
1976 年	390.55	312.90	73.37	2.37	1.91
2006 年	478.26	460.80	12.83	4.08	0.55
2015 年	655.95	634.11	11.60	10.23	0.01

3. 森林面积、蓄积和覆盖率变化

黄南州的森林面积和森林蓄积在近 40 年间逐渐增长，森林覆盖率在前期增长较慢，后期有了大幅度增长。乔木林单位面积蓄积量呈先下降后上升的趋势，1976 年为 110.57 立方米 / 公顷，2006 年为 77.97 立方米 / 公顷，2015 年为 96.22 立方米 / 公顷。黄南州森林面积、蓄积和覆盖率变化见表 5-37。

表 5-37　黄南州森林面积、蓄积和覆盖率变化

单位：万公顷，万立方米，%，立方米 / 公顷

年度	森林面积	森林蓄积	森林覆盖率	乔木林单位面积蓄积量
1976 年	13.90	312.90	7.80	110.57
2006 年	14.66	460.80	8.20	77.97
2015 年	54.35	634.11	30.35	96.22

4. 乔木林起源变化

黄南州的有林地主要由天然林组成，人工林的比例非常小。天然林和人工林的面积和蓄积都逐渐增长，天然林的单位面积蓄积量先大幅度减少后小幅度增加，人工林的单位面积蓄积量先大幅度增加后小幅度减少。黄南州有林地起源变化见表5-38。

表 5-38　黄南州有林地起源变化

单位：万公顷，万立方米

年度	人工林		天然林	
	面积	蓄积	面积	蓄积
1976 年	0.07	2.00	2.76	310.89
2006 年	0.08	5.28	5.83	455.52
2015 年	0.19	11.03	6.41	623.08

（七）果洛藏族自治州

果洛藏族自治州位于青海省东南部，地处青藏高原腹地的巴颜喀拉山和阿尼玛卿山之间。东临甘肃省甘南藏族自治州和青海省黄南藏族自治州，南接四川省阿坝藏族羌族自治州和甘孜藏族自治州，西与青海省玉树藏族自治州毗连，北和青海省海西蒙古族藏族自治州、海南藏族自治州接壤。总面积7.64万平方千米，占全省总面积的10.54%。州境内地形自西北向东南倾斜，西北地形平缓多丘陵，东南陡坡深谷多高山，黄河在境内流程长达760千米。果洛州平均海拔4200米以上，属于高原大陆性气候，高寒缺氧，气温低，光照辐射强，昼夜温差大。易受北方和西北方的寒流影响，日照时间长，降雨(雪)量较多，蒸发量大，多阵性大风。年均降水量400 ~ 700毫米，年均气温 -4℃，无绝对无霜期。雨量分布不均，北部干旱寒冷，东南较湿润的班玛、久治等地年平均降水量为655.8 ~ 759.8毫米，年降水日数达175天左右，其中久治县为青海省降雨量最多的地区。州境内的主要乔木树种有云杉、圆柏、桦树等，灌木树种有金露梅、山生柳、忍冬、沙棘、杜鹃等，是全州重要的水源涵养林。

1. 林地面积变化

果洛州林地面积在1976年和2006年时在青海省排名第二位，到2015年排名第三位，期间面积增长幅度较大。果洛州的有林地面积先增加后减少，疏林地面积先减少后增加，宜林地和灌木林地的面积都是逐渐上升。果洛州林地面积变化见表5-39。

表 5-39　果洛州林地面积变化

单位：万公顷

年度	林地面积	有林地	疏林地	灌木林地	未成林造林地	苗圃地	无立木林地	宜林地	灌丛地
1976 年	53.46	1.84	0.89	50.04	0	0	0.20	0.49	0
2006 年	134.09	5.25	0.79	89.65	0.10	0	0	18.67	19.62
2015 年	192.15	3.23	1.01	97.83	0.23	0	0.02	89.82	0

2.各类林木蓄积变化

果洛州的活立木蓄积先大幅上升后又大幅下降，见表 5-40，这是由于 2006 年森林二类调查统计结果中没有将玛可河林业局独立统计，在另外两次调查中都将玛可河林业局单独统计，玛可河林业局是青海省内较大的林业基地，其有林地面积和蓄积都较大，因此对果洛州的统计数据影响较大。

表 5-40　果洛州各类林木蓄积变化

单位：万立方米

年度	活立木蓄积	有林地	疏林地	四旁树	散生木
1976 年	221.24	196.06	24.72	0	0.46
2006 年	872.83	829.29	42.17	0.85	0.51
2015 年	240.53	224.06	15.90	0.50	0.07

3.森林面积、蓄积和覆盖率变化

果洛州的森林面积和森林覆盖率都逐渐增加，三次调查中，果洛州的乔木林单位面积蓄积量分别为 106.55 立方米 / 公顷、157.96 立方米 / 公顷、69.37 立方米 / 公顷，起伏变化较大。果洛州森林面积、蓄积和覆盖率变化见表 5-41。

表 5-41　果洛州森林面积、蓄积和覆盖率变化

单位：万公顷，万立方米，%，立方米 / 公顷

年度	森林面积	森林蓄积	森林覆盖率	乔木林单位面积蓄积量
1976 年	51.88	196.06	6.60	106.55
2006 年	94.80	829.29	12.40	157.96
2015 年	101.06	224.06	13.40	69.37

4.乔木林起源变化

果洛州的有林地主要由天然林组成，人工林非常少。天然林的单位面积蓄积量在1976年时为236.22立方米/公顷，在2015年时为69.51立方米/公顷。果洛州有林地起源变化见表5-42。

表5-42　果洛州有林地起源变化

单位：万公顷，万立方米

年度	人工林		天然林	
	面积	蓄积	面积	蓄积
1976年	0	0	0.83	196.06
2006年	0	0.25	5.25	829.04
2015年	0.02	0.93	3.21	223.13

（八）玉树藏族自治州

玉树藏族自治州地处青藏高原腹地，位于青海省西南部，是长江、黄河、澜沧江三大河流的发源地，素有"江河之源"和"中华水塔"之称，三江源国家级自然保护区和可可西里国家级自然保护区覆盖自治州全境。境内草原广阔，山川绵延，江河纵横，风光绮丽，风俗独特，资源丰富。全州总面积26.7万平方千米，占全省总面积的37.2%。

1.林地面积变化

玉树州是全省林地面积排第二的行政区域，在2006—2015年期间林地面积增长幅度非常大，主要原因是宜林地面积增加较快。玉树州林地面积变化见表5-43。

表5-43　玉树州林地面积变化

单位：万公顷

年度	林地面积	有林地	疏林地	灌木林地	未成林造林地	苗圃地	无立木林地	宜林地	灌丛地
1976年	34.12	2.03	1.46	30.45	0	0	0.18	0	0
2006年	98.28	11.28	2.90	55.82	0.64	0.01	0.06	14.08	13.49
2015年	198.48	14.31	3.03	63.10	0.84	0.01	0.05	117.14	0

2.各类林木蓄积变化

玉树州活立木蓄积总量逐渐增加，其中有林地蓄积也是逐渐增加，而疏林地蓄积大幅减少。玉树州各类林木蓄积变化见表5-44。

表 5-44 玉树州各类林木蓄积变化

单位：万立方米

年度	活立木蓄积	有林地	疏林地	四旁树	散生木
1976 年	645.89	509.31	135.18	0	1.40
2006 年	695.23	664.05	29.07	2.11	0
2015 年	956.45	920.89	30.38	5.18	0

3.森林面积、蓄积和覆盖率变化

玉树州的森林面积和森林覆盖率都逐渐增加，但其覆盖率增加较少，2015 年时是全省森林覆盖率最小的行政区域。三次调查中，玉树州的乔木林单位面积蓄积量分别为 250.89 立方米 / 公顷、58.87 立方米 / 公顷、64.35 立方米 / 公顷，起伏变化较大。玉树州森林面积、蓄积和覆盖率变化见表 5-45。

表 5-45 玉树州森林面积、蓄积和覆盖率变化

单位：万公顷，万立方米，%，立方米 / 公顷

年限	森林面积	森林蓄积	森林覆盖率	乔木林单位面积蓄积量
1976 年	32.48	509.31	1.60	250.89
2006 年	67.08	664.05	3.40	58.87
2015 年	77.41	920.89	3.91	64.35

4.乔木林起源变化

玉树州有林地主要是天然起源，人工林较少。天然林的单位面积蓄积量在 1976 年时是全省最高的，后期下降幅度较大。见表 5-46。

表 5-46 玉树州有林地起源变化

单位：万公顷，万立方米

年限	人工林		天然林	
	面积	蓄积	面积	蓄积
1976 年	0	0.09	2.02	509.22
2006 年	0.02	2.29	11.26	661.76
2015 年	0.09	1.90	14.22	918.99

三、森林资源空间尺度变化特点

（一）林地分布格局转变

在 1976 年时，青海省林地面积主要分布在海东市、果洛州和海西州，而在 2006 年和 2015 年时，海西州、玉树州的林地面积占比不断增加，而东部地区的西宁市和海东市的林地面积比例大幅度降低。

有林地的分布最开始主要分布于海东市、黄南州和海北州，其他各市州以海西州分布最少。至 2015 年时，青海省有林地主要分布在玉树州和海东市，玉树州的有林地面积有了较大的增长。

灌木林（丛）主要分布在海西州、玉树州和果洛州，由最开始的果洛州占绝对比例优势转变为以海西州为重要分布区域，海北州、海东市和西宁市的灌木林（丛）也有小幅度扩张。

未成林造林地的分布出现了由东部向西部转移的趋势，在 1976 年时，青海省的未成林造林地 85% 以上分布于海东地区和西宁市；2015 年时，全省的未成林造林地 36.76% 分布在海西州，其次是海东市占 22.60%，海南州占 20.58%。

宜林地在 1976 年时主要分布在海东地区、西宁市和海南州，玉树州的分布最少；而在 2006 年时，海西州的宜林地面积占全省宜林地的 45.96%，西宁市的宜林地分布最少；至 2015 年，全省的宜林地主要分布在玉树州、海西州和果洛州。

（二）林木蓄积分布变化

在 1976 年时，青海省活立木总蓄积以玉树州和果洛州比例最大，海西州和西宁市比例最小，后期海东地区和西宁市的蓄积比例逐渐增加，海西州的蓄积比例变化不大，总体上青海省东部地区的蓄积比例呈增加趋势，西部地区的蓄积比例逐渐减小。

青海省活立木蓄积主要由有林地蓄积组成，因此有林地的蓄积分布变化与蓄积总量分布变化相同。

青海省疏林地蓄积主要分布在海西州、玉树州和果洛州，近 40 年间，海西州的疏林蓄积一直不断增长。2015 年，时海西州的疏林蓄积占全省疏林蓄积的 41.23%。其余各个市州的疏林蓄积比例均有不同程度的下降。

青海省散生木蓄积总体都呈现下降趋势，在 1976 年时，主要分布在海西州和海北州，之后海北州的散生木蓄积比例一直增加；至 2015 年时，海北州的散生木蓄积占全省的 89.30%。

青海省四旁树蓄积主要分布在西宁市和海东市，其中西宁市的蓄积比例逐渐下降而海东市的蓄积比例不断增加。此外，海南州还有一定比例的四旁树分布，但近 40 年间蓄积总体比例在下降；海西州的四旁树分布逐渐增加；其余市州的四旁树蓄积比例较小。

（三）森林分布总体稳定

青海省森林面积的主要分布区域在海西州、玉树州和果洛州，其中果洛州由森林面积比例第一下降至第二。海西州的森林面积持续增长，但由于其森林主要由特殊灌木林组成，因此其森林蓄积所占的比例较小，是全省所有市州中最少的；同时，虽然海西州的森林面积较大，但与海西州的土地总面积相比，森林覆盖率水平一直偏低。

青海省的森林覆盖率在近 40 年间有了较大的增长，其中以西宁市的森林覆盖率增长最为迅速，由 1976 年时的 10.0% 增长至 2015 年时的 49.0%，其次是海东地区由 13.0% 增长至 38.1%。

第六章　森林资源变化驱动因素

干扰和控制森林资源的数量、质量和结构变化的要素被称为森林资源变化的驱动因素。森林资源变化的驱动因素包括了气候、地貌、土壤、生物等自然因素和政策、经济和科技等人文因素两方面，而不同历史时期驱动因素也有所不同：人类文明出现之前，自然因素对森林资源起到绝对的主导作用；人类文明出现之后，森林资源变化由人文因素和自然因素综合引发并共同推动。自然因素既可以在大的时间尺度上对森林资源产生影响，如喜马拉雅地壳运动使高原隆起，冰期来临、气候变化造成森林大面积消失；也可以在短期内对森林资源产生明显的影响，如极端的干旱少雨会导致植被阶段性消失。本章主要基于人文方面分析青海 40 年里森林资源变化的驱动因素。

第一节　政策驱动因素

林业政策是指在一定时期或阶段内，政府为实现林业发展目标而制定的一系列行动规范和准则，是国家经济政策的组成部分，也是政府在林业方面的施政目标，任何林业政策的变化都或多或少会对森林资源的保护和发展产生不同的激励或者抑制作用。青海森林资源的变化既反映了森林保护和森林培育的效果，又体现了林业政策对森林资源保护和森林资源培育所起到的作用。改革开放以来，青海林业政策的发展大致可分为以下3个阶段：

1.森林资源恢复发展阶段（1978—1997 年）

改革开放前，"大跃进"和"文化大革命"等导致森林植被遭受大规模的乱砍滥伐。

党的十一届三中全会以后，青海林业建设进入恢复发展时期。在改革开放初期，为了尽快恢复林业正常生产，青海省全面落实了林业"三定"政策，推进国营林场、苗圃经营制度改革，实行了森林采伐限额管理制度，领导干部保护、发展森林资源目标责任制，实施了包括"三北"防护林体系建设工程、长江中上游防护林体系建设工程、防沙治沙工程等林业重点工程，开展了全民义务植树运动，青海省林业发展进入培育、利用、保护相结合的时期。

2. 生态环境建设主体阶段（1998—2014 年）

随着天然林保护工程的启动，青海省林业迎来重大转折，全面停止天然林采伐，关闭林区木材市场，明确了林业在生态环境建设中的主体地位，实施林业分类经营改革措施，划定了禁牧区和生态公益林，建立森林生态效益补偿基金制度，相继启动了天然林保护、退耕还林等重点生态工程。2010 年，青海省首次召开省委林业工作会议，提出以保护生态环境、发展生态经济、培育生态文化为主要内容的"生态立省"战略，是青海省林业由传统林业向高原现代林业发展、全面实施以生态建设为主的林业发展战略转变的重要时期。

3. 生态文明建设新阶段（2015 年至今）

2015 年，青海审查通过了《青海省生态文明建设促进条例》，制定了《青海省生态文明先行示范区建设实施方案》，中国三江源国家公园体制试点正式启动，全面启动实施国有林场改革，统一部署推进森林、草原、湿地、荒漠、国家公园等自然保护地建设，青海进入了林业高质量发展和国家公园示范省建设新时代。

在青海林业发展的各个阶段，林业政策的变化都对森林资源的保护、培育和利用产生了巨大的影响。

一、集体林权改革和国有林场改革

（一）集体林权改革

改革开放初期，随着农村耕地实行联产承包责任制，林业经营体制也通过改革以满足时代发展需求。1981 年 3 月，中共中央、国务院发布了《关于保护森林发展林业若干问题的决定》，针对当时林权不稳、政策多变的问题，将林业改革核心集中在了稳定山权林权、落实林业生产责任制这个重点上。同年 6 月，中共青海省委、青海省人民政府发布《关于保护森林发展林业的若干补充规定》，结合青海实际，明确指出：社员在宅旁和生产队规定地区营造的林木，永远归社员个人所有，允许继承。各地要采取统一规划，群众自选，生产队讨论批准的办法，将条件较好的宜林荒山、荒滩、沙荒和零星闲散空地，划给社员个人植树造林，数量不限。社队集体林业，推行专业承包、联产计酬责任制，可以包到队、包到组、包到户、包到人，联系造林、育林、护林成果，合理计酬。由于政策的落实，打破了"大锅饭"，调动起广大农民经营林业的积极性，集体造林面积增加，1981 年全省造林面积达到 1 万公顷。1983 年，青海省农林厅通过调查后认为家庭联产承包是效果最好、最适应的林业生产责任制，群众造林积极性大幅度提高，纷纷要求承包荒山荒地，全省有 13.3 万公顷荒地完成划荒，并涌现出大量的林业专业户和重点户（以下简称"两户"）。1983 年 11 月，青海省人民政府发布《关于建立和完善林业生产责任制的决定》，肯定了集体林分户承包、家庭经营的做法，决定大力发展林业"两户"。到 1985 年，林业"两户"不但发展到 7500 余个，还出现了承包大户和新的经济联合体，个人造林面积达 3.4 万公顷，占当年全省总造林面积的73.7%。但在 1986 年之后，国家对造林的投资补助标准和投资到位率比较低，加上林业本身生产周期较长、见效慢，导致林业在市场经济中竞争力不强，集体及个人造林逐渐萎缩，造林保存率较低。

2008 年，中共中央、国务院出台了《关于全面推进集体林权制度改革的意见》，集体林权制度改革进入全面推进和深化阶段。2008 年 11 月和 2009 年 2 月，青海省委办公厅、青海省政府办公厅先后印发《关于开展集体林权制度改革试点工作的意见》和《青海省集体林权制度改革试点工作方案》，2009 年 3 月 4 日，青海省林改试点工作全面展开。2009 年 12 月 25 日，中共青海省委、省政府《关于全面推进集体林权改革的意见》正式出台；2010 年 1 月 31 日，青海省政府办公厅正式印发《青海省集体林权制度改革实施方案》，2 月 8 日，青海省委林业工作会议召开，对全省集体林权制度改革和建设高原现代林业做出全面部署，明确当前和今后一个时期，要坚持把建设生态文明作为林业工作的总目标，把发展高原现代林业作为林业工作的总任务，把"五大林业建设"作为林业工作的总抓手；2010 年 5 月 5 日，全省林改工作正式全面推开；2014 年，青海省林业厅印发了《青海省集体林权流转管理办法（试行）》；2017 年，青海省人民政府发布了《关于完善集体林权制度的实施意见》。集体林改加快了生态脆弱地区现代林业建设，青海通过落实政策，鼓励大户承包造林、公司个体租赁等多种经营方式，吸引了社会各方资金流向林业建设，发展出了沙棘和枸杞产业，极大地促进了非公有制林业发展。经过多年改革，到 2012 年青海省已完成集体林权制度改革工作的主体任务。在推进集体林权制度改革的过程中，引导群众取得林地经营权的同时，因地制宜发展林下经济，采取重点扶持、培育典型、示范引领等措施，推动林下经济迅速发展，仅 2014 年各级财政就投入 2270 万元扶持林下经济项目 30 个，取得了良好的成效。

（二）国有林场改革

国有林场是林业最主要的组成部分，是生态修复和林业建设的重要力量。据统计，青海现有国有林场 102 个，其中：省属林场 6 个、市州属林场 7 个、县区属林场 89 个，林业用地面积 540.13 万公顷，共有职工 3600 人，护林员 2 万余人。

1978 年后，青海省各个国有林场都进行了改革，其中：玛可河林场 1980 年转为森工企业，其他林场围绕林场内部管理进行改革。1986 年后，国有林场和玛可河林业局全面推行场（局）长负责制，国有林场还建立多种形式的承包经营责任制，实现责、权、利统一，调动了职工的积极性。1992 年青海省实行森林采伐限额管理后，国有林场和玛可河林业局推行了人事、劳动、分配"三项制度"改革，提高了工作效率。全省 1998 年底全面停止天然林采伐，各林场和玛可河林业局均界定为生态公益性林场，从林场管理体制向分类经营体制转变，工作内容也由木材生产转向森林资源保护培育，到 2005 年底，全省国有林场完成造林 8.8 万公顷、封山育林 7 万公顷。

2015 年，青海根据中共中央、国务院《关于印发〈国有林场改革方案〉和〈国有林区改革指导意见〉的通知》精神，通过多次调研、反复修改与完善，形成了《青海省国有林场改革实施方案》。改革重点是明确界定国有林场生态责任和保护方式，推进政事分开，鼓励引导国有林场合理利用森林资源，逐步建立以购买服务为主的公益林管护机制，健全责任明确、分级管理的森林资源监管体制。全省国有林场全部确定为全额拨款事业单位，场办社会职能已全面剥离。2017 年初，省林业厅对全省 8 个市州的县级国有林场改革实施方案全部进行了批复，标志着青海国有林场改革进入全面实施阶段，2017 年底全省国有林场改革任务基本完成，走在全国前列。

2018 年，国家发展改革委、财政部、国土资源部、国家林业局联合印发《关于开展新建规模化林场试点工作的通知》，确定青海省湟水规模化林场作为全国首批三个规模化林场试点之一。试点工作将在已有工作基础上，积极探索森林资源经营管理创新、投融资机制创新、建设经营管理体制创新 3 项试点内容，创新体制机制，统筹规划、合理布局，以规模化林场建设经营为载体，通过市场化运作吸引社会资本参与造林、营林、管护，形成推进新时期大规模国土绿化的成功经验。拟建的湟水规模化林场总土地面积为 21.67 万公顷，西宁占近 1/3、海东占近 2/3，其中：新造林 15.87 万公顷，退化林分修复 2.53 万公顷，森林抚育 3.27 万公顷，并进行相应的基础设施支撑体系和现代化经营管理体系建设。通过 8 年的建设，新增森林面积 15.87 万公顷，区域森林覆盖率由现在的 21.1% 提高到 87.5% 以上，估算建设总投资 107.6 亿元 。截至目前，试点工作以增绿增收为目标、以《青海省湟水规模化林场建设试点规划（2018—2025 年）》为建设蓝图取得阶段性成效，实现了林场经营管理、森林资源经营管理、林业投融资、造林绿化等体制机制的创新。

二、国家生态公益林管理

2001 年，国家林业局会同财政部在全国 11 个省、市（自治区）开展了中央财政森林生态效益补助资金试点工作，制定了《国家公益林认定办法（暂行）》，将区划界定的 1333.3 万公顷国家公益林按照每公顷 75 元的标准进行生态效益补偿试点，经过 3 年试点，于 2004 年在全国推行。青海省自 2004 年起开展公益林区划界定工作，2009 年进行公益林补充调查。2010 年 2 月，青海省林业局、青海省财政厅联合制定了《青海省国家级公益林森林生态效益补偿方案》，规定中央财政补偿基金依据国家级公益林权属实行不同的补助标准，国有的国家级公益林平均补偿标准为每年每亩 5 元，其中：管护补助支出 4.75 元，公共管护支出 0.25 元；集体和个人所有的国家级公益林补偿标准为每年每亩 10 元，其中：管护补助支出 9.75 元，公共管护支出 0.25 元。在公益林管护上推行以家庭合同制管护为主的管护形式，在管护资金兑现上实行一户一卡"直通车"制度。到 2010 年底，青海 306.74 万公顷国家级公益林纳入了中央财政森林生态效益补偿基金范围，补偿基金达到 27301 万元，涉及全省六州一地一市的 43 个县级单位、1个省直属林业局和 2 个州属林场，共 46 个实施单位。2013 年，中央财政将集体和个人所属的国家级公益林补偿标准从每年每亩 10 元提高到每年每亩 15 元。新的国家级公益林森林生态效益补偿方案的实施，进一步加大了公益林保护力度，激发了农牧民发展林业生产经营的积极性。

2015 年，青海省还探索开展了公益林、天然林保护资金与保护责任、保护效果挂钩试点改革，制定了林地管护单位综合绩效考核办法。通过开展集体和个人所有的国家级公益林管护考核工作，加强了对森林的管护，增加了工程区的森林面积，提高了森林资源的数量和质量，有效地遏制了重大非法占用林地、偷砍滥伐、森林火灾、有害生物危害等破坏森林事件的发生，保护了现有的森林资源。截至 2015 年，全省公益林地面积 1095.38 万公顷，其中：国家级公益林 908.42 万公顷，纳入中央财政森林生态效益补偿基金补偿的国家级公益林面积 338.96 万公顷。

近年来，青海坚持林业促扶贫、绿色惠民生，积极在森林、湿地、草原等管护工作中设置建档立卡贫困人口管护员，2018 年全省设置建档立卡生态管护员近 5 万人，其中：

林业和湿地管护员 19483 人，草原管护员 30361 名，建档立卡生态管护员报酬年补贴资金达 9.73 亿元。建档立卡生态管护岗位带动近 18 万贫困人口实现稳定脱贫，实现了生态保护与贫困人口脱贫双赢，使贫困户真切体会到"绿水青山就是金山银山"。

2019 年 11 月，国家发改委发布《生态综合补偿试点方案》，青海等 10 个省成为生态综合补偿试点省份，试点工作将以提高生态补偿资金使用整体效益为核心，进一步完善生态保护补偿机制，创新生态补偿资金使用方式，调动各方参与生态保护的积极性，转变生态保护地区的发展方式，增强自我发展能力，提升优质生态产品的供给能力，实现生态保护地区和受益地区的良性互动。果洛藏族自治州玛沁县、玉树藏族自治州玉树市、黄南藏族自治州泽库县、海北藏族自治州祁连县、海西蒙古族藏族自治州天峻县五县入选国家生态综合补偿试点县。

三、国家公园及自然保护地体系建设

（一）三江源国家公园体制试点

2016 年 3 月 5 日，国家有关部门印发《三江源国家公园体制试点方案》，标志着三江源地区将打破原有生态保护模式，探索建立更科学、有效的全新生态保护体制。4 月 13 日，青海省委、省政府召开了动员大会，并印发了《关于实施〈三江源国家公园体制试点方案〉的部署意见》，这是继 2014 年启动实施三江源生态保护区建设一、二期以来，青海又一项生态文明建设重大举措上升为国家战略，成为全国第一个探索国家公园全新体制的试点省份。

三江源国家公园包括长江源（可可西里）、黄河源、澜沧江源"一园三区"，总面积 12.31 万平方千米，约占整个三江源区域面积的 31.16%。三江源国家公园林地资源总面积为 29.9 万公顷，湿地资源总面积为 214.83 万公顷。据《三江源国家公园公报（2018）》和《三江源国家公园公报（2019）》显示，3 年多来，三江源国家公园体制试点走出了青海模式，为中国国家公园体制试点积累了青海经验，为正式设立奠定了坚实基础，三江源国家公园生态保护和建设工程成效明显，三江源生态环境质量得以提升，生态功能得以巩固，水源涵养量年均增幅 6% 以上，草地覆盖率、产草量分别比十年前提高了 11%、30% 以上，生态状况呈现出总体稳定的局面，三江源宏观生态格局总体继续好转。主要表现在：深化体制改革，确立了绿色建园、科技建园等十大理念，理顺自然资源所有权和行政管理权关系，基本改变了"九龙治水"局面，解决了执法监管"碎片化"问题。组建省州县乡村五级综合管理实体，对 3 个园区所涉四县进行大部门制改革，精简县政府组成部门，形成了园区管委会与县政府合理分工、有序合作的良好格局。优化功能布局，

对国家公园范围内的自然保护区、重要湿地、重要饮用水源地保护区、自然遗产地等各类保护地进行功能重组、优化组合，实行集中统一管理。可可西里申遗成功，获准列入《世界遗产名录》。强化制度建设，编制发布了我国第一个国家公园规划《三江源国家公园总体规划》，编制完成了生态保护、社区发展与基础设施等 5 个专项规划，"1＋N"的规划体系初步形成。研究建立了包括标准体系在内的 15 个管理体系，颁布施行《三江源国家公园条例（试行）》，建立了法律顾问制度等。构建共享机制，创新建立生态管护公益岗位机制，全面实现园区"一户一岗"政策，共安排 17211 名牧民成为生态管护员并持证上岗，户均年收入增加 21600 元，生活水平逐步提高。并在稳定草原承包制的基础上，大胆尝试将草原承包经营逐步转向特许经营，拓宽农牧民增收渠道。坚持开放建园，加强与相关科研院所、社会组织和企业的战略合作。

（二）祁连山国家公园体制试点（青海片区）

2017 年 6 月 26 日，中央全面深化改革领导小组第三十六次会议审议通过了《祁连山国家公园体制试点方案》，为了积极稳妥推进祁连山国家公园体制试点工作，青海省政府制定印发了《祁连山国家公园体制试点（青海片区）实施方案》（2018 年 5 月 2 日），祁连山国家公园青海片区面积 158 万公顷，占总面积的 31.5%，涉及德令哈市、祁连县、天峻县和门源县 4 个县（市）19 个乡镇 57 个村 4.1 万人，包括青海省祁连山省级自然保护区、仙米国家森林公园、祁连黑河源国家湿地公园等。森林资源是国家公园自然资源的重要组成部分，将纳入区域内山水林田湖草统一管理、整体保护，建立生态保护管理新体制、系统保护综合治理新机制、探索协调发展新模式和有序退出机制及长效保护机制。

（三）自然保护地体系示范省建设

2019 年 12 月，中共青海省委办公厅、青海省人民政府办公厅印发《青海省贯彻落实〈关于建立以国家公园为主体的自然保护地体系的指导意见〉的实施方案》，明确提出在全国率先建立以国家公园为主体的自然保护地体系，形成以国家公园为主体、自然保护区为基础、各类自然公园为补充，分类科学、布局合理、保护有力、管理有效的自然保护地管理体系。到 2020 年，完成建立国家公园体制试点任务，正式设立三江源国家公园、祁连山国家公园。规划青海湖、昆仑山国家公园，把具有国家代表性的重要自然生态系统等重点区域设立为国家公园。到 2022 年，构建起布局科学、分类清晰的自然保护地模式，初步建成以国家公园为主体的自然保护地体系。到 2025 年，以国家公园为主体的自然保护地体系更加健全，成为具有国际影响力、特色鲜明的自然保护地模式，建成具有国内和国际影响力的自然保护地典范。建设以国家公园为主体的自然保护地体系示范省必将促进区域内的森林资源得到有效保护和科学经营，并对全省的森林资源管理和培育带来深远的影响。

第二节　经济驱动因素

森林作为陆地生态系统的主体，在人类生存和发展的历史中起着不可替代的作用；而人类作为森林的主要利用者和影响因素，其自身的经济发展方式对森林的影响同样深远。在人类文明进程的不同阶段，主导社会经济增长的因素不同，对森林的利用方式和利用结构也不尽相同。在采集狩猎时期，森林是衣食最主要的来源；农耕社会中，森林成为柴薪、耕地开垦、建筑材料的主要来源；工业化进程里，森林扮演着更加复杂的角色，在保留了以往所有用途的基础上，成为各种工业原材料、燃料和实验材料的来源；现代社会下，人类对森林在生态效益和文化、精神层面的需求也日益增强。

一、经济结构转变

改革开放初期，为了追求经济效益，青海省主要以投资农、牧业为主，农、牧业的快速发展，牲畜数量的激增，很快超过了自然的载畜能力，不仅仅导致草原退化，也使就近的乡村造林地、林场林地遭受到牲畜踩踏或啃食，造成严重破坏，新造林保存率低，形成了突出的农林牧矛盾。虽然村镇周围年年补植，但林木依然稀少，对森林生长造成一定的影响。同时，伴随青海省经济稳定增长，城镇规模不断扩大，无论是各城镇在城市建设中征占林地，或是因为社会对农产品的旺盛需求导致的林地向耕地流变，还是因为建设需要导致的木材砍伐，都对青海省各城镇周边残存的森林造成威胁。有研究显示，1986—2000 年，青海湖地区土地利用变化主要是耕地和城乡居住建设用地面积增加，林地、草地和未利用土地减少。

1987 年后，随着改革开放不断深入，林业经济价值逐渐受到政府、社会及人们重视，经济林产业不断扩大，并向集约化、规模化转变，基本形成"东部沙棘、西部枸杞、南部藏茶、河湟杂果"的经济林产业发展思路。2011 年 10 ~ 11 月，青海省林业厅分别印发了《青海省枸杞产业发展规划》《青海省沙棘产业发展规划》，确定了今后 10 年（2011—2020 年）青海枸杞和沙棘产业发展的目标和任务，以指导青海省枸杞和沙棘产业健康可持续发展。2012 年 12 月，省政府印发了《关于加快林下经济发展的意见》，明确到 2023 年逐步形成有青海特色的林下产业发展格局，使林下经济成为提高林业产值、增加农民家庭收入的重要渠道之一。2016 年 2 月，省政府办公厅出台了《关于加快林产业发展的实施意见》，明确提出到2020年，全省将建立一批标准化、集约化、规模化、产业化林产业示范基地。2017年2月，为深入推进"东部沙棘、西部枸杞、南部藏茶、河湟杂果"的林产业发展战略，青海省政府出台了《关于加快有机枸杞产业发展的实施意见》，提出要努力把青海省建成全国最大的有机枸杞种植、精深加工和出口基地。统计数据显示，截至2018年底，青海省经济林种植面积达到25.31万公顷，其中：沙棘16.06万公顷，枸杞4.96万公顷，其他4.29万公顷。通过有机枸杞产品认证面积近0.56万公顷，成为中国最大的有机枸杞种植基地。随着经济不断发展和人们生活水平的不断提高，森林的生态价值越来越受到社会关注，首先是城镇内和城镇周边绿化面积逐年增加，为人们生活营造更好的环境；其次是森林公园的建设逐渐加强，依托森林公园的生态旅游业已成为青海省旅游业的重要支柱，各具特色的风景林、丰富的野生动植物类型、代表不同类型的典型群落以及不同生态系统的完整呈现，都是满足人们日益增长的对美好生活的需求，至2018年底，青海建成国家级森林公园、国家级自然保护区、国家级湿地公园以及国家沙漠公园和森林康养基地等共计82处，林业生态旅游人数从2017年的500多万人次增加到2018年的1081万人次。

二、林业投资影响

随着经济的发展，林业投资处于不断增长的过程中。从"五五"到"十二五"，青海省完成基本建设投资203.77亿元，主要用于防护林建设、防沙治沙、保护和利用发展天然林，以及基础设施建设及林业机械设备购置。从"九五"开始，国家加大了对林业重点工程的投入，全省林业投资达到6.96亿元，是"八五"时期的10.2倍。"十五"期间，我国林业政策以生态建设为主要导向，林业投资结构也随之发生变化，林业投资彻底转向以生态建设为主，生态建设投资比重大幅提升；期间国家还实行了国家重点公益林中央森林生态效益补偿基金，使得全省林业投资达到28.4亿元，是"九五"时期的4倍。"十一五"期间，全省大力实施三江源、青海湖、祁连山、柴达木盆地等一批生态综合治理大项目，林业生态建设投资达到51.5亿元。"十二五"期间，全省共落实各类林业建设资金115.45亿元，是"十一五"时期的2.2倍。"五五"到"十二五"期间青海省林业投资额见图6-1。

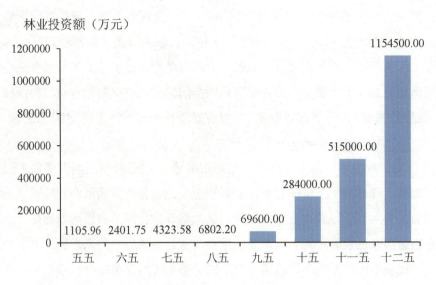

图 6-1 "五五"到"十二五"期间青海省林业投资额

第三节 科技驱动因素

科学技术的发展一方面使人类对森林资源的利用效率不断提升，降低了对自然资源的依赖程度，减少了森林资源的破坏。另一方面，极大地丰富了人类关于森林演变规律、林木生长特性、植物对病害的生理变化等知识，增加了对森林认知的深度和广度，通过科学的手段对森林资源进行培育、经营、开发和拓展，推动林业的可持续发展。

青海省致力于将林业科学研究和实用技术转化为生产力，对加快森林资源培育、提升森林资源质量、转变发展方式、推动林业产业升级、实现林业"双增"目标和兴林富民都起到巨大作用。

通过引进优质适生树种，成功开发沙棘旱地育苗技术，丰富造林树种结构；通过实施速生丰产林营造技术，建立速生丰产林基地，推进速生丰产和集约化营造林工作；通过引进干旱山区鱼鳞坑提前整地技术和柠条直播造林技术，推广干旱山区汇集径流抗旱整地技术和荒漠植被恢复技术，提升了在水土流失区域和干旱区域的造林成活率。1978—2017 年期间，青海省与林业相关联的科技成果据有关统计达 521 项，内容涵盖森林培育、森林经营、经济林栽培、防沙治沙、野生动植物保护与开发利用、林业有害生物防控、林下种养殖、园林花卉等领域。

在青海湖沙区樟子松造林技术示范区，海晏县林业技术推广中心通过采用工程治沙和生物治沙相结合、裸根苗与容器苗造林相结合、插干造林和植苗造林相结合的沙区综合治理技术模式，结合项目实施重点推广高寒沙区乡土造林树种乌柳植苗造林、乌柳深栽造林、沙地柏容器苗造林和流动沙丘尼龙网格沙障固沙等多项组装配套技术，对改善青海湖周边生态环境、保护和恢复高原沙区生物多样性、预防国际重要湿地青海湖免受风沙危害起到重要作用，为青海湖周边环境保护和沙区治理提供了科技示范和辐射带动作用。

第四节　重大行动与重点工程

一、国土绿化行动

1981年12月，第五届全国人民代表大会第四次会议通过《关于开展全民义务植树运动的决议》。1982年2月，青海省成立绿化委员会，负责义务植树工作，各地也相继开展全民义务植树运动，当年全省义务植树711.49万株。1985年后，青海省提高了2个贫困县和86个贫困乡的种草种树补助标准，并对集中连片的重点绿化工程优先扶持，极大地调动了群众的造林积极性。同时，青海林业建设"七五"计划中，将种草种树、绿化家乡与绿化祖国、治理山河结合起来，发扬爱国热情，号召全省人民履行植树义务。各机关干部职工、学校学生、部队官兵等也都积极参加城镇公共绿地植树造林活动。1981—1985年，共计植树2438.8万株，全省各地森林覆盖率逐步提高。根据调查，森林覆盖率提高10%的乡达到9个。其中，西宁市园林绿地面积5年提高222公顷，增长2倍，绿化覆盖率提升4.2%。

1988年，青海省制定了《青海省森林植被恢复费征收使用管理暂行办法实施细则》，规定省内各种建设工程需要征占用国有、集体林地的，需要经过县级以上林业主管部门审核同意或批准，并向林业主管部门预缴森林植被恢复费。这些费用的20%用于全省范围异地植树造林和恢复植被，80%通过省补助地方专款预算分别返还被征占林地所在地区，用于当地植树造林。1989年，青海省绿化委员会联合农林厅和财政厅发布《青海省国营企业、事业单位造林绿化资金使用管理办法补充规定的通知》，允许以缴纳绿化资金的形式履行植树义务。2007年5月，青海省第十一次党代会确立了"生态立省"的战略目标，坚持以"全省动员、全民动手、全社会办林业、全民搞绿化"的方针指导全面推动全民义务植树和绿化工作。据资料统计，截至2018年，全省累计义务植树

58283 万株，从"五五"到"十二五"期间累计造林面积达 149.26 万公顷，各时期造林面积见图 6-2。

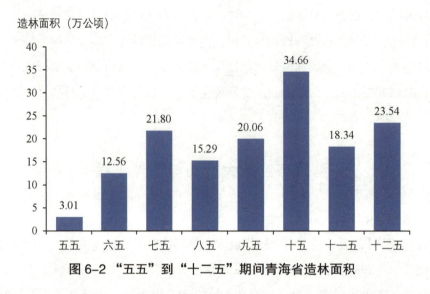

造林面积（万公顷）

图 6-2 "五五"到"十二五"期间青海省造林面积

2017 年 11 月 24 日，为加快推进习近平总书记"四个扎扎实实"重大要求落地生根，青海省政府印发了《青海省国土绿化提速三年行动计划（2018—2020）》，计划三年每年完成营造林 26.67 公顷，力争到 2020 年全省森林质量不断提高，重点生态功能区生态功能得到恢复和提升。按照《青海省国土绿化提速三年行动计划（2018—2020）》和《关于创新造林机制激发国土绿化新动能的办法》，青海省不断加大国土绿化力度，建立起政府主导、公众参与、社会协同的造林绿化新机制，鼓励贫困户参与国土绿化、培育造林合作社，鼓励林草产业企业吸纳贫困人口。截至 2019 年，国土绿化提速三年行动圆满收官，完成造林 82.8 万公顷，森林覆盖率增加近 1 个百分点，达到 7.26%，是青海省历史上造林规模最大、森林资源增长最多的 3 年。

二、防护林体系建设工程

（一）"三北"防护林体系建设工程

青海省是国家"三北"防护林体系建设的主要省份之一，建设范围涉及西宁市，海东地区（现海东市），海南、海西和海北州，黄南州的同仁、尖扎县，共 29 个县（市、行委），建设区总面积 3798 万公顷，占全省土地总面积的 52.6%。

1978 年，经国务院批准，"三北"防护林体系建设工程被列入国家重点工程进行建设。1980 年 9 月，青海省计委转发了林业部《关于青海省"三北"防护林建设计划任务书的批复》，同意青海省"三北"防护林一期工程建设计划，工程建设范围包括西宁、大通、湟源、湟中、乐都、互助、化隆、贵德、循化、民和、尖扎、海晏、格尔木、乌兰、都兰、贵南、共和17个县（市）。1981年，青海省"三北"防护林建设增加了平安县。到1985年4月，青海"三北"防护林第一期工程完成人工营造林11.59万公顷，保存面积8.62万公顷，飞播造林0.32万公顷，封山育林5.34万公顷，"四旁"植树0.74亿棵。

1984年，青海省林业局成立了"三北"防护林体系建设二期工程规划办公室，在编制完成18个县（市）规划的基础上，完成了二期工程规划。二期工程规划范围与一期工程相同，规划营造林任务19.32万公顷，还设置了共和县沙珠玉—切吉防风固沙林工程、青沙山—拉脊山水源林建设工程、东部农业区农田防护林工程、柴达木盆地新老垦区农防林工程等子工程。1986年2月，青海省绿化委员会召开全省种草种树工作会议，落实"三北"防护林建设二期工程规划和五项重点工程。二期工程（1986—1995年）共完成人工造林35.64万公顷，完成封山育林27.84万公顷。

1993年7月，青海省林业局编制完成《青海省"三北"防护林体系建设三期工程规划方案》。三期工程始于1996年，建设为期5年；建设范围增加同仁县、祁连县、门源县、刚察县、天峻县、大柴旦行委、冷湖行委、茫崖行委8个县（行委）；建设面积增加到3630万公顷；包括6个省级重点项目："三北"防护林县级防护林体系建设，局部防护林工程，达坂山水源涵养用材林基地，青沙山—拉脊山水源涵养用材林基地，东部农业区山地农田林网工程，黄土丘陵山地水土保持薪炭林工程。三期工程（1996—2000年）完成人工造林17.84万公顷，完成封山育林25.85万公顷，海东地区森林覆盖率增加8个百分点，使青海省局部地区生态环境得到改善。

2000年，按照国家林业局统一部署，青海省林业局成立规划领导小组，完成四期工程规划方案。工程涉及西宁市、海东地区、海南州、海北州、海西州和黄南州所属29个县（市、行委），包括了5项重点建设项目和3个示范区：龙羊峡库区防护林体系建设项目、青海湖生态建设项目、格尔木市防护林体系建设项目、湟水河上游防护林体系建设项目，西宁市南北山防护林体系建设项目，柴达木东南部防护林体系建设示范区、贵德黄河南岸防护林体系建设示范区、大通县防护林体系建设示范区。四期工程始于2001年，到2010年结束，10年完成人工造林12.6万公顷，封山（沙）育林33.1万公顷。

经过40年的艰苦奋斗和不懈努力，青海省相继完成"三北"防护林体系建设一期、二期、三期、四期工程建设任务，工程建设取得阶段性成效，工程区内荒漠化趋势得到整体遏制，水土流失得到有效控制，生态环境得到明显改善，沙产业得到较好发展。工程共完成人工造林 88.93 万公顷，封山育林 104.06 万公顷，"三北"地区的森林覆盖率由 1978 年的 2.47% 提高到目前的 7.26%，治理水土流失面积 79.67 万公顷，控制水土流失 5486 平方千米，占建设区水土流失总面积的 20% 以上。

（二）长江流域防护林体系建设工程

1989 年，国务院批准实施长江中上游防护林体系建设工程，范围包括江西、湖北、湖南、贵州、四川、云南、陕西、甘肃、青海 9 省的 145 个县（市）。工程于 1989 年开始，2002 年因国家整合林业工程停止实施，同期国家启动了长江流域防护林体系建设工程（二期）。其中，原来的长江中上游防护林体系建设工程主要为人工营造云杉、沙棘林和封山育林，截至 2002 年停止实施，共新增林地 6139 公顷，玛可河林区及班玛县、玉树县、称多县等地森林覆盖率均有显著提高。2000 年，经过整合后的长江流域防护林体系建设工程二期启动。2011 年三期启动，在巩固前期工程建设成果的基础上，以增加森林面积、提高森林质量、增强生态功能为主攻方向，2020 年结束建设。

三、天然林资源保护和退耕还林（草）工程

（一）天然林资源保护工程

1998 年 2 月，为保护国有天然林资源，加快生态环境治理步伐，国家启动了以调减木材产量、分流人员、提高效益为主要内容的国有天然林资源保护工程（简称"天保工程"）。青海省玛可河林业局被确定为 6 个全国天然林保护工程试点单位之一。同年 11 月，省人民政府发布《关于停止天然林采伐的通告》，要求全面停止天然林采伐，关闭林区木材市场，并成立省天然林资源保护工程建设领导小组。试点实施 2 年后，全省召开天然林资源保护工程工作会议，对"天保工程"进行工作部署。工程建设任务是全面停止工程区内天然林的商品性采伐，管护好现有森林资源，建设公益林，分流安置富余职工。天然林保护工程于 1998 年试点，2000 年正式启动，一期工程建设期为 2000—2010 年，二期工程建设期为 2011—2020 年。工程启动以来，青海将长江、黄河、澜沧江流域的西宁、海东、海北、海南、黄南、果洛、玉树 7 个市（州）共 39 个县纳入天然林保护工程实施范围，总面积 39.13 万平方千米，占全省总面积的 54.3%。

20 多年来，全省坚持生态优先战略，统筹中央财政、省级财政资金用于"天保工程"区大规模生态修复，林场职工、附近群众放下斧头电锯，拿起铁锹扛着树苗，完成了从采伐者向管护员的转变，开始了全面管护森林的新阶段，以林业局、林场、中心管护站（管护站）、管护员为依托的四级管护体系已基本形成，管护责任得到全面落实。并在全国首开国有林场绩效考核评比先河，在全省 102 个国有林场为主体的国有管护单位每年开

展天然林保护补助资金与保护责任、保护效果绩效考核评比，建立奖惩机制，极大地调动了地方政府推动国有林场改革发展的积极性。经过 20 多年的有效管护，天然林资源得到了全面休养生息和恢复发展，森林面积、活立木蓄积实现了双增长。工程区累计完成营造林 60.77 万公顷，工程区林地面积从实施之初的 546.3 万公顷增加到 845.7 万公顷，森林覆盖率从实施之初的 8% 增加到 11.1%，管护面积由一期的 198.3 万公顷增加到二期的 367.8 万公顷。"天保工程"作为一项重要的民生工程，自 2013 年起，累计投入 1470 万元重点扶持国有林场及周边农牧民发展林下产业。2016 年以来，"天保工程"积极参与生态保护与服务脱贫攻坚行动，截至 2017 年底，"天保工程"共落实生态公益性管护岗位 6557 个，生态公益性管护岗位人均年收入 1.5 万元以上，其中三江源地区人均年收入达 2.16 万元。

（二）退耕还林（草）工程

1998 年，国家提出"退耕还林、封山绿化、以粮代赈、个体承包"的政策方针，指导西南、西北地区长江、黄河源头的生态建设。1999 年，退耕还林还草试点示范工作首先在四川、甘肃、陕西三省实施，青海省于 2000 年开始试点，2002 年全面启动。工程主要安排在东部地区的黄土丘陵地带、西部地区柴达木盆地和共和盆地风沙区、环湖地区和南部三江源地区，选择坡度大于 15 度的坡耕地和严重沙化耕地开展。2002—2006 年进入第二阶段的全面启动，全省实施退耕还林（草）16 万公顷。第三阶段（2007—2013 年）为成果巩固阶段；2014 年，我国启动实施新一轮退耕还林工程。

20 年来，青海省累计完成退耕还林工程建设任务 76.97 万公顷。其中，退耕地还林还草 22.27 万公顷、周边荒山造林 42.43 万公顷、封山育林 12.27 万公顷。建成经济林基地 5.79 万公顷，其中，沙棘 2.74 万公顷、枸杞 1.15 万公顷、核桃山杏 1.90 万公顷。更新草地 0.31 万公顷，补植补造 8.02 万公顷。20 年来，全省累计投入退耕还林工程的资金达 82 亿元。有关资料显示，退耕还林还草工程使全省森林覆盖率增加一个百分点，通过退耕还林还草工程的实施，不仅加快了国土绿化进程，大面积增加了林草植被，减轻了水土流失和风沙危害，而且还促进了农牧区产业结构调整，加快了农牧区劳动力转移，增加了农牧民收入，真正实现了生态建设与农牧民增收的"双赢"，生态效益、经济效益和社会效益相统一。乐都区自 2000 年以来，通过实施退耕还林工程建设推动全县发展沙棘为主的主导产业，到 2009 年，累计营造沙棘基地 0.31 万公顷，以青海云杉为主的水源涵养用材林基地 0.16 万公顷，花椒经济林 266.7 公顷，山杏经济林 133.3 公顷，柠条采种基地 666.7 公顷，真正实现"生态受保护，农民得实惠"双赢，为成果巩固提供保障。

四、重点生态治理工程

（一）防沙治沙工程

1978 年随着"三北"防护林体系建设工程的实施，青海省开始有计划、有步骤地开展防沙治沙工作。1991 年编制了《青海省治沙工程规划》，并启动治沙工程。2005 年三江源生态保护和建设工程开始实施后，防沙治沙工作参与部门扩大到发改委、财政、农业、畜牧、气象、环保等部门。截至 2019 年，青海省共完成治理任务 30.11 万公顷，其中，人工造林 6.92 万公顷，封山（沙）育林 17.57 万公顷，沙化草地治理 4.93 万公顷，工程固沙 0.33 万公顷，小流域综合治理 0.36 万公顷。持续巩固了都兰县、贵南县等 5 个国家防沙治沙综合示范区建设成效，完成营造防沙治沙林 0.23 万公顷，并将贵南县、共和县和海晏县纳入"三北"工程精准治沙重点县。继续加强共和县塔拉滩、格尔木市乌图美仁等 8 个国家沙化土地封禁保护区管理，新增贵南县鲁仓、冷湖行委、玛沁县昌麻河、乌兰县灶火 4 个国家沙化土地封禁保护区，完成贵南县鲁仓和冷湖行委 2 个封禁保护区年度建设任务。到 2019 年，已批复国家沙漠公园达 12 个，各地正在加快推进国家沙漠公园建设。

（二）黄土高原地区综合治理工程

依据国家发展改革委、国家林业局等部委批准的《黄土高原地区综合理规划大纲（2010—2030）》，按照"集中力量、突出重点、先行示范"的原则，以森林植被保护和建设为主要措施，实施循化、化隆两县人工造林 1.53 万公顷，封山育林 1.47 万公顷，着力改善区域生态环境，促进区域经济社会协调发展。

五、三江源和祁连山生态保护工程

（一）三江源生态保护和建设工程

2005 年 1 月，国务院批准实施《青海三江源自然保护区生态保护和建设总体规划》，规划面积为 15.23 万平方千米，涉及玉树、果洛、黄南、海南州和格尔木市共 4 个州 16 个县 1 个市的 70 个乡镇。建设内容主要包括生态保护与建设、农牧民生产生活基础设施建设和生态保护支撑三大类，包括 22 个子项目，总投资 75.07 亿元。2013 年 12 月，国务院通过了《青海三江源生态保护和建设二期工程规划》，从 2014 年起开始实施，为一期工程进行拓展、延伸和提升，治理范围扩大至 39.5 万平方千米，主要实施黑土滩治理、人工造林、封沙育草、湿地保护、草原有害生物防控、林业有害生物防控、生态畜牧业基础设施建设、林木种苗基地建设、生态监测、培训与宣传等项目，总投资 160 亿元。到 2016 年，草原植被盖度与 2004 年相比平均增加 11.6%，产草量提高 30%，森林覆盖率由 2004 年的 3.2% 提高到 2015 年的 4.8%。黑土滩治理区植被覆盖度由治理前不到 20% 增加到 80% 以上，实现了生态价值、民生改善及发展能力等多方面的重大阶段性成效，森林生态系统得到恢复治理，水土保持和水源涵养等生态功能得到恢复和增强，林地面积逐步扩大。

三江源生态保护与建设二期工程实施的前 4 年内，三江源地区年平均出境水量达到 525.87 亿立方米，比平均出境水量年平均增加 59.67 亿立方米，且水质始终保持优良。各类草地草层厚度、覆盖度和产草量呈上升趋势，草畜矛盾趋缓，退化过程整体呈减缓态势，局部严重退化草地生态恢复明显。2018 年 4 月，青海三江源生态保护和建设二期工程规划实施中期评估结果显示，三江源地区生态系统退化趋势得到初步遏制，生态建设工程区生态环境状况明显好转，生态保护体制机制日益完善，农牧民生产生活水平稳步提高，生态安全屏障进一步筑牢。

（二）祁连山生态保护与建设综合治理工程

2012 年 12 月 28 日，国家发展改革委正式批复《祁连山生态保护与综合治理规划》，规划估算总投资达 79 亿元，其中青海境内近 34.68 亿元。祁连山生态保护与建设综合治理工程涉及青海省行政区域内海北州的祁连县、门源县和刚察县，海西州的德令哈市、天峻县、大柴旦行委，西宁市的大通县和大通种牛场，海东市的乐都区、互助县和民和县共 11 个县（市、区、行委、场），总面积 631.25 万公顷。规划建设期共 9 年，即 2012—2020 年。工程主要建设内容包括林地保护和建设工程、草地保护和建设工程、湿地保护和建设工程、水土保持工程、冰川环境保护工程等七类，其中，人工造林 1.02 万公顷，封山育林 9.67 万公顷，重点水源林地保护 12.32 万公顷，农田林网化建设面积 0.09 万公顷，沙漠化土地治理 0.72 万公顷，特色经济林 0.29 万公顷。

2018 年 6 月，《青海祁连山生态保护与建设综合治理工程 2018 年第二批林业项目实施方案》获得批复。项目拟在大通县、互助县、乐都区、民和县、祁连县、门源县、德令哈市、刚察县境内实施。项目建设内容与规模为封山育林 3.35 万公顷，重点水源地保护 0.70 万公顷，修建防火道路 5.8 万米，以及宣传培训等项目，总投资 7450 万元。

第七章　森林资源动态预测

　　森林资源的数量和质量变化直接影响到生态环境的变化，掌握森林资源的现状，预测其发展趋势，对合理经营管理森林资源，实现由粗放经营向集约经营的转变具有重要作用 (李际平等，2001)。正确地预测与调整森林资源的结构，为制定林业发展规划提供可靠的依据，不仅是林业生产活动中迫切需要解决的问题，也是国土整治规划、国民经济长期规划以及研究陆地生态平衡课题迫切需要解决的问题。森林资源预测是根据历史资料和现状，通过定性和定量的科学计算方法，对一定空间和时间范围内的森林资源的数量和质量进行科学推断，来掌握森林资源的未来动态消长趋势，为充分利用森林资源，使森林资源管理动态化、目标化、科学化以及制定林业规划、决策服务 (闫海冰，2009)。森林资源的预测包括土地资源预测、森林蓄积量预测、龄级结构预测、生长量预测、森林覆盖率预测等 (李际平等，2001)。森林资源的宏观动态演变趋势预测属典型的随机动态系统仿真过程。由于林业生产具有时间的长期性、空间的广袤性、资源的可再生性和连续性，经济生产过程与自然生长过程的交错性以及效益的多样性等自身的特点，森林资源在其发展过程中不仅要受到本身生长发育规律的制约，同时还要受到自然灾害、人为活动等非确定性因素的影响。因此，只有充分考虑各方面因素的综合作用，才可能保证预测结果的真实性 (于建军和吴立春，2001)。

　　一方面，不同的预测理论和方法有可能会出现不同的预测结果，甚至截然相反的结果，因此，预测理论和方法本身的科学性、准确性非常关键，需要深入地进行研究。另一方面，不同的预测理论和方法之间存在精度的差异性，预测对象也会有不同的倾向性，如何找到最科学的预测方法，提高预测准确性和可信性，也是森林资源预测中的一个重要课题。本研究通过对当前主流的森林资源动态预测方法的对比梳理，筛选出适宜森林资源连续清查的方法，对青海省森林资源动态进行了短期和中期预测。

第一节　动态预测方法

一、主要方法对比

国内外许多林业工作者对森林未来变化预测已做了不少研究，并提出了一些动态预测模型和方法。早期，国内外研究森林资源系统的动态行为主要采用线性规划、计量经济学和数理统计等静态方法，并且只对森林资源系统的某个侧面进行研究（赵道胜，1989）。传统的统计分析方法预测，以野外实测数据为基础，利用大量野外测量数据（大于 100 个样本）建立多元回归模型能够较好地反映森林的真实情况；假如自变量是定性的（如名义值和类目值），则需要大于全部自变量类目 2 倍的样本，否则多元回归分析模型可能产生有偏估计值或预测无效（董文泉等，1979）。随着智能技术的发展，灰色系统理论模型、人工神经网络模型在预测领域得到广泛的应用，是目前常用的预测森林资源发展趋势的方法之一，具有预测精度高、所需样本数量少、计算简单等优点（孔令孜等，2008）。

纵观国内外学者应用的多种森林资源动态预测模型方法，大多是一种随机性预测模型方法，一般都是根据预测内容的不同，最终确定变量与预测值之间的一种函数关系。灰色系统理论方法，最大的优点是不受样本数量限制，对原始数据要求不高，而且方法简单，易被人们接受，研究发现该方法适合于中长期的预测。人工神经网络技术已经在许多领域被应用，当在小样本条件下，此技术应用效果仍然良好；其主要弱点是作为一种黑盒方法，无法表达和分析被预测系统的输入和输出间的关系，因而也难于对求得数据做统计检验，相较灰色预测方法而言，它更适合于短期预测。卡尔曼滤波方法是一种统计估算方法，它考虑了随机干扰（包括火烧、人工和天然更新等）给预测模型本身带来的影响，用随机变量来描述森林变化，能取得优良的预测结果。但是，该方法对于样本数少、变异较大的样地预测结果误差较大（施新程等，2008）。时间序列预测模型同样对样本数有一定要求，有研究显示样本数不应小于 50。马尔科夫预测方法本质上是一种概率估计，不需要连续不断的历史资料，只需要最近和当前的动态资料，这种模型预测出的数据时间跨度较大，它主要应用于预测植被的演替和土地利用变化以及森林结构的预测与调整。系统动力学方法能对森林资源进行动态预测，但仍旧存在没有确定这种模型正确性的精确的定量化指标，也没有统计检验来确定有效性和置信区间的问题，在缺少历史统计数据时无法进行模型的有效性检验；在解决一些实际问题时对初始值和常数值的精度要求较高；此外，模型复杂、需求的基础数据较多也限制了该方法的应用范围。复利公式的预测能力相对较差，但就该方法本身而言，管理者可以不断调整采伐量，得到在某个采伐量下若干年后的森林资源蓄积，对森林资源的经营决策提供宏观的科学指导。结合 GIS 的森林资源预测方法目前还不是很成熟，有待进一步完善，而且该方法所要求的空间信息数据由于缺失或者保密等因素的影响，较常规的调查统计数据相对更难获得。表 7-1 对不同模型的数据要求和用途进行了简单的汇总。

表 7-1　不同模型的数据要求和用途汇总

模型名称	数据要求	用途
灰色系统理论	森林覆盖率、各地类面积、活立木蓄积、用材蓄积、不同龄组蓄积	面积、蓄积预测
人工神经网络	各地类面积、各龄组蓄积	面积、蓄积预测
卡尔曼滤波	连续清查蓄积、面积	面积、蓄积预测
时间序列趋势分析	林地面积、森林面积、森林蓄积	面积、蓄积预测
马尔科夫模型	连清固定样地资料	树种结构、面积预测
系统动力学方法	蓄积、龄组、面积、总消耗量、林木生长量	面积、蓄积预测
复利公式	森林蓄积、年平均生长率、年平均枯损率、一个经营期内的采伐量	蓄积预测
结合 GIS 的森林资源预测模型	森林覆盖率、各地类面积、活立木蓄积、用材蓄积、不同龄组蓄积等数据资料及其相应的空间信息资料	面积、蓄积预测

二、预测方法选择

综观国内外林业发展的趋势，现代林业生产的目的，不只是简单地为了木材及林产品的生产，更重要的是注重森林多种效益的发挥，而森林资源结构是否合理，直接关系到森林整体效益的发挥，科学合理的森林经营管理是现代林业的发展方向。森林资源蓄积量预测以及森林资源结构的调整既是森林科学经营管理的重点，又是其难点。目前，虽然已经有大量的森林资源预测方法可用，但是对于任何模型都应有 2 个必备条件：建立模型的条件与应用模型的条件。建立模型的条件是建什么样的模型，就应有什么样的建模数据。应用模型的条件就是对于自变量精度的要求至少不低于建模时对自变量的精度要求。如果应用时无法提供某些自变量，或是自变量精度不能保证，这时，宁可应用自变量少、对自变量要求低的较简单的模型 (葛宏立等 ,1997)。

　　一般而言，越复杂的模型，其对建模数据的要求越高，而应用范围则越窄。有的模型只适用于某一类型的林分，有的甚至受经营措施和经营目标的限制。许多模型的建模数据往往需要通过典型抽样获得。而我国森林资源联系清查体系的现实情况有许多方面不能满足许多模型的建模要求和应用要求，例如，样地是随机布设的，林相变化复杂且破碎经营措施和经营目标千差万别等。如果要分森林类型和经营措施等建立模型，则要建一大群模型，无论对建模还是应用来说，都是不适宜的。森林资源联系清查体系数据有如下特点：（1）布设固定样地，具有复测样地和复测样木；（2）定期复查，所以需要预测的年限一般不长 (一般不超过一个复查间隔期)；（3）数据量大，这是任何其他研究项目都无法相比的；（4）无法提供样木 (甚至样地) 的精确年龄；（5）林相复杂破碎 (葛宏立等 , 2004)。

　　总体上，不同预测方法都有各自不同的优缺点，在实际工作中，要根据研究目的、数据资料和工作量大小，选择适宜的模型方法进行森林资源动态预测。对于青海省森林资源动态预测而言，由于单一指标的时间序列的样本数较少，因此不适宜用卡尔曼滤波或时间序列进行森林资源动态预测；系统动力学方法模型复杂，需求的基础数据较多，考虑到当前的数据状况，同样不适宜用于本研究的森林资源动态预测；缺乏空间数据也限制了本研究利用结合 GIS 的森林资源预测模型开展预测。综合考虑了数据情况，最终本研究选择灰色系统理论 GM(1,1) 模型、复利公式以及马尔科夫模型 3 种方法进行森林资源动态预测。

（一）灰色系统理论

　　灰色系统理论是在 1982 年由华中理工大学的邓聚龙提出的。灰色系统是指既含有已知信息 (“白色”)，又含有未知或非确知信息 (“灰色”) 的系统。灰色系统的理论和方法可以对灰色系统做出接近真实的反映 (余皖云 ,2002)。该理论以 "部分信息已知，部分信息未知" 的 "小样本" "贫信息" 不确定性系统为研究对象 (邓聚龙 ,1987)，借助科学的方法，建立一定的数学模型来研究专门的问题，对所要分析的指标建立模型，对其未来的发展、演变及状况进行阐述和研究，形成一定的科学假设与判断，为解决实际问题，制定合理的发展及决策提供参考 (李亦秋和仲科 ,2009)。自创建以来，灰色系统理论已广泛应用于社会、经济、气象、军事、生态、环境和工程技术领域。

　　森林是一个多层次、多组分、多变量的复杂系统。在较大的地域内，森林面积、蓄积的变化受到社会、经济、自然条件等诸多因素的影响。为了制定林业发展规划、经营方针，应对森林面积、蓄积的变化做出较准确的预测。但是由于森林资源调查间隔期长，调查资料不完全，而且资源数据的调查间隔期分布又不均匀，从而使林业生产性数据资料既含有已知的有用信息，又含有未知或非确知的灰色数 (余皖云 , 2002)。总之，森林资源是由许多相互关联、相互制约、相互补充因素组成的一个灰色系统 (袁嘉祖 , 1989)，且灰色系统理论对于时间序列段、统计数据少、信息不完全系统的分析和建模具有针对性的作用 (宋星旻等 , 2018)，因此可以用灰色系统理论对森林资源变化进行预测分析。

灰色建模是灰色系统理论与方法的核心。灰色时间序列预测是灰色预测中的一种预测方法，用观测到的反映预测对象特征的时间序列来构造灰色预测模型，预测未来某一时刻的特征量，或者达到某一特征量的时间。综合分析用灰色数列模型预测森林资源的发展趋势是目前常用的预测方法，具有预测精度高、所需样本数量少、计算简单、允许灰数据存在等优点。其中，较为简单的一种模型为采用一个变量的一阶——微分方程 GM(1,1) 模型，用 GM(1,1) 模型进行预测，具有思路简单、数据单纯、运算简便等特点。GM(1,1) 是目前灰色理论中应用最广泛的模型与方法，它以连续的一阶微分方程、逼近高阶的微分方程，反映系统发展变化动态规律 (高兆蔚 , 1991)。GM（1,1）模型主要公式如下（见公式 7.1 ~ 7.6）。

设原始数据为 $x^{(0)}(i)=[x^{(0)}(1)，x^{(0)}(2)，…，x^{(0)}(n)]$，为了克服原始数据较强的随机性，在预测中，把原始数据作 1–AGO 处理，即：

$$x^{(1)}(t) = x^{(1)}(t-1) + x^{(0)}(t) \tag{7.1}$$

GM（1,1）模型的白化形式为：

$$\frac{dx^{(1)}}{dt} + ax^{(1)} = u \tag{7.2}$$

时间响应函数为：

$$x^{(1)}(t+1) = \left[x^{(0)}(1) - \frac{u}{a}\right]e^{-at} + \frac{u}{a} \tag{7.3}$$

式中 a, u 是参数向量的元素，在灰色系统理论中，称 a 为发展灰数，u 为控制灰数，参数向量：

$$\hat{a} = \begin{bmatrix} a \\ u \end{bmatrix} = [B^T \cdot B]^{-1} \cdot B^T \cdot Y_n \tag{7.4}$$

$$B = \begin{bmatrix} -\frac{1}{2}[x^{(1)}(1) + x^{(1)}(2)], 1 \\ -\frac{1}{2}[x^{(1)}(2) + x^{(1)}(3)], 1 \\ \cdots \\ -\frac{1}{2}[x^{(1)}(n-1) + x^{(1)}(n)], 1 \end{bmatrix} \tag{7.5}$$

$$Y_n = \left[x^{(0)}(2), x^{(0)}(3), \dots, x^{(0)}(n)\right]^T \tag{7.6}$$

（二）复利公式

复利公式是定期进行森林生长预测的主要方法之一。一般银行使用的复利公式为：

$$Y = a(1+p)^n \tag{7.7}$$

其中 Y 为复利终值，a 为本金，p 为年利率，n 为复利计息次数。

与一般银行使用的复利公式不同，森林生长预测比较复杂，因为森林蓄积不仅有生长量，而且还存在着枯损现象；同时，人为的经营活动（如抚育采伐等）也直接影响蓄积的消长，单纯采用森林生长预测势必会产生很大的误差，从而影响预测的精度。有鉴于此，史凤友（1986）构建了适宜于预测森林生长量的复利公式。利用该公式，只要掌握经营单位内森林蓄积量的基础数据（M），年平均生长率（或一毛生率）（p），年平均枯损率（q）和年采伐量（$V_采$）等，就可以计算出若干年后森林的蓄积量。利用该公式，孔令孜等 (2008) 基于森林资源二类调查数据对福建省三明市森林资源蓄积量进行了预测；杨英等 (2017) 基于森林资源清楚资料对云南省森林资源蓄积量进行了预测。

下面介绍该方法的主要公式。由于森林生长量分为毛生长量和纯生长量，毛生长量是指林分中全部林分在调查期间的总材积；纯生长量是指除去枯损量以后生长的总材积，所以最终构建的公式有 2 个：按林分毛生长量探讨复利公式模型（公式 7.7）和按林分纯生长量推导复利公式的模型（公式 7.8）（史凤友，1986）。

$$M_n = M(1+p-q)^n - V_采\left[\frac{(1+p-q)^{n-1}}{p-q}\right] \tag{7.8}$$

$$M_n = M(1+p)^n - V_采\left[\frac{(1+p)^{n-1}}{p}\right] \tag{7.9}$$

（三）马尔科夫（Markov）模型

马尔科夫过程 (Markov Process) 是研究事物的状态及状态转移的理论，它是通过对不同状态的初始概率以及状态之间的转移概率的研究来确定状态变化趋势，从而达到未来状态预测的目的（陈建忠等,1993）。它由俄国数学家马尔科夫建立，实际上是一种主要用于复杂系统的预测和控制数学模型（冯忠铨,2001）。马尔科夫过程是无后效性的随机过程，其性质是某一随机过程（陈建忠等,1993）。

应用马尔科夫方法可以预测企业的规模、市场的占有、设备更新等问题，为经营者在决策时提供科学的依据；在土地、水利、地质、运筹学等领域也积累了大量的应用案例。在林业上，该方法在研究林木生长竞争、林分年龄转移、地类林种动态、松毛虫灾情同样也取得了较满意的结果，还可以用于预测树种、龄组面积以及根据树种、龄组的每公顷蓄积预测森林蓄积、森林覆盖率变化、林地空间格局变化等。

基于该方法对森林资源结构动态进行预测，具体步骤如下：

1. 资料整理。根据森林资源调查的有关规定和所要研究的对象，如各地类面积动态的预测与调整，用材林各龄组蓄积动态的预测与调整等问题，划分系统状态，并统计 2 次调查的各状态分布。

2. 建立状态转移概率矩阵。将 2 次调查的各状态分布除以第一次调查的样地总数，即得状态转移概率矩阵。

3. 预测模型的建立。根据马尔科夫随机过程理论，第 n 期转移概率为：

$$P_{ij}(n) = \sum_{k=0}^{m-1} P_{ik}(n-1) \times P_{kj}(n-1) \qquad (7.10)$$

式中 m 表示转移概率矩阵的行、列数，而任意第 n 分期的转移概率矩阵等于第 1 分期的转移概率矩阵的 n 次方，从而计算得到第 2 分期、第 3 分期……第 n 分期的转移概率矩阵 $P(2)$、$P(3)$、…、$P(n)$。根据初始面积占有率矩阵 $A(0)$ 和第 1 分期的转移概率 $P(2)$（简记 P）可计算出第 1 分期末的占有率矩阵 $A(1)$，即：

$$A(1) = A(0) \cdot P \qquad (7.11)$$

同理，第 n 分期末的占有率矩阵公式为：

$$A(n) = A(n-1) \cdot P \qquad (7.12)$$

$$A(n) = A(0) \cdot P^n \qquad (7.13)$$

将各分期各状态的占有率乘以总面积，即得各分期状态面积，从而实现预测的目的。

第二节 动态预测分析

一、数据来源及预测方法选择

本研究所用森林资源数据来自青海省 1979—2018 年的森林资源连续清查资料。考虑数据特点，针对青海省森林资源的主要指标（表 7-2 至表 7-4），本次选择灰色系统理论 GM(1,1) 模型和复利公式 2 种方法对青海省森林面积、蓄积和森林覆盖率的发展趋势进行了预测，并对这 2 种方法的预测结果进行对比分析。此外，基于森林资源面积转移及变化原因资料，利用马尔科夫模型对青海省森林未来结构进行了预测。由于 1993 年复查在调查方法和技术要求上与前期有很大不同，且自 1998 年开始有林地标准发生变化，即郁闭度 0.3 以上（不含 0.3）改变为 0.2 以上（含 0.2），因此 1998 年前期的数据不具有对比性。有鉴于此，本预测建模实际使用的数据为 1998—2018 年的数据。

表 7-2　青海省森林资源林地面积指标总体数据（1998—2018）

单位：万公顷，%

年份	森林	乔木林地	疏林地	灌木林地	森林覆盖率
1998 年	222.04	30.52	6.83	191.16	3.08
2003 年	316.20	34.19	6.79	312.87	4.38
2008 年	329.56	35.78	6.75	325.96	4.57
2013 年	406.39	37.85	7.43	406.11	5.63
2018 年	419.75	42.14	6.60	423.43	5.82

备注：2008 年和 2018 年乔木林地含乔木经济林，其他年份因无法区分而不含经济林。

表 7-3　青海省森林资源活立木蓄积指标总体数据

单位：万立方米

年份	活立木蓄积	乔木林	疏林	散生木	四旁树
1998 年	3728.46	3270.36	176.86	10.37	270.87
2003 年	4101.39	3592.62	214.03	46.04	248.70
2008 年	4413.80	3915.64	212.61	50.15	235.40
2013 年	4884.43	4331.21	205.22	87.65	260.35
2018 年	5556.86	4864.15	203.88	123.81	365.02

表 7-4　青海省森林资源天然林和人工林（乔木林）对比数据

单位：万公顷，万立方米

年份	面积		蓄积	
	天然林	人工林	天然林	人工林
1998 年	27.84	2.68	3141.44	128.92
2003 年	30.35	3.84	3338.87	253.75
2008 年	31.42	4.36	3621.46	294.18
2013 年	32.61	5.24	3900.49	430.72
2018 年	34.82	7.32	4288.94	575.21

二、基于灰色系统理论的森林资源动态预测

（一）数据处理及模型构建

下面以森林面积为例说明灰色系统理论对青海省森林资源动态预测的具体计算过程。

1. 原始数据 1–AGO 处理。将原始数据进行 1–AGO 处理，结果见表 7–5。

表 7–5　森林面积原始数据 1–AGO 处理结果

单位：万公顷

指标	1998 年	2003 年	2008 年	2013 年	2018 年
$x^{(0)}(t)$	222.04	316.20	329.56	406.39	419.75
$x^{(1)}(t)$	222.04	538.24	867.80	1274.19	1693.94

2. 求参数向量。

$$B = \begin{bmatrix} -222.04 & 1 \\ -538.24 & 1 \\ -867.80 & 1 \\ -1274.19 & 1 \\ -1693.94 & 1 \end{bmatrix}$$

$$Y_n = \begin{bmatrix} 316.20, & 329.56, & 406.39, & 419.75 \end{bmatrix}^T \hat{a} = \begin{bmatrix} -0.10499 \\ 272.48510 \end{bmatrix}$$

所以，$a = -0.10499$，$u = 272.48510$。

3. 建模。将 a 和 u 带入公式 7.3 中：

$$x^{(1)}(t+1) = \left[x^{(0)}(1) - \frac{u}{a} \right] e^{-at} + \frac{u}{a}$$

$$= 2817.499773 e^{0.104985t} - 2595.459773$$

其他的模型建立方法同上，利用 Excel 计算其结果，即得到其预测模型（见表 7–6）（文剑平，1986）。

表 7–6　森林资源发展趋势预测 GM(1,1) 模型

单位：万公顷，%，万立方米

项　目	预测公式
森林面积	$x^{(1)}(t+1) = 2817.499773 e^{0.104985t} - 2595.459773$
乔木林地面积	$x^{(1)}(t+1) = 463.214333 e^{0.070080t} - 432.694333$
灌木林地面积	$x^{(1)}(t+1) = 2592.946222 e^{0.112066t} - 2401.786222$
乔木林面积（天然）	$x^{(1)}(t+1) = 647.048486 e^{0.045504t} - 619.2084863$
乔木林面积（人工）	$x^{(1)}(t+1) = 13.636466 e^{0.229631t} - 10.95646643$
森林覆盖率	$x^{(1)}(t+1) = 38.963439 e^{0.105174t} - 35.883439$

续表:

项　目	预测公式
活立木总蓄积	$x^{(1)}(t+1) = 36951.969741e^{0.103416t} - 33223.509741$
森林蓄积	$x^{(1)}(t+1) = 33071.373057e^{0.102114t} - 29801.013057$
乔木林蓄积（天然）	$x^{(1)}(t+1) = 38461.664099e^{0.082975t} - 35320.224099$
乔木林蓄积（人工）	$x^{(1)}(t+1) = 683.012950e^{0.293773t} - 554.092950$

4.模型检验。利用残差检验对模型精度进行检验。预测精度参照预测精度等级表（见表7-7）。

表 7-7　预测精度等级表

等级	P	C
好	>0.95	<0.35
合格	>0.8	<0.5
勉强合格	>0.7	<0.65
不合格	≤0.7	≥0.65

其中：

$$P = p\{|q(t_k) - \bar{q}| < 0.6745S_1\}$$
$$q(t_k) = x^{(0)}(t_k) - \hat{x}^{(0)}(t_k)$$

$$\bar{q} = \frac{1}{k}\sum_{i=1}^{k} q(t_i)$$

$$\bar{X} = \frac{1}{k}\sum_{i=1}^{k} x^{(0)}(t_i)$$

$$S_1^2 = \frac{1}{k}\sum_{i=1}^{k}\left(x^{(0)}(t_i) - \bar{X}\right)^2$$

$$S_2^2 = \frac{1}{k}\sum_{i=1}^{k}\left(q(t_i) - \bar{q}\right)^2$$

$$C = \frac{S_2}{S_1}$$

$\hat{x}^{(0)}(t_k)$ 为预测值。

结果见表 7-8。从表 7-8 可以看出，GM（1,1）模型对森林面积、乔木林地面积、森林覆盖率、活立木总蓄积以及乔木林蓄积的预测精度最高，预测值与实际值的相对误差均在 ±10% 的范围内，模型的收敛效果较好；对灌木林地面积、疏林地面积以及四旁树蓄积的预测精度居中，预测值与实际值的相对误差均在 ±20% 的范围内；对疏林蓄积和散生木蓄积的预测精度相对较差，预测值与实际值的相对误差均在 ±20% 以上。预测精度检验结果显示，除疏林地面积、疏林蓄积和四旁树蓄积外，其余各类型预测结果均为"好"。考虑到疏林蓄积、散生木蓄积以及四旁树的影响因子相对其他指标更多，实际收集到的数据也未表现出明显的趋势性，导致对这两个指标进行较高精确度的预算困难很大。因此，总体上可以认为，本次利用 GM（1,1）模型预测的结果精度较高，能较好地反映青海省森林资源长期的动态变化。

表 7-8　森林资源发展趋势预测 GM(1,1) 模型检验

单位：万公顷，%，万立方米

指标	项目	1998 年	2003 年	2008 年	2013 年	2018 年
森林面积	原始值	222.04	316.20	329.56	406.39	419.75
	预测值	—	311.88	346.40	384.75	427.34
	残差		4.32	−16.84	21.64	−7.59
	相对误差	—	1.37	−5.11	5.33	−1.81
	精度检验	P=1	>0.95		好	
		C=0.04	<0.35			
乔木林地面积	原始值	30.52	34.19	35.78	37.85	42.14
	预测值	—	33.63	36.07	38.69	41.49
	残差		0.56	−0.29	−0.84	0.65
	相对误差		1.65	−0.81	−2.21	1.53
	精度检验	P=1	>0.95		好	
		C=0.19	<0.35			
灌木林地面积	原始值	191.16	312.87	325.96	406.11	423.43
	预测值		307.49	343.96	384.75	430.37
	残差		5.38	−18.00	21.36	−6.94
	相对误差		1.72	−5.52	5.26	−1.64
	精度检验	P=1	>0.95		好	
		C=0.04	<0.35			

续表 1：

指标	项目	1998 年	2003 年	2008 年	2013 年	2018 年
乔木林地面积（天然）	原始值	27.84	30.35	31.42	32.61	34.82
	预测值	—	30.12	31.53	32.99	34.53
	残差	—	0.23	−0.11	−0.38	0.29
	相对误差	—	0.75	−0.34	−1.18	0.83
	精度检验	$P=1$ $C=0.05$	>0.95 <0.35		好	
乔木林地面积（人工）	原始值	2.68	3.84	4.36	5.24	7.32
	预测值	—	3.52	4.43	5.57	7.01
	残差	—	0.32	−0.07	−0.33	0.31
	相对误差	—	8.33	−1.58	−6.33	4.23
	精度检验	$P=1$ $C=0.01$	>0.95 <0.35		好	
森林覆盖率	原始值	3.08	4.38	4.57	5.63	5.82
	预测值	—	4.32	4.80	5.33	5.92
	残差	—	0.06	−0.23	0.30	−0.10
	相对误差	—	1.34	−5.04	5.28	−1.79
	精度检验	$P=1$ $C=0.01$	>0.95 <0.35		好	
活立木总蓄积	原始值	3728.46	4101.39	4413.80	4884.43	5556.86
	预测值	—	4026.03	4464.68	4951.12	5490.57
	残差	—	75.36	−50.88	−66.69	66.29
	相对误差	—	1.84	−1.15	−1.37	1.19
	精度检验	$P=1$ $C=0.07$	>0.95 <0.35		好	
森林蓄积	原始值	3270.36	3592.62	3915.64	4331.21	4864.15
	预测值	—	3555.51	3937.76	4361.11	4829.97
	残差	—	37.11	−22.12	−29.90	34.18
	相对误差	—	1.03	−0.56	−0.69%	0.70
	精度检验	$P=1$ $C=0.06$	>0.95 <0.35		好	

续表2：

指标	项目	1998 年	2003 年	2008 年	2013 年	2018 年
乔木林蓄积（天然）	原始值	3141.44	3338.87	3621.46	3900.49	4288.94
	预测值	3141.44	3327.51	3615.39	3928.17	4268.02
	残差	—	11.36	6.07	−27.68	20.92
	相对误差	—	0.34	0.17	−0.71	0.49
	精度检验	$P=1$	>0.95		好	
		$C=0.05$	<0.35			
乔木林蓄积（人工）	原始值	128.92	253.75	294.18	430.72	575.21
	预测值	128.92	233.24	312.88	419.72	563.05
	残差	—	20.51	−18.70	11.00	12.16
	相对误差	—	8.08	−6.36	2.55	2.11
	精度检验	$P=1$	>0.95		好	
		$C=0$	<0.35			

（二）森林资源动态预测结果

利用该模型预测了青海省森林资源 2023—2038 年的动态（表 7-9，图 7-1），结果显示：

1. 森林覆盖率呈持续增加趋势，以 2018 年为基数，2023 年、2028 年、2033 年、2038 年森林覆盖率为其 1.13 倍、1.26 倍、1.39 倍和 1.55 倍。

2. 面积变化趋势方面，森林面积呈持续增加趋势，以 2018 年为基数，2023 年、2028 年、2033 年和 2038 年的面积分别为其 1.13 倍、1.26 倍、1.39 倍和 1.55 倍；灌木林地面积呈持续增加趋势，以 2018 年为基数，2023 年、2028 年、2033 年和 2038 年的面积分别为其 1.14 倍、1.27 倍、1.42 倍和 1.59 倍；乔木林地面积呈持续增加趋势，以 2018 年为基数，2023 年、2028 年、2033 年和 2038 年的面积分别为其 1.06 倍、1.13 倍、1.22 倍和 1.30 倍；乔木林地中人工林面积呈持续增加趋势，以 2018 年为基数，2023 年、2028 年、2033 年和 2038 年的面积分别为其 1.20 倍、1.52 倍、1.91 倍和 2.40 倍；乔木林地中天然林面积呈持续增加趋势，以 2018 年为基数，2023 年、2028 年、2033 年和 2038 年的面积分别为其 1.04 倍、1.09 倍、1.14 倍和 1.19 倍。

3. 蓄积量方面，活立木总蓄积与乔木林蓄积变化趋势基本一致，以 2018 年为基数，2023 年、2028 年、2033 年和 2038 年的蓄积量分别为其 1.10 倍、1.22 倍、1.35 倍和 1.49 倍；乔木林地中天然林的蓄积略有增加，以 2018 年为基数，2023 年、2028 年、2033 年和

2038 年的蓄积分别为其 1.08 倍、1.17 倍、1.28 倍和 1.39 倍；乔木林地中人工林的蓄积持续增加，以 2018 年为基数，2023 年、2028 年、2033 年和 2038 年的蓄积分别为其 1.31 倍、1.76 倍、2.36 倍和 3.17 倍。

表 7-9　森林资源预测结果

单位：万公顷，%，万立方米

指　标	2023 年	2028 年	2033 年	2038 年
森林面积	474.64	527.18	585.54	650.36
乔木林地面积	44.51	47.74	51.20	54.92
灌木林地面积	481.41	538.50	602.36	673.79
乔木林地面积（天然）	36.14	37.82	39.58	41.42
乔木林地面积（人工）	8.82	11.10	13.96	17.56
森林覆盖率	6.58	7.31	8.12	9.02
活立木总蓄积	6088.78	6752.17	7487.84	8303.67
森林蓄积	5349.24	5924.34	6561.26	7266.67
乔木林蓄积（天然）	4637.27	5038.46	5474.36	5947.98
乔木林蓄积（人工）	755.32	1013.25	1359.25	1823.41

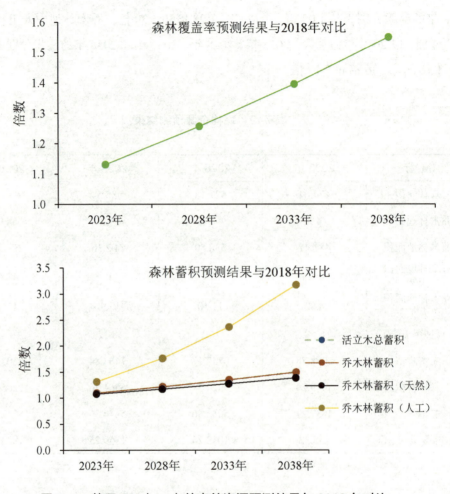

图 7-1　基于 GM（1,1）的森林资源预测结果与 2018 年对比

1998—2018 年期间，受"天保工程"等重要林业工程的影响，青海省的林业资源得到了良好的保护和建设，森林资源总体呈持续增加的趋势。森林面积的增加主要原因包括：（1）县级以上人民政府根据生态建设发展需要将部分区域牧草地和未利用地等非林地规划调整为林地；（2）耕地等非林地通过实施退耕还林和其他工程造林，变为未成林造林地和灌木林地等。然而受气候因素和社会因素的影响，青海省的林地面积不可能长期保持 1998—2018 年期间的增长势头。实际上，管理良好的森林资源，其面积应该在达到某个临界值后基本保持稳定。青海省 1998—2018 年期间宜林地面积在 107.16 万 ~ 345.02 万公顷之间，占林地面积比例在 31.71% ~ 41.70% 之间；且 2018 年宜林地面积较 2013 年下降了 2.03%。林地面积方面，2018 年比 2013 年仅增加了 1.38%。

由于实际上宜林地不可能100%转变为乔木林地和灌木林地，模型预测2023—2038年，乔木林地和灌木林地面积新增了60.35万～263.14万公顷，分别占面积新增潜力（2018年疏林地、未成林造林地、迹地和宜林地之和）的17.07%～74.43%（表7-10）。据此推测，GM（1,1）能较好地预测2038年之前青海省森林资源的动态变化，之后的预测结果可能偏离实际情况。

表7-10　乔木林地和灌木林地面积之和预测结果

单位：万公顷，%

时间	GM(1,1)预测面积	预测比2018年新增面积	预测新增面积占面积潜力的比例
2038年	728.71	263.14	74.43
2033年	653.56	187.99	53.17
2028年	586.24	120.67	34.13
2023年	525.92	60.35	17.07

备注：面积潜力为2018年连清时的疏林地、未成林造林地、迹地和宜林地之和。

根据GM（1,1）模型预测结果，2038年，青海省森林面积将达到650.36万公顷，森林覆盖率将增加到9.02%，活立木蓄积将达到8303.67万立方米，其中人工乔木林蓄积将达到1823.41万立方米；其后青海省森林资源将维持在一个动态平衡中。

三、基于复利公式的森林资源动态预测

（一）数据处理及模型构建

目前仅收集到《第九次全国森林资源清查青海省森林资源清查成果（2018）》中的年净均增率数据资料（表7-11），即仅有活立木蓄积的净增率。

表7-11　森林资源净增长率（2013年VS 2018年）

单位：万立方米，%

指标	2018年	2013年	年均净增率
活立木总蓄积	5556.86	4884.43	2.58
乔木林蓄积	4864.15	4331.21	2.32
散生木蓄积	123.81	87.65	6.84
四旁树蓄积	365.02	260.35	6.69

基于这种条件，本研究选择复利公式（公式 7.7），以 2018 年为基数，对青海省森林资源 2023 年、2028 年、2033 年和 2038 年的活立木蓄积进行预测。

（二）蓄积量预测结果与模型校验

利用复利公式（公式 7.7）预测了青海省森林资源 2023 年、2028 年、2033 年和 2038 年蓄积的动态（表 7–12，图 7–2），结果显示：

1. 活立木总蓄积呈持续增加趋势，以 2018 年为基数，2023 年、2028 年、2033 年和 2038 年蓄积分别为其 1.13 倍、1.29 倍、1.46 倍和 1.66 倍。

2. 乔木林蓄积呈持续增加趋势，以 2018 年为基数，2023 年、2028 年、2033 年和 2038 年蓄积分别为其 1.12 倍、1.25 倍、1.41 倍和 1.58 倍。

3. 散生木蓄积呈持续增加趋势，以 2018 年为基数，2023 年、2028 年、2033 年和 2038 年蓄积分别为其 1.39 倍、1.93 倍、2.69 倍和 3.75 倍。

4. 四旁树蓄积呈持续增加趋势，以 2018 年为基数，2023 年、2028 年、2033 年和 2038 年蓄积分别为其 1.38 倍、1.91 倍、2.64 倍和 3.65 倍。

表 7–12　森林资源蓄积量预测结果

单位：万立方米

指标	2023 年	2028 年	2033 年	2038 年
活立木总蓄积	6311.65	7168.96	8142.73	9248.76
乔木林蓄积	5455.19	6118.04	6861.43	7695.16
散生木蓄积	172.36	239.94	334.01	464.98
四旁树蓄积	504.59	697.52	964.21	1332.88

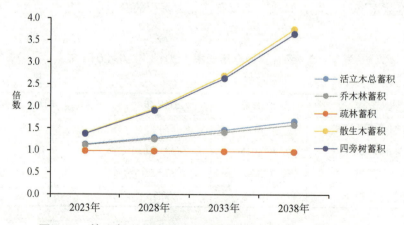

图 7–2　基于复利公式的森林资源预测结果与 2018 年对比

分析表 7-12 的预测结果发现：2033 年开始，活立木总蓄积的预测值小于乔木林蓄积、散生木蓄积以及四旁树蓄积之和，而且随着预测时间的延长，这种差距越来越大。而实际上活立木总蓄积应该等于乔木林蓄积、疏林蓄积、散生木蓄积以及四旁树蓄积之和。

进一步地，利用表 7-11 的净增长率数据、表 7-12 的预测结果反推了 2013 年和 1993 年的活立木蓄积，结果显示：2013 年活立木蓄积量的预测值与实际值的相对误差在 ±5% 以内，预测精度较高；1993 年活立木蓄积量的预测值与实际值相比，除了活立木总蓄积的相对误差在 ±5% 以内，其他均在 ±15% 以上（表 7-13）。

总体上，采用恒定的净增长率在短期内的预测结果精度较高。

表 7-13　基于复利公式的森林资源蓄积预测结果检验

单位：万立方米，%

年份	指标	活立木总蓄积	乔木林蓄积	疏林蓄积	散生木蓄积	四旁树蓄积
2013 年	实测值	4884.43	4331.21	205.22	87.65	260.35
	预测值	4892.33	4337.15	205.21	88.94	264.06
	误差	7.90	5.94	-0.01	1.29	3.71
	相对误差	0.16	0.14	0	1.47	1.42
1993 年	实测值	3687.29	2959.97	448.54	35.37	243.41
	预测值	3792.18	3448.25	207.90	45.89	138.19
	误差	104.89	488.28	-240.64	10.52	-105.22
	相对误差	2.84	16.50	-53.65	29.75	-43.23

四、基于马尔科夫模型的森林结构动态预测

（一）资料整理

根据森林资源连续清查中林地面积转移及变化原因表，构建了青海省 2013—2018 主要地类面积分布统计表（表 7-14）。

表 7-14　2013—2018 年主要地类面积分布统计表

单位：万公顷

2013 年地类面积	2018 年地类面积							
	乔木林地	灌木林地	疏林地	未成林造林地	宜林地	其他林地	非林地	合计
乔木林地	37.29	0.20	0.04	0.04	0.12	0	0.20	37.89
灌木林地	0.94	360.90	0	0.56	38.07	0.04	9.20	409.71
疏林地	0.91	0.16	6.24	0	0.08	0	0.04	7.43
未成林造林地	1.16	0.76	0.08	1.96	2.23	0	0.16	6.35
宜林地	1.08	29.48	0.12	3.39	250.40	0	62.03	346.50
其他林地	0	0	0	0	0.04	0.12	0	0.16
非林地	0.76	31.93	0.12	2.87	47.07	0	0	82.75
合计	42.14	423.43	6.60	8.82	338.01	0.16	71.63	890.79

（二）建立状态转移概率矩阵

将两次调查的各状态分布除以第一次调查的样地总面积，即得状态转移概率矩阵（表 7-15）。

表 7-15　2013—2018 年森林要素转移概率矩阵

2013 年	2018 年						
	乔木林地	灌木林地	疏林地	未成林造林地	宜林地	其他林地	非林地
乔木林地	0.9842	0.0053	0.0011	0.0011	0.0032	0	0.0053
灌木林地	0.0023	0.8809	0	0.0014	0.0929	0.0001	0.0225
疏林地	0.1225	0.0215	0.8398	0	0.0108	0	0.0054
未成林造林地	0.1827	0.1197	0.0126	0.3087	0.3512	0	0.0252
宜林地	0.0031	0.0851	0.0003	0.0098	0.7227	0	0.1790
其他林地	0	0	0	0	0.2500	0.7500	0
非林地	0.0092	0.3859	0.0015	0.0347	0.5688	0	0

（三）基于马尔科夫模型的林地动态变化预测

利用马尔科夫模型（公式 7.12）预测了青海省森林资源 2023 年、2028 年、2033 年和 2038 年林地面积的动态（表 7-16，图 7-3），结果显示：

1.乔木林地面积呈持续增加趋势，以 2018 年为基数，2023 年、2028 年、2033 年和 2038 年面积分别为其 1.11 倍、1.21 倍、1.31 倍和 1.40 倍。

2.灌木林地面积略有增加，以 2018 年为基数，2023 年、2028 年、2033 年和 2038 年面积分别为其 1.02 倍、1.03 倍、1.04 倍和 1.04 倍。

3.疏林地面积呈持续减少趋势，以 2018 年为基数，2023 年、2028 年、2033 年和 2038 年面积分别为其 89.69%、81.08%、73.84% 和 67.75%。

4.未成林造林地面积呈持续减少趋势，以 2018 年为基数，2023 年、2028 年、2033 年和 2038 年面积分别为其 1.04 倍、1.03 倍、1.02 倍和 1.00 倍。

5.宜林地面积呈持续减少趋势，以 2018 年为基数，2023 年、2028 年、2033 年和 2038 年面积分别为其 96.95%、94.79%、93.10% 和 91.76%。

6.其他林地面积略有增加，以 2018 年为基数，2023 年、2028 年、2033 年和 2038 年面积分别为其 1.01 倍、1.02 倍、1.03 倍和 1.04 倍。

表 7-16 森林资源结构预测结果

单位：万公顷

年份	乔木林地面积	灌木林地面积	疏林地面积	未成林造林地面积	宜林地面积	其他林地面积	林地面积
2023 年	46.58	430.80	5.92	9.14	327.70	0.16	820.29
2028 年	50.89	436.03	5.35	9.11	320.40	0.16	821.94
2033 年	55.03	439.38	4.87	8.98	314.68	0.16	823.11
2038 年	59.01	441.39	4.47	8.86	310.15	0.17	824.05

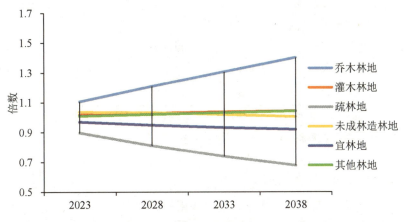

图 7-3 基于马尔科夫模型的森林资源预测结果与 2018 年对比

五、模型预测结果对比

（一）蓄积量变化模拟结果对比

首先,本研究采用的森林资源预测方法都是基于小样本蓄积数据的基础上建立模型,进行全森林资源蓄积量的宏观预测;现有研究结果显示,GM（1,1）较适于对小样本数据进行模拟预测。其次,从预测结果对比看,总体上 GM(1,1) 模型和复利公式预测的蓄积量均呈持续发展的趋势;从预测的平均相对误差来看,GM(1,1) 模型的平均相对误差小于复利公式。

综上所述,总体上 GM（1,1）模型的预测结果精度较高,能较好地预测青海省森林资源的动态变化。见表 7-17。

进一步,对比了 GM（1,1）模型和复利公式对青海省森林资源蓄积预测结果发现:（1）GM（1,1）模型的预测结果总体较复利公式预测结果要小;（2）随着预测时间的延长,二者的预测结果差异越大;（3）总体上乔木林蓄积的差异小于活立木总蓄积的差异,二者相对差异绝对值平均分别为 3.93% 和 7.49%。

表 7-17　GM（1,1）模型和复利公式对森林蓄积预测结果对比

单位：万立方米

指标		2023 年	2028 年	2033 年	2038 年
复利公式	活立木总蓄积	6311.65	7168.96	8142.73	9248.76
	乔木林蓄积	5455.19	6118.04	6861.43	7695.16
GM（1,1）	活立木总蓄积	6088.78	6752.17	7487.84	8303.67
	乔木林蓄积	5349.24	5924.34	6561.26	7266.67
G-F	活立木总蓄积	-222.87	-416.79	-654.88	-945.09
	乔木林蓄积	-105.95	-193.70	-300.17	-428.49
相对差异	活立木总蓄积	-3.66%	-6.17%	-8.75%	-11.38%
	乔木林蓄积	-1.98%	-3.27%	-4.57%	-5.90%

备注：①G-F 为 GM（1,1）模型预测值（G）与复利公式预测值（F）的差值。
　　　②相对差异＝二者差值除以 GM（1,1）模型预测结果。

（二）面积变化模拟结果对比

GM（1,1）模拟的优势在于,本研究估算所用的时间序列仅 5 个,较适合用 GM（1,1）进行分析,而且时间跨度为 1998—2018 年,能较好地反映近 20 年来青海省森林的变化规律。马尔科夫模型的优势在于，它基于 2013—2018 年的森林资源类型的状态转移概率矩阵进行估算，能够良好地反映在类似 2013—2018 年这样情境下，森林结构的变化。但是由于该模型没有充分利用数据，如果某年或某几年森林资源变化较大，则预测结果不准确。

由于青海省对森林的保护已经成为常态化的行为，如无大型的自然或者人为干扰，青海省森林按照自然演替发展，应该与 2013—2018 年期间的变化更为吻合；而 GM（1,1）模型能够充分利用数据，基于多年历史情境对森林结构变化进行的预测也同样令人信服。

进一步，对比了 GM（1,1）模型和马尔科夫模型对青海省森林面积预测结果发现：（1）GM（1,1）模型对灌木林地面积的预测结果大于马尔科夫模型，但对乔木林地面积的预测结果小于马尔科夫模型；（2）随着预测时间的延长，二者对灌木林地面积预测结果差异越来越大，对乔木林地面积的预测结果则呈小幅度波动状态；（3）二者的相对差异绝对值平均乔木林面积差异小于灌木林面积差异，分别为 6.55% 和 22.77%（表 7-18）。由于方法的限制，马尔科夫模型在模拟预测时能够转化为林地的范围仅有 82.75 万公顷的非林地，而实际上青海省可能转化为林地的非林地面积可能不止这么多。据此推测，基于马尔科夫模型预测的灌木林地面积很可能偏小。

综上所述，本研究认为 GM（1,1）模型能更好地预测青海省森林面积的变化趋势。见表 7-18。

表 7-18　GM（1,1）模型和马尔科夫模型对森林面积预测对比

单位：万公顷

模型对比	年份	乔木林地	灌木林地
GM（1,1）	2023 年	44.51	481.41
马尔科夫模型	2023 年	46.58	430.8
G-M	2023 年	−2.07	50.61
相对差异	2023 年	−4.66%	10.51%
GM（1,1）	2028 年	47.74	538.50
马尔科夫模型	2028 年	50.89	436.03
G-M	2028 年	−3.15	102.47
相对差异	2028 年	−6.60%	19.03%
GM（1,1）	2033 年	51.20	602.36

续表：

模型对比	年份	乔木林地	灌木林地
马尔科夫模型	2033 年	55.03	439.38
G-M	2033 年	-3.83	162.98
相对差异	2033 年	-7.47%	27.06%
GM（1,1）	2038 年	54.92	673.79
马尔科夫模型	2038 年	59.01	441.39
G-M	2038 年	-4.09	232.40
相对差异	2038 年	-7.45%	34.49%

第三节　动态预测结果

基于青海省 1979—2018 年的森林资源连续清查资料，选择灰色系统理论 GM(1,1) 模型、复利公式、马尔科夫模型 3 种方法对青海省森林面积、森林蓄积和森林覆盖率的发展趋势进行了预测，结果显示：

1.模型对比结果显示：蓄积方面，GM（1,1）模型总体精度要高于复利公式，其预测值与实际值的相对误差均在 ±20% 范围内，模型的收敛效果较好，能较好地预测青海省森林资源动态变化；面积方面，基于数据利用、模型的适用性等方面的考虑，同样认为 GM（1,1）模型能较好地预测青海省森林结构变化。

2.GM（1,1）模型对于青海省森林动态预测能力结果分析显示，该模型可以较好地服务于短期和中期预测，但预测方面受原始数据的影响较大。就青海当前数据而言，GM（1,1）模型可以较好地预测 2038 年以前的森林资源动态。

3.蓄积未来预测结果显示（图7-4）：基于GM(1,1)模型，青海省森林蓄积持续增加。

活立木蓄积在 2023 年、2028 年、2033 年和 2038 年分别达到 6088.78 万立方米、6752.17 万立方米、7487.84 万立方米和 8303.67 万立方米。

乔木林蓄积分别达到 5349.24 万立方米、5924.34 万立方米、6561.26 万立方米和 7266.67 万立方米。

乔木林中天然林蓄积在 2023 年、2028 年、2033 年和 2038 年分别达到 4637.27 万立方米、5038.46 万立方米、5474.36 万立方米和 5947.98 万立方米；乔木林中人工林蓄积分别达到 755.32 万立方米、1013.25 万立方米、1359.25 万立方米和 1823.41 万立方米。

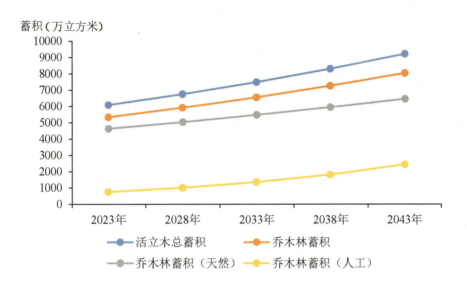

图 7-4　基于 GM（1,1）模型的森林蓄积量预测结果

4. 森林覆盖率未来预测结果显示（图 7-5）：基于 GM（1,1）模型，青海省森林覆盖率在 2023 年、2028 年、2033 年和 2038 年分别达到 6.58%、7.31%、8.12% 和 9.02%。

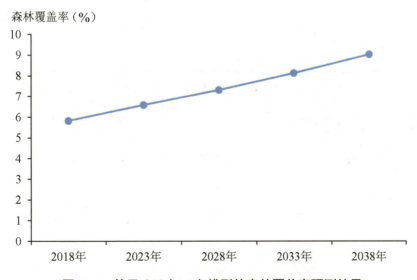

图 7-5　基于 GM（1,1）模型的森林覆盖率预测结果

5.森林资源面积未来预测结果显示（图 7-6）：基于 GM（1,1）模型，青海省森林面积持续增加。

2023 年、2028 年、2033 年和 2038 年，森林面积分别达到 474.64 万公顷、527.18 万公顷、585.54 万公顷和 650.36 万公顷。

乔木林地面积持续增加，2023 年、2028 年、2033 年和 2038 年分别达到 44.51 万公顷、47.74 万公顷、51.2 万公顷和 54.92 万公顷。人工乔木林地面积相对增幅最大，2023 年、2028 年、2033 年和 2038 年分别达到 8.82 万公顷、11.10 万公顷、13.96 万公顷和 17.56 万公顷。天然乔木林地面积相对增幅较小，2023 年、2028 年、2033 年和 2038 年分别达到 36.14 万公顷、37.82 万公顷、39.58 万公顷和 41.42 万公顷。

灌木林地面积持续增加，2023 年、2028 年、2033 年和 2038 年分别达到 481.41 万公顷、538.50 万公顷、602.36 万公顷和 673.79 万公顷。

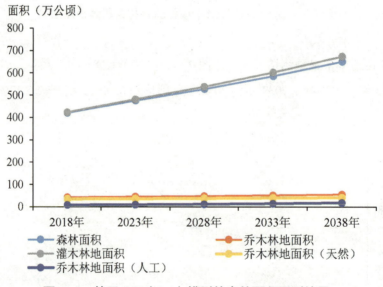

图 7-6　基于 GM（1,1）模型的森林面积预测结果

第八章　研究结论与发展建议

第一节　研究结论

对青海森林资源 40 年动态变化的研究表明，青海省森林资源的数量持续增加，质量稳步提升，生态功能逐渐增强，但仍存在总量不足、质量不高、森林生态功能脆弱等问题。

一、森林面积、蓄积持续增长

对森林资源连续清查数据研究表明，从 1979—2018 年的近 40 年来，青海森林面积、蓄积增长迅速，森林覆盖率有了显著提升。全省森林面积由 180.31 万公顷增加到 419.75 万公顷，净增 239.44 万公顷，增长幅度为 132.79%，增长速率为 5.99 万公顷 / 年。乔木林面积从 18.89 万公顷增加到 42.14 万公顷，净增 23.25 万公顷，增长速率为 0.58 万公顷 / 年。森林覆盖率由 2.50% 提高到 5.82%，提高 3.32 个百分点。森林蓄积由 1715.42 万立方米增加到 4864.15 万立方米，净增 3148.73 万立方米，增长幅度为 183.55%，增长速率达 78.72 万立方米 / 年。

近 40 年来，青海天然林资源连续增长，天然乔木林面积从 17.19 万公顷增加到 34.82 万公顷，增幅为 102.56%；蓄积从 1641.46 万立方米增加到 4288.94 万立方米，增幅为 161.29%。与此同时，青海省高度重视林业生态建设，依托天然林保护、"三北"防护林和退耕还林等重大工程建设大力实施造林绿化和生态修复，通过栽植乔木树种和灌木树种相结合、封山（沙）育林草等方式增加森林植被，人工林稳步发展，人工乔木林的面积和蓄积占乔木林的比例逐渐增加，由清查初建时的 9.43%、4.31% 增加至第八次清查时的 17.37%、11.83%，人工林面积从 1.79 万公顷增加到 7.32 万公顷，增幅达 308.94%；蓄积从 73.96 万立方米增加到 575.21 万立方米，增幅达 677.73%。

二、森林资源质量不断提高

研究表明，40 年来，青海森林资源结构稳定性逐渐增强，单位面积蓄积量不断增加。幼龄林、中龄林、近熟林、成熟林和过熟林的面积组成比例从清查初期的 7.89 : 64.21 : 0 : 27.89 : 0 发展到第八次清查的 21.14 : 29.09 : 12.67 : 22.00 : 15.09。目前幼龄林和中龄林面积占据乔木林总面积的 50.23%，森林资源提质增效潜力较大。

防护林、特用林、用材林和薪炭林的面积组成比例从清查初期的 28.45 : 1.74 : 69.76 : 0.05 调整为第八次清查的 40.00 : 58.86 : 1.14 : 0。防护林和特用林比例增加了 68.67%，而用材林比例下降了 68.62%，充分表明了青海森林经营目标是生态保护建设，体现了森林资源在维护生态环境安全上的地位和作用，森林生态价值和多重效益的发挥受到高度重视。青海经济林资源较少，从清查初期到第六次清查期的 30 年间不增反降，而近 10 年面积增长较快，从初期的 0.47 万公顷发展到 5.71 万公顷。

森林单位面积蓄积量从清查初期的 90.38 立方米 / 公顷增长至第八次清查时的 115.43 立方米 / 公顷，总体增长了 25.05 立方米 / 公顷，增幅 27.72%。人工林单位面积蓄积量增幅最大为 90.17%，而天然林单位面积蓄积量的增幅为 28.99%。

三、公益林地位日益增强

随着青海省"生态立省"战略的提出、全面推进和内涵升华，对于森林资源的保护意识也逐渐增强，森林资源林种结构发生了剧烈的变化，由用材林为主转变为以防护林和特用林占绝对比重。根据青海省 2015 年森林资源二类调查结果显示，青海省林地面积的 99% 以上被划分为生态公益林。2018 年第八次清查表明，全省以防护林和特用林组成的公益林面积和蓄积分别占全省森林面积和蓄积的 98.76% 和 98.53%。全省公益林的主体地位突出，与其重要的生态功能区位保持一致，在青藏高原生态脆弱地区发挥着不可替代的作用。

2016 年 7 月，青海发布了依据 2004 年和 2014 年的青海省森林资源规划设计调查成果为基础完成的生态公益林建设评价结果，表明全省生态公益林综合效益为 2196.18 亿元，其中：生态效益为 2148.61 亿元、经济效益为 24.75 亿元、社会效益为 22.82 亿元。截至 2018 年，全省国家级公益林管护面积达到 496.09 万公顷 。

四、灌木林资源稳步发展

灌木林是青藏高原重要的森林植物群落，主要分布在青南高原和祁连山、柴达木盆地以及东南地区的河谷地带，充分发挥着涵养水源、保持水土、防风固沙、调节气候、保护野生动物和生物多样性等重要作用。全省灌木林面积占全省林地面积的 51.69%，其中：特殊灌木林占灌木林面积的 89.18%，占森林面积的 89.96%，成为青海森林资源的主体。

　　研究表明，青海灌木林资源从清查初期的 161.33 万公顷提高到了第八次清查时的 423.43 万公顷，净增 262.10 万公顷，增幅达 162.46%，灌木林地占林地面积的比例一直保持在 50% 以上。构成森林资源的灌木林面积从 161.33 万公顷增加到 377.61 万公顷，净增 216.28 万公顷，增幅为 134.06%。特殊灌木林地对森林覆盖率的贡献最大，其覆盖率从 2.24% 提高到了 5.23%，净增约 3 个百分点，而乔木林地覆盖率仅增加了 0.32 个百分点。近 10 年来，青海在保护现有灌木林资源的同时，按照"东部沙棘、西部枸杞、南部藏茶、河湟杂果"的发展思路，大力营造灌木经济林，全省灌木经济林面积达到 5.67 万公顷，占经济林的 99.30%，占灌木林的 1.50%。

五、生态服务功能逐渐增强

　　青海是国家重点生态功能区，森林资源的变化直接影响森林生态服务功能的发挥。《森林生态系统碳计量方法及应用》研究表明，青海第四次至第七次清查期间，森林生态系统碳库总量总体呈现明显上升趋势，其中：乔木林从 1998 年的 0.78 亿吨上升到 2012 年的 0.89 亿吨，灌木林从 8.36 亿吨上升到 8.79 亿吨。植物碳库总量（根、茎、叶、凋落物）总体同样呈现明显上升趋势，其中：乔木林从 1998 年的 0.17 亿吨上升到 2012 年的 0.28 亿吨，灌木林从 0.61 亿吨上升到 0.96 亿吨。《中国森林生态服务功能评估》研究得出第七次全国森林资源清查期间（2004—2008）青海森林生态系统服务功能总价值为 761.25 亿元 / 年，其中：涵养水源 354.37 亿元 / 年，保育土壤 94.46 亿元 / 年，固碳释氧 100.02 亿元 / 年，积累营养物质 8.32 亿元 / 年，净化大气环境 68.28 亿元 / 年，生物多样性保护 135.80 亿元 / 年。

　　第八次清查表明，全省完整结构森林的面积及其比例明显增加，森林的自然度逐步向高等级过渡，遭受各类灾害危害的面积在减少，处于健康状态的面积占森林面积的 99.25%，比例提高了 0.94 个百分点，生态功能等级为"好"和"中"的面积占森林面积的 64.96%，比例提高了 0.87 个百分点，生态状况得到了改善，生物多样性不断丰富，森林生态系统的服务功能逐渐增强。

六、生态建设任务依然艰巨

　　青海自然环境严酷，森林植被稀少，乔木林面积小且呈片状或带状断续分布，这使得森林资源保护力量难以集中，对资金、人力和技术投入的要求更高，整体保护管护难度依然较大。与此同时，受自然环境和气候条件等因素的长期影响，全省 80% 以上的宜林地集中在干旱半干旱等地区，又由于立地条件差、适生树种少等原因，整体造林保存率较低，人工林成林面积小，最终能达到森林标准的面积占实施面积的比例不高，目前立地条件较好的可造林地越来越少，造林难度越来越大，加之投入造林恢复的资金渠道较为单一，使得森林面积的长期持续增长难以实现，生态修复面临重大挑战，任重道远。

在森林质量提升方面，天然林单位面积蓄积量增长很难通过森林抚育措施来提升，人工幼龄林虽逐年增加，但抚育措施尚未达到及时、有效，质量提升空间大。从全国第九次森林资源清查的结果看，青海森林覆盖率远低于全国平均水平，但灌木林面积却居全国第六位，特殊灌木林地面积为全国第五位，同时特殊灌木林地占森林面积的比例约90%，这在全国范围内都是绝无仅有的情况。青海森林资源的独特性，意味着青海森林资源经营不仅仅要考虑乔木林的经营管理，更多地需要开拓性探索如何进行灌木林资源的提质增效，最大程度地发挥其生态价值。

目前，由于林区交通不便、经济基础薄弱等原因，森林的多重效益未得到充分发挥，森林生态旅游产业和生态服务产业等还不发达，国家公园的试点建设尚未明确建立起资源保护的同时能带动持续增加农牧民收入体制机制，资源的保护与利用之间的平衡如何把控，将青海森林资源的生态价值转换为经济价值的机制还有待健全。

七、支撑保障亟须加强

森林资源管理和发展离不开林业基础保障和建设，青海省多年来持续开展森林资源监测，加强种苗管理供应，强化林业科技支撑，多方面提升林业支撑保障能力，但林业基础支撑保障能力整体还比较薄弱。从林业改革政策上，投融资政策和生态补偿机制建立健全一直有待解决的问题；森林资源监测方面，尚未完全实现落在"一张图"和山头地块上，实现精准管理难度很大；科技发展也面临着科研经费短缺、基础设施差的问题，许多科技成果难以进行落地性的试验和推广，灌木林保护恢复至关重要，而相关技术难题仍未得到根本解决；森林草原防火方面仍然存在着设施设备老化、现代化装备短缺，防火道路年久失修、交通不畅的现象，制约了森林防火工作的开展；青海省有害生物防治对森林资源的影响一直较大，但大多数地区没有完全独立的病虫害防治机构，缺乏监测、检疫、应急防控的基础设施等。

第二节 发展建议

根据青海森林资源动态发展和森林资源现状,针对目前经营管理面临的问题和挑战,未来青海森林资源总体发展思路是"保存量、促增量、提质量、增效益",促进森林资源可持续发展。

一、全面加强森林资源保护

(一)强化天然林保护恢复

天然林是青海森林资源的主体和精华,主要分布在全省生态脆弱区和生态重点保护地区,自然条件严酷,因此必须加强天然林的保护,特别是对生态脆弱区灌木林的保护。要结合生态建设新形势,围绕建设国家公园为主体的自然保护地体系示范省的目标,健全并完善天然林相关的森林资源管理制度和相关法规政策。要加快建立天然林用途管制制度,全面停止天然林商业性采伐,严格执行国家公益林生态效益补偿制度,严管天然林地占用。要确定天然林保护重点区域,实行分区施策;落实天然林保护责任,实行天然林保护修复管护责任协议书制度,把天然林保护和修复目标任务纳入经济社会发展规划,建立天然林保护行政首长负责制和目标责任考核制,建立并落实考核体系和考核办法。要采取封山育林、人工促进、退牧还草、天然更新等措施,促进森林生态系统的修复,提高森林生态系统的稳定性,增强生态服务功能。要结合青海天然林资源实际开展保护恢复科研攻关,制定适合青海的天然林资源保护修复技术标准或规程,系统、科学地开展天然林保护修复监测工作。要加快编制天然林保护修复规划,明确全省、州(市)和县天然林保护范围、目标、任务和措施,确保天然林面积逐步增加、质量持续提高、功能稳步提升。

(二)加强森林的灾害管理

要建立科学有效的森林防火预防体系、快速反应的扑救体系和坚强有力的保障体系,广泛引用森林防火远程视频监控、航空防灾应急等现代装备,加强重点火险区综合治理、应急道路、阻隔系统、林火预警监测、森林消防队伍等建设,提升森林火灾综合防控能力,最大限度地减少森林火灾发生和灾害损失。要针对林业有害生物防治,建设以数据采集、传输、处理、信息发布为主的监测预警体系,建设以远程诊断、检验鉴定、风险评估、除害处理、检疫执法和责任追溯为主的检疫预灾体系,建设以应急防控指挥、航空与地面防治、应急防控物资储备为主的防治减灾体系,将林业有害生物的危害控制在最低限度。要继续推进森林保险，进一步加大全省森林保险宣传力度，加强对森林保险保费补贴工作的检查、督导，及时研究和解决工作中出现的新情况、新问题，确保森林保险工作顺利开展，明确林草行政管理部门在森林保险实施运营中的地位与工作职责，让林草部门可以参与政策制定和保险条款、保险费率的拟定，发挥自身专业优势，更好地维护林权所有者的利益。

二、加大森林资源培育力度

（一）加快生态修复步伐

继续实施大规模国土绿化提速行动，补齐生态短板，统筹山水林田湖草生态要素，持续推进三江源、环青海湖、"三北"防护林、天然林保护、防沙治沙、退耕还林还草、草原生态修复等重点生态工程，大力开展城市周边、农牧村庄、交通沿线、河道两岸高标准绿色通道建设工程，为青海省植绿护绿提供保障，筑牢国家生态安全屏障。抓好林木管护，不断提高全省林草植被覆盖度。

（二）精准提升森林质量

制定中幼林抚育规划，加强中幼林经营抚育力度，改善林分生长条件，提高森林质量；对低质低效林地进行改造，对退化林分进行修复，不断提高林地生产力和森林质量，增强生态功能。通过集约人工林培育、低效林改造、森林抚育等措施对国有林场、森林公园、集体和个人的森林资源进行培育。积极探索灌木林生态价值和林地质量的评价标准，加强提升灌木林地水土保存、涵养水源、防风固沙等功能的技术研究和实践，充分发挥青海省灌木林地的生态价值。

三、强化森林资源监测管理

（一）加强森林资源监测

应结合实际，运用高新技术手段，实施森林资源的动态监测，实时更新森林资源数据库，形成森林资源全周期、全覆盖、全要素的监测系统，实现森林资源"一体化"监测。同时，根据不断增长的生态功能价值需求，建立森林生态监测系统、监测技术保障系统、生态监测数据库平台，构建遥感、地面监测和专项资源监测为一体的生态监测与价值资产评估体系。随着第三次全国国土调查的开展，由于标准的变化，青海省林地面积、森林面积等或将发生调整，需要统筹做好各类数据的衔接融合工作，结合林业管理实际，科学合理确定林地范围，确保生态保护发展空间。利用实时监测技术回传结果，及时对破坏森林资源的违法犯罪行为进行严厉打击和查处，加大监督检查力度，重点关注重要生态功能区范围内的森林监测，减少森林资源的流失。

（二）坚持森林分类经营

按照功能分区和生态定位，科学划分森林经营类型，实施分类经营，可分为严格保护的公益林、多功能经营的兼用林、集约经营的商品林三大类森林经营管理类型，通过不同的科学经营方式，实现森林资源的可持续利用，发挥林业"地增绿、民增收、林增效"的多目标效益。针对三江源和青海湖以及祁连山等生态脆弱地区，需要严格保护现有的森林资源，加大国家公园、自然保护区、森林公园等生态体验区域的建设力度，开发和提供优质的生态教育、游览游憩、康体健身等生态服务产品，设计打造以森林、野生动植物栖息地为景观依托的生态体验精品线路，提高森林资源的综合利用率。而对于自然条件较好的地区，可结合地域特点发展特色经济林，围绕"东部沙棘、西部枸杞、南部藏茶、河湟杂果"的林业产业发展思路，通过实行集约经营、标准化管理，实现高产稳产，持续推动枸杞、木本油料、特色经济林和藏茶等林产业基地建设，做大做强林业产业。对于生态脆弱区，生态保护压力大，可将生态保护与精准脱贫相结合，完善生态补偿机制，创新建立生态管护公益岗位机制，实现"一户一岗"，落实生态管护员，引导扶持牧民从事生态保护、生态监测等工作，使当地居民在参与生态保护中获得稳定长效收益。

四、推进自然保护地体系建设

（一）稳步推进国家公园试点工作

国家公园建设发展下，森林资源的保护和利用模式将迎来新的改变，从森林资源经营管理的角度出发，构建管护体系，推进山水林草湖组织化管护、网格化巡查，组建乡镇管护站、村级管护队和管护小分队，全面形成点成线、网成面、全方位的巡护体系；加强园区内的自然资源定期的监测记录，整合园区内林业站、草原工作站、水土保持站等基层站点，作为长期监测国家公园内资源变化情况的固定监测点位，同时开展保护巡护工作；依托大专院校、科研院所开展科学研究，搭建学术交流平台和合作发展平台，鼓励研究机构参与国家公园的规划设计、生态保护研究、受损生态修复、技术方案论证，不断转化生态保护科研成果，全面提升国家公园生态保护科技水平；持续举办国家公园论坛，广泛凝聚共识、汇聚力量，搭建起固定、开放共融的国家公园建设领域国际交流合作平台；在条件成熟的地方，可引导牧民规范开展生产经营，扶持牧民从事公园生态体验、环境教育服务以及生态保护工程劳务、生态监测等工作，使牧民群众在参与生态保护、公园管理中获得稳定长效收益；鼓励牧民以投资入股、合作劳务等多种形式从事家庭宾馆、旅行社、民族演艺、交通保障、牧家乐、餐饮服务等经营项目，促进发展适应国家公园建设、生态保护的第三产业，做到资源的合理开发利用。

（二）加快建设自然保护地体系示范省

随着三江源、祁连山双国家公园体制试点的深入推进，以国家公园为主体的自然保护地体系示范省建设正式启动，国家公园已成为青海的"新名片"。以此为契机，青海省应加快构建以国家公园为主体、自然保护区为基础、各类自然公园为补充的自然保护地管理体系，推进三江源生态保护和建设二期工程、祁连山生态保护与建设综合治理工程实施，以及高质量完成后期工程规划编制工作。并且以示范省建设为载体，着力在管理体制创新完善、保护地体系整合优化、编制实施规划体系、促进绿色发展等方面寻求突破，开启现代化建设生态青海新征程。抓紧整合优化自然保护地；健全完善统一的生态管护、生态奖补等管理制度；研究自然保护地一般控制区特许经营管理办法，探索自然教育、自然体验、生态旅游等多方式的特许经营；着力构建自然保护地高效运行机制，建立健全多元资金保障机制，健全完善管理机制、科研机制，建立以国家公园论坛为主的交流合作机制。

五、提高森林资源管理支撑保障水平

（一）强化林业科技支撑

科技是第一生产力，更是高原林业建设的支撑点和突破口，青海省林业生态建设必须要紧紧依托科技创新，加大在科技研发、推广应用、基础保障等方面的建设力度，以引领支撑林业和草原科技事业科学的快速高效发展。在科技研发方面，重点攻克困难立地造林、混交林营造、珍贵树种培育、名特优经济林栽培、草原生态修复与治理等技术瓶颈，重点研发林草防火技术。在推广应用方面，加大经济林的良种繁育、示范栽培、精深加工等实用技术推广；进一步加强省、州（市）、县、乡四级林业科技推广站（中心）的基础设施和能力建设，稳定队伍，提高人员素质，改善工作条件，开展重点县级林业技术推广中心建设，以政府林业科技推广机构为主导，建立林业科研院校、企业等单位广泛参与新型林业科技推广体系，提高林业技术推广整体水平。在科技基础保障方面，利用青海省构建覆盖全省的天地空一体化生态监测网络体系的契机，加强对森林资源的监测管理；充分利用国家"千人计划"、市（州）的"555"引才聚才、"百人计划"引进人才，加强专业技术人才培训，促进林业和草原科技人才队伍发展。同时，加强对外合作交流，强化与科研机构和社会组织在高原特色生物遗传资源收集与保护、森林康养、生物多样性保护、应对气候变化、社区发展等生态保护领域的合作；围绕产业发展和基层科技需求，加强科普宣传力度，提高社会化科普服务水平。

（二）提升林木种苗支撑

林木种苗是林业建设的物质基础，青海省的林木种苗发展应实现规模化、精细化和现代化，做到科学规划、合理布局。加强林木种子生产基地的建设和管理，实行以林木良种基地为骨干，采种基地为补充的林木种子生产供应体系。因地制宜开展保障性苗圃建设，建立健全适应现代林业发展的种苗供应保障体系，进一步提升苗圃育苗能力和育苗水平。在全面清查全省林木种质资源的基础上，突出对主要造林树种、经济树种、珍稀濒危树种开展林木种质资源的广泛收集和保存，在良种选育技术和管理方面发挥优势，加强良种选育，提高良种的生产能力。加强林木种苗标准的修订工作，完善种苗标准体系建设。

六、加快推进森林生态产品价值实现

（一）推进生态资源价值化

森林具有水源涵养、固碳释氧、气候调节、水质净化、保持水土等多重功能，提供景观游憩、森林康养、自然教育、碳汇、清洁水源等多种非物质产品性服务。加强生态产品价值实现，有利于有效增加森林面积和提升森林质量及功能，青海可采取统筹规划、因地制宜、分区施策的原则，探索建立符合省情的多元化森林生态保护补偿机制，大力开展林业碳汇交易，发展生态旅游、森林康养和自然教育，助力生态资源优势转变为资产和经济优势，践行绿水青山就是金山银山的理念，促进脱贫增收和乡村振兴，充分发挥森林在应对气候变化、改善生态环境、促进生态文明建设和绿色可持续发展中的重要作用。

（二）创新生态建设投融资机制

森林生态产品价值的实现还需要加强生态建设的资金投入，目前大多来源于国家投入，因此需要创新生态建设的投融资机制，开辟多元化投融资渠道。首先，需要激发外部资本参与投资。公益造林绿化项目是新时期吸引社会资本参与造林活动的新渠道、新模式，如"蚂蚁森林"，采取线上线下互动，发动全民参与造林绿化，社会关注度高、敏感度高。青海省已在海东市实施"蚂蚁森林"项目一期，开展柠条造林500万穴，共3000公顷。应继续加强与社会力量的沟通协作，做好项目督导，争取项目的持续投入，为吸引社会资本参与公益造林新机制夯实基础。青海省已成功申请了全球环境基金第六增资期"加强青海湖、祁连山景观区保护地体系建设项目"，引进外资项目不仅是创新融资机制的一次大胆尝试，还是加强祁连山国家公园、环青海湖地区自然保护地体系建设的又一重大举措，更是向世界展现中国的一个机会，要高标准、高质量地完成项目工作，以此为契机争取更多的机会和资金。

要积极推进林业生态地方政府专项债券。2019年，中国首支林业生态地方政府专项债券由青海省政府在上海证券交易所成功发行，此次债券将重点用于青海省湟水规模化林场建设。专项债券的发行将生态投入和产出平衡起来，最终实现社会效益、经济效益和生态效益三者合一。因此，需要积极做好林业生态地方政府专项债券的管理，加快编制出台相应的实施方案，明确对应的项目概况、项目预期收益、发行计划安排等事项，并制定科学的管理办法，以确保项目建设规范化运行。

参考文献

［1］中共中央国务院关于加快林业发展的决定［DB/OL］.2003-06-25.http://www.gov.cn/
test/2005-07/04/content_11993.htm.

［2］中共中央办公厅 国务院办公厅印发《天然林保护修复制度方案》［DB/OL］.2019-
07-23http://www.gov.cn/zhengce/2019-07/23/content_5413850.htm.

［3］路洪顺.森林是人类社会可持续发展的基石［J］.生态经济，2000，（5）：38-
39.

［4］青海省林业勘察设计院.青海省森林资源消长变化分析［R］，1986年.

［5］高元洪，周长庚，孙学冉.青海省森林资源消长变化分析［J］.林业资源管理，
1988，（4）：8-12.

［6］张永利，杨峰伟，鲁绍伟.青海省森林生态系统服务功能价值评估［J］.东北林
业大学学报，2007，35（11）：74-76，88.

［7］周鸣歧，陆文正.试论青海的森林资源［J］.青海农林科技，1982，（4）：33-
41.

［8］陈馨，匡文慧.1990—2015年青藏高原生态系统变化特征分析［J］.西南民族大学
自然科学版，2019，45（3）:233-242.

［9］青海省林业区划办公室.青海省林业区划［M］.北京：中国林业出版社，1987.

［10］张忠孝.青海地理［M］.青海：青海人民出版社，2004.

［11］国家林业局.中国湿地资源：青海卷［M］.北京：中国林业出版社，2015.

［12］黄桂林，刘晶，侯盟，等.青海省森林土壤生态服务价值评估研究［J］.林业资

源管理，2015，(4):7-12.

［13］高霞，庞宁菊，李月梅．浅谈青海森林土壤基本特征［J］.青海农林科技，1998，(1):24-26.

［14］霍小虎，崔玉莲，王亚飞．黄河青海省境内水资源分析［J］.内蒙古水利，2006，(4):73-75.

［15］唐才富，张莉，罗艳，等．基于森林资源二类调查的青海乔木林碳储量分析［J］.西部林业科学，2017，(46):1-7.

［16］郗延顺，沈文录．浅议青海省祁连林区天然林保护［J］.中南林业调查规划，2000，(10):15-17.

［17］郭庆玲．广西三门林场森林资源动态变化及评价［D］.中南林业科技大学学位论文，2016.

［18］李明．广西森林资源动态研究［D］.广西大学学位论文，2008.

［19］农胜奇，张伟，蔡会德．1977—2010年广西森林资源变化动态及其主要驱动因素分析［J］.广西林业科学，2014，43（2）：171-178.

［20］张文，王孝康，刘波，等．四川三十年森林资源动态变化分析（1979—2007年）［J］.四川林勘设计，2013，（1）：7-12，25.

［21］国家林业局,中国森林生态系统服务功能评估项目组．中国森林资源及其生态功能四十年监测与评估［M］.北京：中国林业出版社，2018.

［22］青海省农林局．青海省森林资源清查报告［R］，1978.

［23］青海省林业勘察设计院．青海省森林资源连续清查复查工作报告［R］，1989.

［24］林业部西北森林资源监测中心，青海省农林厅．青海省森林资源连续清查第二次复查成果［R］，1993.

［25］林业部西北森林资源监测中心，青海省农林厅林业局，青海省勘察设计院．青海省森林资源连续清查第三次复查成果资料（1998年）［R］，1999.

［26］国家林业局西北森林资源监测中心，青海省林业局，青海省林业调查规划院．青海省森林资源连续清查第四次复查成果资料（2003年）［R］，2003.

［27］国家林业局西北森林资源监测中心，青海省林业局，青海省林业调查规划院．青海省森林资源连续清查第五次复查成果（2008年）［R］，2009.

［28］国家林业局西北森林资源监测中心，青海省林业厅，青海省林业调查规划院．第八次全国森林资源清查青海省森林资源清查成果（2013年）［R］，2013.

［29］国家林业和草原局西北森林资源监测中心，青海省林业和草原局，青海省林业调查规划院.第九次全国森林资源清查青海省森林资源清查成果（2018年）［R］.2019.

［30］青海省林业局，青海省林业调查规划院.青海省森林资源规划设计调查报告［R］.2006.

［31］国家林业局西北林业调查规划设计院，青海省林业调查规划院.青海省森林资源规划设计调查报告［R］.2015.

［32］《青海森林》编辑委员会.青海森林［M］.北京：中国林业出版社，1993.

［33］《青海森林资源》编写组.青海森林资源［M］.西宁：青海人民出版社，1988.

［34］徐济德.我国第八次森林资源清查结果及分析［J］.林业经济，2014，（3）:6-8.

［35］董旭.青海省森林资源评价［J］.安徽农业科学，2009，37（12）：5727-5728，5751.

［36］李国兴，闫生义.青海省森林资源连续清查第六次复查主要技术探析［J］.宁夏农林科技，2014，55（03）：18-19.

［37］国家林业局.中国森林资源报告（2009—2013）［M］.北京：中国林业出版社，2014.

［38］国家林业局.中国森林资源报告（2014—2018）［M］.北京：中国林业出版社，2019.

［39］林业部资源和林政管理司.当代中国森林资源概况（1949—1993）［R］，1996.

［40］国家林业局森林资源管理司.森林资源专项分析——第七次全国森林资源清查［R］，2010.

［41］肖兴威.中国森林资源清查［M］.北京：中国林业出版社，2005.

［42］张贺全.青海省森林资源保护对策建议［J］.林业经济，2014，（6）：119-120.

［43］李文，李凯.青海省森林资源现状及发展前景［J］.青海农林科技，1995（2）：39-43.

［44］费东红.青海省林地资源现状及保护利用［J］.林业科技，2012，37（4）：57-58.

［45］邓成，梁志斌.国内外森林资源调查对比分析［J］.林业资源管理，2012，（5）:12-17.

［46］冯仲科，杜鹏志，闫宏伟，等.创建新一代森林资源调查监测技术体系的实践与探索［J］.林业资源管理，2018，（3）：5-14.

[47] Robert Repetto, Gillis Malcolm. Public policies and the misuse of forest resources [M]. UK: Cambridge University Press,1988.

[48] 高小红, 王一谋, 冯毓荪, 等. 基于遥感与 GIS 的青海湖地区土地利用变化及其对生态环境影响的研究 [J]. 遥感技术与应用, 2003, 17(6):304-309.

[49] 国家林业和草原局. 青海完成全年人工造林任务 [DB/OL]. 中国林业网 ,2012-08-20 [2019-08-01] .http://www.forestry.gov.cn/portal/main/s/72/content-558331.html

[50] 国家林业局集体林改督导检查第五组. 集体林改加快了生态脆弱地区现代林业建设——甘肃、青海、宁夏三省(区)集体林改督查报告[J].林业经济, 2011,（8）: 3-7.

[51] 国家林业局退耕还林办公室. 回首退耕还林 15 年 [DB/OL]. 中国林业网 ,2015-09-25 [2019-08-1] http://www.forestry.gov.cn/main/435/content-803539.html.

[52] 胡必强. 论技术与生态问题的关系 [J]. 周口师范学院学报, 2015,（4): 82-85.

[53] 靳文凭. 青海高原东部农业区土地利用变化遥感监测 [D]. 中南大学学位论文, 2012.

[54] 张进升. 青海林业变迁史研究 [D]. 西北农林科技大学学位论文, 2012.

[55] 杨秀玲. 新时代林业现代化建设背景下传统管护面临的问题及路径探析——以青海省天然林保护工程为例 [J]. 经济师, 2019,（11）: 241-247.

[56] 张壮, 赵红艳. 改革开放以来中国林业政策的演变特征与变迁启示 [J]. 林业经济问题, 2018, 38（4）: 1-6.

[57] 纪鹰翔. 我国林业政策变化对森林资源产生作用的研究 [J]. 中国林业经济, 2018,（6）: 66-67.

[58] 李刚, 刘德铭. 青海省国家级公益林森林生态效益补偿存在的问题及对策 [J]. 现代农业科技, 2011,（18）: 252, 254.

[59] 邓晶, 刘勇. 青海省国家级公益林结构现状及保障措施 [J]. 陕西林业科技, 2016,（4）: 89-90, 101.

[60] 李三旦. 青海省防沙治沙生态建设对策研究 [J]. 青海农林科技, 2015, (1):31-35.

[61] 李穗英, 胡志强. 基于 GIS 的青海省贫困人口空间分布探析 [J]. 中国农业资源与区划, 2019, 40(04):177-184.

[62] 李新征. 青海省东部地区土地利用变化及其驱动力研究 [D]. 青海师范大学学位

论文，2016.

［63］梁国辉．林业科技发展与生态环境保护探讨［J］．农民致富之友，2019，(16)：190.

［64］郑元良，周文明．林业发展与政策困境：国家政策与森林［J］．世界林业研究，1996，(1).

［65］雅努义．青海林业产业发展情况分析与建议［J］．林产工业，2019，56(10)：63-66.

［66］强毛，青海省林业厅．青海林业产业发展与生态建设的双赢道路［J］．中国林业，2018，(18).

［67］秦大河．中国西部环境演变评估．综合卷，中国西部环境演变评估综合报告［M］．北京：科学出版社，2002.

［68］黄晓姝，王颖．为青山常绿家园更美［N］．青海日报，2015-07-22(6).

［69］青海林业厅．迎接大美青海林业发展的新时代［N］．青海日报，2015-06-23(5).

［70］青海省地方志编纂委员会．青海省志（十三）：林业志［M］．西宁：青海人民出版社，1993.

［71］青海省地方志编纂委员会．青海省志·林业志［M］．西宁：青海人民出版社，2005.

［72］青海省林业和草原局．青海省"十二五"林业发展规划［DB/OL］．青海林草信息网，2011-09-16［2019-08-01］.http://lcj.qinghai.gov.cn/index.aspx?lanmuid=62&sublanmuid=552&id=720

［73］青海省林业厅．2013—2017年林业科技成果汇编［DB/OL］．青海林草信息网，2018-11-14［2019-08-01］.http://lcj.qinghai.gov.cn/index.aspx?lanmuid=81&sublanmuid=622&id=5403

［74］青海省林业厅．关于协调解决林业生态建设方面重要问题的提案答复［DB/OL］．青海林草信息网，2018-07-28［2019-08-01］.http://lcj.qinghai.gov.cn/index.aspx?lanmuid=84&sublanmuid=617&id=5508.

［75］青海省林业厅．青海省林业科技成果汇编（1978—2012年）［R］．2013.

［76］石春娜，王立群．影响我国森林资源质量及变化的社会经济因素分析［J］．世界林业研究，2008，21(4):72-76.

［77］王凯．山东省森林资源变化及驱动力分析［D］．山东农业大学学位论文，2016.

［78］赵俊杰.青海省一半以上国土纳入天保工程［N］.中国花卉报，2018-11-05（园林苗木）.

［79］西宁晚报.40 年巨变：森林覆盖率由不到 1% 提高到 6.3%［DB/OL］.青海省人民政府大美青海网，2018-11-24［2019-08-01］.http://www.qh.gov.cn/dmqh/system/2018/11/24/010317960.shtml.

［80］徐进，夏武平.青海东部河湟农业区人口与生态环境的相互关系［J］.生态学报，1985，5(2):3-17.

［81］许光中.青海城市化问题研究［M］.西宁：青海人民出版社，2007.

［82］杨晓智.经济发展与森林资源利用［M］.北京：企业管理出版社，2012.

［83］叶文娟."十二五"时期全省林业快速发［N］.青海日报，2015-10-5(2).

［84］叶文娟.伸出你的手，共建绿色美好家园［N］.青海日报，2019-06-20(10).

［85］张建龙.中国集体林权制度改革［M］.北京：中国林业出版社，2017.

［86］赵俊杰.三江源生态保护和建设一期工程竣工验收大会举行［DB/OL］.青海林草信息网，2016-09-13［2019-08-01］.http://lcj.qinghai.gov.cn/index.aspx?lanmuid=62&sublanmuid=586&id=2739.

［87］中国林科院科信所国有林场改革监测项目课题组.国有林场改革监测项目最新成果发布——改革卓有成效，未来任重道远［N］.中国绿色时报，2018-10-17(4).

［88］周文明，郑元良.林业发展与政策困境：国家政策与森林［J］.世界林业研究，1996，69-73.

［89］AAVIKSOO K 1995. Simulating vegetation dynamics and land use in a mire landscape using a Markov model. Landscape & Urban Planning ［J］, 31: 129-142.

［90］MCCULLOCH W S, PITTS W 1990. A logical calculus of the ideas immanent in nervous activity. Bulletin of Mathematical Biology ［J］, 52: 99-115.

［91］PICKETT S T, CADENASSO M L 1995. Landscape ecology: spatial heterogeneity in ecological systems. Science ［J］, 269: 331-334.

［92］陈建忠，程金良，肖应忠，等.森林资源结构动态预测与控制研究［J］.中南林业调查规划，1993，13-16.

［93］陈建忠，周世勇，徐福余.Markov 过程在森林资源结构动态预测中的应用——以福建省南平地区的树种结构为例［J］.应用生态学报，1994.

［94］丛沛桐，祖元刚，王瑞兰，等.GIS 与 ANN 整合技术在森林资源蓄积量预测中的

应用［J］. 地理科学，2004，24: 591-596.

［95］文剑平. 灰色系统理论及其方法在森林生态系统研究中的应用［J］. 生态学杂志，1986，5(5): 57-60.

［96］崔莹莹，舒清态. 人工神经网络在林业中的应用现状与趋势［J］. 西南林业大学学报（自然科学），2013，33: 98-103.

［97］戴小龙，唐守正. 大青山实验局森林资源的动态分析及其 SD 模型［J］. 林业科学，1991，27: 210-218.

［98］邓聚龙. 灰色系统基本方法［M］，第一版 ed. 武汉: 华中理工大学出版社，1987.

［99］董文泉，周光亚，夏立显. 数量化理论及其应用［M］. 长春. 吉林人民出版社，1979.

［100］冯忠铨. 预测与决策［M］. 北京: 中国财经经济出版社，2001.

［101］高兆蔚. 福建森林资源发展趋势的灰色预测［J］. 林业资源管理，1991，15-22.

［102］葛宏立，孟宪宇，唐小明. 应用于森林资源连续清查的生长模型系统［J］. 林业科学研究，2004，17: 413-419.

［103］葛宏立，项小强，何时珍，等. 年龄隐含的生长模型在森林资源连续清查中的应用［J］. 林业科学研究，1997，10: 420-424.

［104］顾凯平. 中国森林资源预测模型的结构与模拟［J］. 北京林业大学学报，1988，57-66.

［105］关玉贤. 福建省森林资源主要指标变化趋势灰色预测［J］. 华东森林经理，2014，57-61.

［106］国营大坪林场林业系统工程应用研究课题组. 大坪林场森林资源预测与控制模型建立的尝试［J］. 华东森林经理，1994，40-44.

［107］惠雪峰. 基于集合卡尔曼滤波的森林资源动态预测［M］. 南京林业大学，2012.

［108］惠雪峰，刘应安，夏业茂. 基于集合卡尔曼滤波的森林面积动态预测［J］. 林业调查规划，2011，36: 1-4.

［109］孔令孜，张怀清，陈永富，等. 森林资源蓄积量预测技术初探［J］. 林业科学研究，2008，21: 91-94.

［110］李际平，邓立斌，何建华. 基于人工神经网络的森林资源预测研究［J］. 中南林学院学报，2001，21: 19-22.

［111］李亦秋，仲科. 山东省森林资源动态变化的非等间距灰色预测［J］. 浙江农林大学学报，2009，26: 7-12.

［112］梁九妹，王唤良．基于 GIS 的森林资源动态变化预测［J］．森林工程，2007，23: 6–7.

［113］林琴琴，刘标．光泽县止马国有林场森林资源发展趋势灰色预测［J］．现代农业科技，2011，216–217，220.

［114］林卓，吴承祯，洪伟，等．杉木人工林碳汇木材复合经济收益分析及最优轮伐期确定——基于时间序列预测模型［J］．林业科学，2016，52: 134–145.

［115］刘鸿，文勇军．基于 GIS 的森林资源动态变化预测及方法［J］．林业建设，2008，39–42.

［116］刘志斌．天峨县森林资源动态变化预测［J］．中南林业调查规划，1991，5–8.

［117］毛志忠．2000 年浙江森林资源动态趋势预测［J］浙江林学院学报，1990，203–207.

［118］苗军民，游先祥．森林资源动态预测模型系统软件的研制［J］．林业资源管理，1995，98–101.

［119］任劲涛，朱家海，邵玉梅．小样本时间序列的数据处理［J］．空军工程大学学报自然科学版，2005，6: 71–73.

［120］佘光辉．大地域森林资源动态预测模型和方法的研究［J］．南京林业大学学报（自然科学版），1989，13: 034–040.

［121］施新程，佘光辉，刘安兴．森林资源动态预测的理论与方法［J］．南京林业大学学报（自然科学版），2008，32.

［122］施新程，张森，郭韫丽．二维 Kalman 滤波及其在森林资源动态预测中的应用［J］．信阳师范学院学报（自然科学版），2001.

［123］石小亮，陈珂，曹先磊，等．森林生态系统服务价值仿真预测研究［J］．上海农业学报，2018，34: 91–99.

［124］石小亮，张颖．基于时空变域的森林生态系统管理研究概述［J］．林业工程学报，2014，28: 10–14.

［125］史凤友．关于预测森林生长量复利公式的初探［J］．辽宁林业科技，1986.

［126］宋星旻，胡厚臻，李枫．广西横县森林资源变化的非等间距灰色预测［J］．安徽农业科学，2018，46: 1–3，7.

［127］谭秀娟，郑钦玉．我国水资源生态足迹分析与预测［J］．生态学报，2009，29: 3559–3568.

［128］王金盾．三明市第三次森林资源二类调查主要指标的灰色预测［J］．华东森林

经理，2006，20: 47-49.

［129］韦启忠，曾伟生. 广西森林资源结构的动态预测及分析评价［J］. 中南林业调查规划，1999，8-10.

［130］徐军，谭莹，吴伟志，等. 浙江省森林资源监测数据分析及预测［J］. 浙江林业科技，2013，43-46.

［131］续珊珊. 中国森林碳汇问题研究——以黑龙江省森工国有林区为例［M］. 北京：经济科学出版社，2011.

［132］闫海冰. 基于人工神经网络的山西省森林资源预测研究［J］. 山西农业大学学报（自然科学版），2008，28.

［133］闫海冰. 灰色理论和人工神经网络森林资源预测方法的对比研究［J］. 山西林业科技，2009，17-22.

［134］阎平凡，张长水. 人工神经网络与模拟进化计算［M］. 北京：清华大学出版社，北京，2000.

［135］杨淑莹. 模式识别与智能计算：MATLAB技术实现［M］. 北京：电子工业出版社，2008.

［136］杨英，黄国胜，王雪军，等. 云南省森林资源预测及其碳汇潜力研究［J］. 林业资源管理，2017，44-49.

［137］叶林妹，李明华，李敏，等. 浙江省青田县森林资源的非等间距灰色模型预测［J］. 华东森林经理，2019.

［138］叶绍明，张丽君. 广西森林资源动态灰色数列预测［J］. 中南林业调查规划，1993，9-12.

［139］于建军，吴立春. 卡尔曼滤波模型在森林资源动态发展预测中的应用［J］. 林业勘察设计，2001，32-33.

［140］余松柏，林昌庚. 森林资源结构动态预测模型和方法的研究［J］. 南京林业大学学报（自然科学版），1990，9-15.

［141］余皖云. 云南省林业用地和有林地资源灰色预测［J］. 林业调查规划，2002，27: 9-11.

［142］袁传武，史玉虎，唐万鹏，等. 马尔可夫链模型在森林资源预测中的应用［J］. 湖北林业科技，2009，9-12.

［143］袁嘉祖. 森林资源动态变化预测模型［J］. 河北林果研究，1989，4: 24-31.

［144］袁著祉，等.现代控制理论在工程中的应用［M］.北京：科学出版社，1985.

［145］张朝勋，李柱晓.用系统动力学方法建立大兴安岭东部林区森林资源预测模型［J］.内蒙古林业调查设计，1993.

［146］张锦宗，朱瑜馨.ANN 在森林资源预测中的应用研究［J］.干旱区研究，2004，21：374-378.

［147］张有为.高等学校教学参考书 维纳与卡尔曼滤波理论导论［M］.北京：人民教育出版社，1980.

［148］赵道胜.阿木尔林业局森林资源动态预测 S.D. 模型［J］.北京林业大学学报，1989，47-54.

［149］赵鹏祥，孙存举，郝红科.基于 GIS 和 Markov 的黄龙山天然林区林地变化研究［J］.四川林勘设计，2011，7-12.

［150］赵书田，刘艳春.森林资源动态系统 Kalman 预测［J］.林业调查规划，1997，13-17.

［151］赵书田，刘艳春.森林资源卡尔曼滤波预测［J］.四川林勘设计，1998，27-33.

［152］朱瑜馨.基于 GIS 的森林资源神经网络动态预测理论与实践研究［J］.西北师范大学，2003.

［153］朱瑜馨，张锦宗，赵军.基于人工神经网络的森林资源预测模型研究［J］.干旱区资源与环境，2005，19：101-104.

［154］苏多杰，马梅英.青海森林资源资产评估及生态补偿［J］.青海社会科学，2008（6）：76-79.

［155］青海省地方志编纂委员会.青海省志·林业志（1986—2005）［M］.西安：陕西新华出版传媒集团三秦出版社，2017.

［156］赵春香.青海林木种苗发展现状、存在问题及思路探析［J］.防护林科技，2018，11：80-82.

［157］俞青娟.青海林业病虫害特征分析与防治策略研究［J］.现代化农业，2019，3：11-12.

［158］马慧静，游牧，等.青海省政策性森林保险的发展及建议［J］.绿色科技，2016，23：87-88.

［159］关于印发青海省"十三五"林业发展规划的通知.青海省人民政府办公厅.青政办〔2016〕161 号.

［160］关于印发青海省《自然灾害救助条例》实施办法的通知.青海省人民政府办公厅，
2017年.

［161］青海省枸杞产业发展规划［R］.青海省林业厅，2011.

［162］青海省林业厅，青海省沙棘产业发展规划［R］.青海省林业厅，2011.

［163］青海省林业厅,关于印发《青海省有机枸杞标准化基地认定管理暂行办法(试行)》
的通知.青海省林业厅，2018.

［164］"蚂蚁森林"项目在我省湟水规模化林场落地开花［DB/OL］http://lcj.qinghai.
gov.cn/xwdt/zxyw/content-5666.

［165］焦玉海.国家林草局、青海省政府共同启动以国家公园为主体的自然保护地体系
示范省建设［N］.中国绿色时报.http://www.forestry.gov.cn/main/5497/20190612/
164444523363300.html.

［166］林业生态地方政府专项债券在青海发行［DB/OL］.http://lcj.qinghai.gov.cn/index.
aspxlanmuid=63&sublanmuid=592&id=6079.

［167］徐明，等.森林生态系统碳计量方法及应用［M］.北京：中国林业出版社，2016.

［168］《中国森林生态服务功能评估》项目组.中国森林生态服务功能评估［M］.北京：
中国林业出版社，2010.